Fouad Soliman
Hamed Mira
Islam El-hendawy

Gerações de células fotovoltaicas e seus desenvolvimentos
Investigação

Fouad Soliman
Hamed Mira
Islam El-hendawy

Gerações de células fotovoltaicas e seus desenvolvimentos Investigação

Gerações de células solares

ScienciaScripts

Imprint

Any brand names and product names mentioned in this book are subject to trademark, brand or patent protection and are trademarks or registered trademarks of their respective holders. The use of brand names, product names, common names, trade names, product descriptions etc. even without a particular marking in this work is in no way to be construed to mean that such names may be regarded as unrestricted in respect of trademark and brand protection legislation and could thus be used by anyone.

Cover image: www.ingimage.com

This book is a translation from the original published under ISBN 978-620-8-11919-5.

Publisher:
Sciencia Scripts
is a trademark of
Dodo Books Indian Ocean Ltd. and OmniScriptum S.R.L publishing group

120 High Road, East Finchley, London, N2 9ED, United Kingdom
Str. Armeneasca 28/1, office 1, Chisinau MD-2012, Republic of Moldova, Europe
Printed at: see last page
ISBN: 978-620-8-22002-0

Conteúdo

Fouad A. S. Soliman   Hamed I.E.Mira   Islam G. Alhindawy

Sobre os autores

Dr. Eng. Fouad A. S. Soliman 2

**Prof. de Engenharia Eletrónica e de Computadores,
Nuclear Materials Authority, Cairo, Egito.**

Membro do Conselho Editorial de:

- **Progress in Photovoltaic, "Research and Applications", John Wiley and Sons, Reino Unido, desde 1993,**
- **Periódicos da Associação para o Avanço das Técnicas de Modelação e Simulação, AMSE, Lune, França,**
- **Jornal Internacional de Ciência da Computação e Aplicações de Engenharia (IJCSEA).**

Membro de:

- **Associação Americana para o Avanço das Ciências, N.Y., U.S.A,**
- **Academia de Ciências de Nova Iorque, Nova Iorque, E.U.A.**

Escolhido para:

- **Who's Who in the World, A.N. Marquis, N.J., U. S. A.**
- **Outstanding People of the 20th Century, International Biographical Center of Cambridge, Inglaterra.**

Ensino nas universidades

- **Ensino dos estudantes de pós-graduação nas universidades egípcias.**

Publicações e supervisão de M.Sc. e Ph.D.

Artigos e teses supervisionadas

- **Cerca de 200**

Livros:

[1] . Fouad A. S. Soliman, **"A Novel Look on the world of Nanotechnology for Today and Future"**, livro publicado, Lambert Academic Publishing, Omni- Scriptum GmbH and Co. KG, fevereiro de 2016, ISBN 978-3-659-83496-7.

[2] . F. A. S. Soliman, **"Energy and the Future of Civilizations"**, Livro Publicado, Lambert Academic Publishing, Omni-Scriptum GmbH and Co. KG, abril de 2016.
ISBN 978-3-659-88129-9.

[3] . F. A. S. Soliman, **"Characterization, Simulation, Applications, Deployment and Economics of Solar Energy"**, Lambert Academic Publishing, LAP, Saarbrucken, Alemanha, maio de 2016.
ISBN 978-3-659-89387-2.

[4] . Fouad A. S. Soliman e Hoda A. Ashry,**" Role of the Nuclear Technology on Human Daily Life"**, Livro publicado, Lambert Academic Publishing, Omni-Scriptum, GmbH and Co. KG, maio de 2016. ISBN 978-3-

659-90461-5.

[5] . Fouad A. S. Soliman, **Safaa M. R. El-ghanam e Ashraf M. Abdel-Maksoud, "Impact of Outer Space Environment on Electronic Devices and Systems",** livro publicado, Lambert Academic Publishing, Omni-Scriptum GmbH and Co. KG, julho de 2016.
ISBN: 978-3-659-93044-7

[6] . **H. A. Ashry,** Fouad A. S. Soliman **e S. A. Kamh, "Nuclear Technology: Future Generation, Protection and Monitoring", Livro Publicado, Lambert Academic Publishing, Omni-Scriptum GmbH and Co. KG, agosto de 2016.**
ISBN: 978-3-659-93921-1

[7] . Fouad. A.S. Soliman, **"Agriculture in Remote Areas Based on Solar**
Energia", **livro publicado,** Lambert Academic Publishing, Omni- Scriptum GmbH & Co. KG, Set. 2016.
ISBN: 978-3-659-95267-8

[8] . Fouad A. S. Soliman, **" Solar-Wind Hybrid Renewable Energy for Sustainable Agriculture",** Livro Publicado, Lambert Academic Publishing, Omni- Scriptum GmbH and Co. KG, outubro, 2016, Número:145917
ISBN: 978-3-659-96384-1

[9] . Fouad A. S. Soliman, **High Voltage Transmission Lines: Importância, Manutenção e Riscos",** Livro Publicado, Lambert Academic Publishing, Omni- Scriptum GmbH and Co. KG, novembro, 2016, Número:147937,
ISBN: 978-3-330-00309-5.

[10] . **Hoda A. Ashry e** Fouad A. S. Soliman, **Técnicas Analíticas Nucleares e Ciências Modernas,** Livro Publicado, Lambert Academic Publishing, Omni- Scriptum, GmbH and Co. KG, dezembro, 2016, No. : 149558,
ISBN: 978-3-330-01772-6.

[11] . Fouad A. S. Soliman, **Energia: História, Definições, Formas, Transformações.**
formação e aplicações, Livro Publicado, Lambert Academic Publishing, Omni- Scriptum, GmbH and Co. KG, janeiro de 2017.
ISBN: 978-3-330-02939-2.

[12] . Fouad A. S. Soliman, **All About Nuclear Materials, Livro Publicado,** Lambert Academic Publishing, Omni- Scriptum GmbH and Co. KG, 2017. ID do projeto (150859) ISBN:978-3-330-03643-7.

[13] . Fouad A. S. Soliman **e Hoda A. Ashry, Focus on the Treasures of**

The Earth, livro publicado, Lambert Academic Publishing, Omni- Scriptum GmbH and Co. KG, fevereiro de 2017.
ISBN: 978-3-659-85407-1.

[14] . Fouad A. S. Soliman, **Geothermal Energy Technology,** Livro Publicado, Lambert Academic Publishing, Omni-Scriptum GmbH e Co., KG., maio de 2017.
ISBN: 978-3-330-31808-3.

[15] . Fouad A. S. Soliman, **Tecnologia de Energia Marinha e Futuro da Energia,** Livro Publicado, Lambert Academic Publishing, Omni-Scriptum GmbH e Co. KG, junho de 2017.
ISBN: 978-3-330-32467-1.

[16] . Fouad A. S. Soliman e **Hoda A. Ashry, Atomic Batteries: the Easy Energy for Tomorrow", Livro Publicado,** Lambert Academic Publishing, Omni-Scriptum. GmbH and Co. KG, julho de 2017.
ISBN:978-3-330-35308-4.

[17] . Fouad A. S. Soliman, **and Hoda A. Ashry, Evolution of Synchrotron Radiation and its Importance",** Livro Publicado, Lambert Academic Publishing, Omni-Scriptum GmbH and Co. KG, agosto de 2017.
ISBN: 978-620-2-01385-7

[18] . Fouad A. S. Soliman, **"Mechatronics: Engenharia Multidisciplinar",** Livro Publicado, Lambert Academic Publishing, Omni-Scriptum, GmbH and Co. KG, agosto de 2017.
ISBN: 978-620-0-43740-2.

[19] . Fouad A. S. Solimna e **Hoda A. Ashry, "Gold and Silver Recovery from Electronic Waste", Recuperação de Ouro e Prata de Resíduos Electrónicos",** Livro Publicado Lambert Academic Publishing, Omni-Scriptum GmbH and Co. KG, set. 2017.
ISBN: 978-620-2-04988-7.

[20] . Fouad A. S. Soliman, **Amira A El-laboudi, e Manal Mahdi, "Harvesting Energy and Future Human Needs",** Livro Publicado, Lambert Academic Publishing, Omni-Scriptum GmbH and Co. KG, novembro de 2017.
ISBN: 978-620-2-07981-5.

[21] . **Hoda A. Ashry** e Fouad A. S. Soliman, **"World of Neurons",** Livro Publicado, Lambert Academic Publishing, Omni- Scriptum GmbH and Co. KG, janeiro de 2018.
ISBN: 978-613-4-97714-2.

[22] . Fouad A. S. Soliman, **"Role of Engineering in Therapy",** Livro publicado Lambert Academic Publishing, Omni- Scriptum GmbH and Co.

KG, abril de 2018.

ISBN: 978-613-9-58735-3.

[23] . Fouad A. S. Soliman, **"Novas Tendências na Exploração de Tesouros Terrestres"**, Livro Publicado, Lambert Academic Publishing, Omni- Scriptum GmbH Co. KG, Nov. 2019.

ISBN: 978-620-0-46469-9.

[24] . Fouad A. S. Soliman, **"Energia: Recursos, Derivados, Sustentabilidade e Desenvolvimento"**, Livro Publicado Lambert Academic Publishing, Omni-Scriptum GmbH and Co. KG, dezembro de 2019.

[25] . Fouad A. S. Soliman **e Hamed I. E. Mira, "Nuclear Power: History, Materials, Economics and Future"**, Livro publicado Lambert Academic Publishing, Omni-Scriptum GmbH & Co. KG, janeiro de 2020.

ISBN: 978-620-0-46407-1.

[26] . Fouad A. S. Soliman, **"Renewable Energy and the Future of Human Life"**, Livro Publicado. Lambert Academic Publishing. Omni-Scriptum GmbH e Co.KG, fevereiro de 2020.

ISBN: 978-620-0-53632-7.

[27] . Fouad A. S. Soliman, **Safaa M. R. El-ghanam, e Ashraf M. Abdel-maksoud, "Environmental Impact of the Energy Industry"**, Livro Publicado Lambert Academic Publishing, Omni-Scriptum GmbH and Co. KG, fevereiro de 2020.

ISBN: 978-620-0-57165-6.

[28] . Fouad A. S. Soliman, **e Amira Abdel-Magid, "Projections, Developments and Exploitations of Renewable Energy Resources"** Livro publicado, Lambert Academic Publishing, Omni-Scriptum GmbH and Co. KG, março de 2020.

ISBN: 978-620-065158-7.

[29] . Fouad A. A. Soliman, **e Wafaa Abd El-Basit, "Smart Photovoltaic Technologies and the Future of Energy"**, Livro Publicado, Lambert Academic Publishing, **Omni-Scriptum** GmbH and Co. KG, março de 2020.

ISBN: 978-620-251267-1.

[30] . Fouad A. S. Soliman, and **Sanaa A. Kamh", Open Source Hardware Technology,** Livro Publicado, Lambert Academic Publishing, Omni-

Scriptum GmbH and Co. KG, abril de 2020.

ISBN: 978-620-2-51639-6.

[31] . Fouad A. S. Soliman, **"Renewable Energy Technologies for Salt Water Desalination"**, Livro Publicado, Lambert Academic Publishing, Omni-Scriptum GmbH and Co. KG, maio de 2020.

ISBN: 978-620-2-52159-8.

[32] . Fouad A. S. Soliman, " New Trends in Renewable Energy for Humanity Benefits", Livro Publicado, Lambert Academic Publishing, Omni-Scriptum GmbH and Co. KG, maio de 2020. ISBN: 978-620-2-51887-1.

[33] . Fouad A. S. Soliman, e Ashraf M. Abdel-maksoud, "Energy Storage, Transmission and Monitoring", Livro Publicado, Lambert Academic Publishing, Omni-Scriptum GmbH and Co. KG, maio de 2020. ISBN: 978-6213-94971-2

[34] . Fouad S. S. Soliman, "Climate Effects on PV-Systems and their Maintenance and Recycling", Livro publicado, Lambert Academic Publishing, Omni-Scriptum GmbH and Co. KG, junho de 2020. ISBN: 978-620-2-56451-9.

[35] . Fouad A. S. Soliman e Hamed I. E. Mira, "Drones: The Future of Unmanned Aerial Vehicles", livro publicado Lambert Academic Publishing, Omni-Scriptum GmbH and Co. KG, junho de 2020. ISBN: 978-620-2-66811-8.

[36] . Fouad A. S. Soliman, "Airborne Geophysical & Remote Sensing Based on DroneAircrafts", livro publicado, Lambert Academic Publishing, Omni-Scriptum GmbH and Co. KG, julho de 2020. ISBN: 978-620-2-67331-0.

[37] . Fouad A. S. Soliman, e Safaa M. El-ghanam "The World of Renewable Energy Technologies", Livro Publicado, Lambert Academic Publishing, Omni-Scriptum GmbH and Co. KG, agosto de 2020. ISBN: 978-620-2-68432-3.

[38] . Fouad A. S. Soliman, and Ashraf M. Abedel-maksoud", Technologies of Stand-Alone and Distributed Energy Systems", Livro publicado, Lambert Academic Publishing, Omni-Scriptum GmbH and Co. KG, setembro de 2020. ISBN: 978-620-0-50455-6.

[39] . Fouad A. S. Soliman, A Novel and Efficient Aerial Techniques for UXO Detection, Livro Publicado, Lambert Academic Publishing, Omni-Scriptum GmbH and Co. KG, setembro de 2020. ISBN: 978-620-2-79934-8

[40] . Fouad A. S. Soliman, e Ashraf M. Abedel-maksoud, "Technology and Future of Nano-fluids", Livro Publicado, Lambert Academic Publishing, Omni-Scriptum GmbH and Co. KG, setembro de 2020. ISBN: 978-620-2-80132-4.

[41] . Fouad A. S. Soliman e Safaa M. El-ghanam, "New Trends in the

Generation, Conversion, Transmission and Storing of Energy", **Livro publicado, Lambert Academic Publishing, Omni-Scriptum GmbH and Co. KG, outubro de 2020.**
ISBN: 978-620-2-80878-1.
[42] . Fouad A. S. Soliman, **"Remote Monitoring, Net Metering, Fault Detection and Predictive Maintenance of Electrical Power Systems.** Livro publicado, Lambert Academic Publishing, Omni-Scriptum GmbH and Co. KG, outubro de 2020.
ISBN: 978-3-330-06474-4.
[43] . Fouad A. S. Soliman, **A. A. Abu Talib e Doaa H. Hanafy, "PV Shockley-Queasier, Maximum Power, Green Houses and Rooftop Stations",** Livro Publicado, Lambert Academic Publishing, Omni- Scriptum GmbH and Co. KG, outubro de 2020.
ISBN: 978-620-2.92085-8.
[44] . Fouad A. S. Soliman, **Wafaa A. Zekri, Soha Abel-Azim, EnvironMental Impact of Electricity Generation, Transmission and Industry",** Livro Publicado, Lambert Academic Publishing, Omni- Scriptum GmbH and Co. KG, novembro de 2020.
ISBN: 978-620-3-02581-1.
[45] . Fouad A. S. Soliman, e **Safaa R. El-ghanam, Future Energy DevelopMent**, Livro Publicado, Lambert Academic Publishing, Omni- Scriptum GmbH and Co. KG, novembro de 2020.
ISBN: 978-620-3-041132.
[46] . Fouad A. S. Soliman e **Hamed I. E. Mira, "For More Efficient Solar Energy Applications",** Livro publicado Lambert Academic Publishing, Omni-Scriptum GmbH and Co. KG, dezembro de 2020.
ISBN: 978-620-801002.
[47] . Fouad A. S. Soliman, e **Sanaa A. Kamh,** "New Trends in Micro-and Hybrid-Energy Grids", Livro Publicado, Lambert Academic **Publishing,** Omni-Scriptum. GmbH and Co. KG, dezembro de 2020.
ISBN: 978-620-2-92022-3.
[48] . Fouad A. S. Soliman, **"Trends in Renewable Energy Resources Gridding",** Livro publicado Lambert Academic Publishing, Omni- Scriptum GmbH and Co. KG, janeiro de 2021.
ISBN: 978-620-3-30339-1.
[49] . Fouad A. S. Soliman, e **Wafaa Abdel Basit Zekri, "Gridding of Smart Solar Energy Systems",** livro publicado, Lambert Academic Publishing, Omni-Scriptum, GmbH and Co., K.G. março de 2021.
ISBN: 978-620-3-46312-5.

[50] . Fouad A. S. Soliman e **Safaa R. El-ghanam, "New Trends in Photovoltaic System"**, livro publicado, Lambert Academic Publishing, Omni-Scriptum GmbH and Co., K.G., dezembro de 2020. ISBN: 978-620-3-47075-8.

[51] . Fouad A. S. Soliman, **"Automatic Monitoring of PV-Systems"**, Livro publicado Lambert Academic Publishing, Omni-Scriptum GmbH and Co. KG, Sept. 2021. ISBN: 978-620-3-58196-6.

[52] . Fouad A. S. Soliman, e **Ashraf M. Abedel-maksoud, "Marine Power: The Future of Renewable Energy,** Livro Publicado, Lambert Academic Publishing, Omni-Scriptum GmbH and Co. KG, novembro de 2021. ISBN: 978-620-4-71792-0163.

[53] . Fouad A. S. Soliman, **"Carbon Capture and Sequestration"**, Livro publicado Lambert Academic Publishing, Omni-Scriptum GmbH and Co. KG, novembro de 2021. ISBN: 978-620-4-72561-1163.

[54] . Fouad A. S. Soliman, e **Hoda A. Ashry, "Role of Electronics and Computer Sciences on Energy Medicine"**, Livro Publicado Lambert Academic Publishing, Omni-Scriptum GmbH e Co. KG, Nov. 2021. ISBN: 978-620-4-727387.

[55] . Fouad A. S. Soliman, e **Nehal Abou-el fotoh Ali, "Future Challenges of Electronics Based on Piezoelectric"**, Livro publicado Lambert Academic Publishing Omni-Scriptum GmbH and Co. KG, dezembro de 2021. ISBN: 978-620-4-70844.

[56] . Fouad A. S. Soliman, **Ayman H. Shanash e Nehal Abou-el fotoh Ali, "Sustainale Energy for Human Safety and Luxury"**, Livro publicado Lambert Academic Publishing, Omni-Scriptum GmbH and Co. KG, janeiro de 2022. ISBN: 978-620-4-73029-1163.

[57] . Fouad A. S. Soliman, e **Nehal Abou-el fotoh Ali, "World of OsmoTic Phenomenon"**, Livro publicado Lambert Academic Publishing, Omni-Scriptum GmbH & Co. KG, janeiro de 2021. ISBN: 978-620-4-73327-2164.

[58] . Fouad A. S. Soliman, **Ayman H. Shanash & Nehal Abou-el fotoh Ali, "A** Deep Insight into the Future of Energy, Published Book Lambert Publicação académica, Omni-Scriptum GmbH and Co. KG, Jan. 2022. ISBN: 978-620-4-73472-9164.

[59] . Fouad A. S. Soliman, **Ayman H. Shanash e Nehal Abou-el fotoh Ali,** "Transitioning from Fossil Fuels to Renewable Energy", Published Book Lambert Academic. Publishing, Omni-Scriptum GmbH and Co. KG, fevereiro de 2022.
ISBN: 978-620-4-74114-7164.

[60] . Fouad A. S. Soliman, **Ayman H. Shanash e Nehal Abou-el fotoh Ali, "Ocean Thermal Energy Conversion",** Livro publicado Lambert Academic Publishing, Omni-Scriptum GmbH and Co. KG, Fev. 2022. ISBN: 978-620-4-74278-61.

[61] . Fouad A. S. Soliman, **Ayman H. Shanash e Nehal Abou-el fotoh Ali, "The Rapid Movement towards Clean Green World",** Published Book Lambert Academic. Publishing, Omni-Scriptum GmbH and Co. KG, fevereiro de 2022.
ISBN: 9786-204-745 183.

[62] . Fouad A. S. Soliman, **Ayman H. Shanash e Nehal Abou-el fotoh Ali, "Renewable Energy Systems Engineering",** Livro publicado Lambert Academic Publishing, Omni-Scriptum GmbH and Co. KG, fevereiro de 2022.
ISBN: 978-620-4-74716-3.

[63] . Fouad A. S. Soliman, **Ayman H. Shanash e Nehal Abou-el fotoh Ali, "From A - To Z-about Renewable Energy",** Livro publicado Lambert Academic Publishing, Omni-Scriptum GmbH and Co. KG, março de 2022.
ISBN: 9786-202-053099.

[64] . Fouad A. S. Soliman, **Hamed I. E. Mira e Nehal Abou-el fotoh Ali, "Steps on the Way of Energy Future and Conservation",** Livro publicado Lambert Academic Publishing, Omni-Scriptum GmbH and Co. KG, março de 2022.
ISBN: 9786-139-448388.

[65] . Fouad A. S. Soliman, **Nehal Abou-el fotoh Ali & Karima A. Mahmoud, "Engineering and Comfortable Smart Life",** Livro publicado Lambert Academic Publishing, Omni-Scriptum GmbH and Co. KG, março de 2022.
ISBN: 978-620-0-24999-91.

[66] . Fouad A. S. Soliman, **Hoda A. Ashry e Nehal Abou-el fotoh Ali, "World of Fuel Cells",** Livro publicado Lambert Academic Publishing, Omni-Scriptum GmbH and Co. KG, abril de 2022.
ISBN: 978-620-4-74855-91.

[67] . Fouad A. S. Soliman, **Nehal Abou-el fotoh Ali e Wafaa A. Zekri, "Photovoltaic Systems Engineering",** Livro publicado Lambert Academic

Publishing, Omni-Scriptum GmbH and Co. KG, abril de 2022. ISBN: 978-620-4-74893-11.

[68] . Fouad A. S. Soliman, **Amira A. Abo-talib e Doaa H. Hanafy, " Role of Electronic Engineering on Automotive and Mechanic Science,** Published Book Lambert Academic Publishing, Omni-Scriptum, GmbH and Co. KG, maio de 2022.
ISBN: 978-620-4-75130-61.

[69] . Fouad A. S. Soliman, **Nihal Abou-alfotoh Ali," Nano-fiber: O Futuro dos Materiais",** Livro Publicado Lambert Academic Publishing, Omni-Scriptum, GmbH and Co. KG, maio de 2022.
ISBN: 978-620-4-95505-616.

[70] . Fouad A. S. Soliman, **Sanaa A. Kamh e Doaa H. Hanafy, "The Brilliant Future of Lithium in Energy Storage",** livro publicado Lambert Academic Publishing, Omni-Scriptum, GmbH and Co. KG, maio de 2022.
ISBN: 978-620-4-98014-0165519.

[71] . Fouad A. S. Soliman, **e Hamed I. E. Mira, "Stereo Microscope: the Nano-Imaging Tool of Future",** Livro publicado Lambert Academic Publishing, Omni-Scriptum, GmbH and Co. KG, maio de 2022. ISBN: 978-620-5489-406.

[72] . Fouad A. S. Soliman, **Amira A. Abo-talib El-laboudi e Karima A. Mahmoud, "Future of Energy Hybrid Technologies",** Livro publicado Lambert Academic Publishing, Omni-Scriptum, GmbH and Co. KG, maio de 2022.
ISBN: 978-620-5489-406.

[73] . Fouad A. S. Soliman, **Wafaa Abdel-basit Zekri e Karima A. Mahmoud, "The Brilliant Future of Digital Imaging",** Livro publicado Lambert Academic Publishing, Omni-Scriptum, GmbH and Co. KG, agosto de 2022.
ISBN: 978-6205-4956-12.

[74] . Fouad A. S. Soliman, **"Future of Interdisciplinary Sciences",** Livro publicado Lambert Academic Publishing, Omni-Scriptum, GmbH and Co. KG, outubro de 2022.
ISBN: 978-620-5-50245-71.

[75] . Fouad A. S. Soliman **e Karima A. Mahmoud, "Fewer Losses on Renewable Energy Generation and Applications",** Livro publicado Lambert Academic Publishing, Omni-Scriptum, GmbH and Co. KG, outubro de 2022.
ISBN: 978-620-4-980669.

[76] . Fouad A. S. Soliman, **Amira Abou-talib El-laboudi e Doaa H.**

Hassan, "Food Energy", Livro publicado, Lambert Academic Publishing, Omni-Scriptum, GmbH and Co. KG, outubro de 2022.
ISBN: 978-620-5-50995-116.

[77] . Fouad A. S. Soliman, Wafaa Abdel-basit Zekri & Karima A. Mahmoud," The Brilliant World of Graphene", Livro publicado Lambert Academic Publishing, Omi-Scriptum, GmbH and Co. KG, outubro de 2022.
ISBN: 978-620-5-51599-016.

[78] . Fouad A. S. Soliman, Amira A. Abo-talib & Doaa H. Hanafy," Wind As a Mainstream Renewable Power",, Livro publicado Lambert Academic Publishing, Omni-Scriptum, GmbH and Co. KG, outubro de 2022.
ISBN: 978-620-5-52588-316.4

[79] . Fouad A. S. Soliman, e Karima A. Mahmoud, "Unmanned Aerial Vehicle Applications and Development towards Few Grams Weight", Livro publicado Lambert Academic Publishing, Omni-Scriptum, GmbH and Co. KG, outubro de 2022.
ISBN: 978-620-4-980669.

[80] . Fouad A. S. Soliman, and Karima A. Mahmoud, "The Benefits of Plastic and its Imminent Dangers to Humanity". Livro publicado Lambert Academic Publishing, Omni-Scriptum, GmbH and Co. KG, outubro de 2022.
ISBN: 978-620-5622472.

[81] . Fouad A. S. Soliman, e Karima A. Mahmoud, "Tecnologias avançadas para a prospeção e mineração de ouro", Livro publicado Lambert Academic Publishing, Omni-Scriptum, GmbH and Co. KG, fevereiro de 2023.
ISBN: 978-620-6142263.

[82] . Fouad A. S. Soliman, e Karima A. Mahmoud, "Neuro-linguistic Programing", Livro publicado Lambert Academic Publishing, Omni-Scriptum, GmbH and Co. KG, março de 2023.
ISBN: 978-620-14432.

[83] . Fouad A. S. Soliman, e Karima A. Mahmoud, "Future Techniques In Mind Mapping", Livro publicado Lambert Academic Publishing, Omni-Scriptum, GmbH, and Co. KG, março de 2023.
ISBN: 978-6206-147640.

[84] . Fouad A. S. Soliman, and Hamid I. E. Mira, "Copper for Bright Future of Renewable Energy", Published Book Lambert Academic Publicação, Omni-Scriptum, GmbH e Co. KG, março de 2023.
ISBN: 978-6206-142263.

[85] . Fouad A. S. Soliman, Amira A. Abo-talib e Doaa H. Hanafy, Renewable Energy the Power of World by 2050", Livro publicado

Lambert Academic Publishing, Omni-Scriptum, GmbH and Co. KG, março de 2023. abril de 2023.
ISBN: 978-6206-153573.

[86] . Fouad A. S. Soliman, **and Karima A. Mahmoud, Global Energy Interconnection and Practice"** Published Book Lambert Academic Publishing Omni-Scriptum, GmbH and Co. KG. abril de 2023.
ISBN: 978-6206-153573.

[87] . Fouad A. S. Soliman, **Hamid I. E. Mira e Karima A. Mahmoud, "An Insight into World of Wind Energy Technology".** Livro publicado Lambert Academic Publishing, Omni-Scriptum, GmbH and Co. KG. setembro de 2023.
ISBN: 978-6206-781967.

[88] . Fouad A. S. Soliman, **Wafaa A. Zekri e Karima A. Mahmoud, "Role of Hydrogen in Human Life".** Livro publicado Lambert Academic Publishing, Omni-Scriptum, GmbH and Co. KG. Set. 2023. **ISBN: 978-6206-78625-2.**

[89] . Fouad A. S. Soliman, **e Karima A. Mahmoud, "Future of Renewable Energy and Storage Techniques".** Livro publicado Lambert Academic Publishing, Omni-Scriptum, GmbH and Co. KG. setembro de 2023.
ISBN: 978-6206-790570.

[90] . Fouad A. S. Soliman, **Hamid I. E. Mira e Karima A. Mahmoud, "Importância, Pobreza, Transmissão, Segurança das Energias Renováveis".** Livro publicado Lambert Academic Publishing, Omni-Scriptum, GmbH and Co. KG. setembro de 2023.
ISBN: 978-6206-8433513.

[91] . Fouad A. S. Soliman, **Hamid I. E. Mira e Karima A. Mahmoud, "Toward 100 % Renewable Energy".** Livro publicado Lambert Academic Publishing, Omni-Scriptum, GmbHand Co. KG. Dez. 2023.
ISBN: 978-620-7-44774-9.

[92] . Fouad A. S. Soliman, **e Karima A. Mahmoud, "Vehicles Operation at Non-polluted Future".** Livro publicado Lambert Academic Publishing, Omni-Scriptum, GmbH and Co. KG. Dez. 2023. **ISBN: 978-620-7-45399-3.**

[93] . Fouad A. S. Soliman, **e Karima A. Mahmoud, "World of Photonics".** Livro publicado Lambert Academic Publishing, Omni-Scriptum, GmbH e Co. KG. dezembro de 2023.
ISBN: 978-620-7-45399-3.

[94] . Fouad A. S. Soliman, **e Karima A. Mahmoud, "Electronics and**

Computer Sciences for Fair Elections". Livro publicado Academic Publishing, Omni-Scriptum, GmbH and Co. KG. Dez. 2023. ISBN: 978-620-7-474783.

[95] . **Fouad A. S. Soliman, e Karima A. Mahmoud, "Phosphates, Phosphoric Acids and Fule Cells"**. Livro publicado Lambert Academic Publishing, Omni-Scriptum, GmbH and Co. KG. dezembro de 2023.
ISBN: 978-620-7-484935.

[96] . **Fouad A. S. Soliman, e Karima A. Mahmoud, "Waste Heat Recovery for Power Generation Applications"**. Livro publicado Lambert Academic Publishing, Omni-Scriptum, GmbH and Co. KG. dezembro de 2023.
ISBN: 978-620-7-48768-4.

[97] . **Fouad A. S. Soliman, e Karima A. Mahmoud, "Solar Energy Engineering"**. Livro publicado Lambert Academic Publishing, Omni-Scriptum, GmbH and Co. KG, maio de 2024.
ISBN: 978-620-7-64062-1.

[98] . **Fouad A. S. Soliman, e Karima A. Mahmoud, "New Look to the World of Dark Energy and Materials"**. Livro publicado Lambert Academic Publishing, Omni-Scriptum, GmbH and Co. KG, junho de 2024.
ISBN: 978-620-7-64872-6.

[99] . **Fouad A. S. Soliman, e Karima A. Mahmoud, "Artificial Intelligence and the Future of Humanity"**. Livro publicado Lambert Academic Publishing, Omni-Scriptum, GmbH and Co. KG, junho de 2024.
ISBN: 978-620-7-65198-6.

[100] . **Fouad A. S. Soliman, e Karima A. Mahmoud, "Technological Roadmaps to Net Zero Emissions Target by 2030 and 2050"**. Livro publicado Lambert Academic Publishing, Omni - Scriptum, GmbH and Co. KG, junho de 2024.
ISBN: 978-620-7-809264.

[101] . **Fouad A. S. Soliman, Hamed I. E. Mira e Karima A. Mahmoud, "Perovskite for Brilliant Futuer of Solar Cells"**. Livro publicado Lambert Academic Publishing, Omni - Scriptum, GmbH and Co. KG, julho de 2024.
ISBN: 978-620-7-995462.

[102] . **Fouad A. S. Soliman e Karima A. Mahmoud, "Role of Neural Networks on the Bright Future of Computer Sciences" (Papel das redes neurais no futuro brilhante das ciências da computação).** Publicado em Livro Lambert Academic Publishing, Omni - Scriptum, GmbH and Co. KG, agosto de 2024.
ISBN: 978-620-8-01103-1.

[103] . Fouad A. S. Soliman e Karima A. Mahmoud, "Artificial IntelliGent for Renewable Energy Storage Roadmap for 2030". Livro publicado Lambert Academic Publishing, Omni - Scriptum, GmbH and Co. KG, setembro de 2024.
ISBN: 978-620-8-06547-8.

Dr. Hamed I. E. Mira 14
Prof. Geologia e Geoquímica
Presidente, Autoridade de Materiais Nucleares, Cairo, Egito.

- **"Energia Nuclear: História, Materiais, Economia e Futuro"**, Livro publicado Lambert
- Publicação académica, Omni-Scriptum GmbH and Co. KG, janeiro de 2020. ISBN 978-620-0-46407-1.
-

- **"Drones: The Future of Unmanned Aerial Vehicles"**, livro publicado Lambert Academic Publishing, Omni-Scriptum GmbH and Co. KG, junho de 2020.
ISBN: 978-620-2-66811-8. -

- **"Para aplicações de energia solar mais eficientes"**, livro publicado Lambert Academic Publishing, Omni-Scriptum GmbH and Co. KG, dezembro de 2020.
- ISBN 978-620-801002. -

- **" Estradas Solares: The Future of Renewable Energy"**, Livro publicado Lambert Academic Publishing,Omni-Scriptum GmbH and Co. KG, Jan.2021.
- ISBN 978-620-3-19965-9. -

- **"Steps on the Way of Energy Future and Conservation"**, Livro publicado Lambert Academic Publishing, Omni-Scriptum GmbH and Co. KG, março de 2022.
- ISBN: 9786-139-448388.

- **" Stereo Microscope: the Nano-imaging Tool of Future"**, Livro publicado Lambert Academic Publishing, Omni-Scriptum, GmbH and Co. KG, maio de 2022.
- ISBN: 978-620-5489-406.
-

- **"Copper for Bright Future of Renewable Energy"**, Livro publicado Lambert Academic Publishing, Omni-Scriptum, GmbH and Co. KG, março de 2023.
ISBN: 978-6206-142263.
-

-   **"Importância, Pobreza, Transmissão, Segurança das Energias Renováveis"**. Livro publicado Lambert Academic Publishing, Omni-Scriptum, GmbH and Co. KG. Set. 2023.
ISBN: 978-6206-8433513.
-

-   **"Uma visão do mundo da tecnologia da energia eólica"**. Livro publicado Lambert Academic Publishing, Omni-Scriptum, GmbH and Co. KG. setembro de 2023.
ISBN: 978-6206-781967.
"Perovskite para o futuro brilhante das células solares". Livro publicado Lambert Academic Publishing, Omni - Scriptum, GmbH and Co. KG, julho de 2024.
ISBN: 978-620-7-995462.

Islam G. Alhindawy 15
Doutoramento em Química dos Materiais

Publicações: 29

Departamento de Química

Aptidões e conhecimentos especializados: Materiais, materiais nanoestruturados, materiais avançados,
materiais porosos, caraterização de materiais, extração, sensores, adsorção e tratamento de águas.

Publicações:

-   Purificação por ação solar: Remoção de contaminantes farmacêuticos da água utilizando o fotocatalisador NASICON dopado com carbono.
-   Atividade fotocatalítica melhorada do compósito TiO_2/Bi_2O_3 tridopado (In-Sr-P) carregado em carbono mesoporoso: Uma abordagem fácil de síntese sol-hidrotermal.
-   Dióxido de zircónio (ZrO_2) dopado com tungstato de zircónio ($Zr_4W_8O_{32}$) para proteção contra raios gama: análise aprofundada do fabrico, caraterização e propriedades de atenuação dos raios gama
-   O potencial do bi $2-xZr$ x O $3+x/2$ @ZrO_2 (BZO) como material pesado de proteção contra a radiação: Fabrico e caraterização utilizando uma técnica hidrotérmica diretamente a partir do mineral zircão.
-   Captura de urânio de uma solução aquosa utilizando carvão ativado à base de resíduos de palma: cinética de sorção e equilíbrio.
-   Materiais avançados de proteção contra a radiação: Cerâmicas de zircónia dopadas com PbO_2 sintetizadas através do inovador método sol-gel.
-   Utilização de um método hidrotérmico de um passo para o fabrico e avaliação das caraterísticas de proteção contra a radiação em zircónia dopada

com Pb(ZrO3): síntese e caraterização.

- Um nanocompósito mesoporoso de TiO 2 dopado com Mo e N Co com maior eficiência fotocatalítica.

- Melhoria do desempenho fotocatalítico de catalisadores à base de Co-TiO 2 e Mo-TiO 2 através da engenharia de defeitos e dopagem: Um estudo sobre a degradação de poluentes orgânicos sob luz UV.

- Análise exaustiva dos efeitos do Mo e do Co na síntese, na estrutura e nas propriedades de proteção contra a radiação de compósitos à base de TiO 2

- Metodologia de síntese para o controlo do tamanho e da forma de materiais bidimensionais

- Óxido de zircónio dopado com La/Nd: Impacto da transição de fase da zircónia nas propriedades de blindagem gammaray

- Captura de urânio de uma solução aquosa utilizando carvão ativado à base de resíduos de palma: cinética de sorção e equilíbrio

- Uma investigação em várias fases para compreender a função do lantânio e do neodímio na síntese, estrutura e capacidade de proteção contra raios gama da cerâmica de zircónio

- Melhoria do desempenho fotocatalítico de catalisadores à base de Co-TiO2 e Mo-TiO2 através da engenharia de defeitos e dopagem: Um estudo sobre a degradação de poluentes orgânicos sob luz UV

- RSC Advances d3ra04034h 1 Efeito da dopagem com bismuto na estrutura cristalina e na atividade fotocatalítica do óxido de titânio

- Otimização da proteção contra radiações gama com nanomateriais híbridos de cobalto-titânia

- Impacto da temperatura de calcinação nas propriedades estruturais e de proteção contra a radiação do composto NASICON sintetizado a partir de minerais de zircão

- Síntese de pós de vidro para aplicações de proteção contra radiações com base no licor de lixiviação de minerais de zircónio

- Compósito de caulinite/tioureia-formaldeído para uma sorção eficaz de U(VI) do ácido fosfórico comercial

- Um novo sensor dependente do pH para o reconhecimento de iões de estrôncio na água: Uma arquitetura mesoporosa hierarquicamente estruturada

- Nanofolhas de Titânia-Carvão dopadas com cobalto com vacâncias de oxigénio induzidas para a degradação fotocatalítica de resíduos radioactivos complexos

- Melhoria do desempenho fotocatalítico de nanofolhas de titânia dopadas com cobalto através da indução de vagas de oxigénio para a degradação eficiente de poluentes orgânicos

- Fabrico de monólitos de sílica mesoporosa semelhantes a vermes como um sorvente eficiente para iões de tório a partir de meios de nitrato
- Nanofolhas de Titânia-Carvão dopadas com cobalto com vacâncias de oxigénio induzidas para a degradação fotocatalítica de resíduos radioactivos complexos
- Melhoria do desempenho fotocatalítico das nanofolhas de titânia dopadas com cobalto através da indução de vacâncias de oxigénio para uma degradação eficiente de poluentes orgânicos
- Fabrico de um permutador de catiões mesoporoso NaZrP para a separação de iões U(VI) de licores de lixiviação de uranilo

Agradecimentos

Estamos ajoelhados em obediência a ALÁ, agradecendo-Lhe por me ter mostrado o caminho certo. Sem a ajuda de Deus, os nossos esforços ter-se-iam perdido. Foi com a graça de Deus que conseguimos alcançar este grande feito. Agradecemos também a uma pessoa que amamos muito, o Profeta Maomé (que Deus o louve e lhe dê paz).

Gostaríamos também de expressar a nossa mais profunda gratidão a:

1- Autoridade dos Materiais Nucleares (NMA), Cairo, Egito.

2- **Hamid I. Mira, Presidente, NMA**

3- **Funcionário dos diferentes sectores.**

4- Women College for Arts, Science, and Education, Ain-shams University, Cairo, Egito

5- **Membros do pessoal do Departamento de Física e do Laboratório de Investigação em Eletrónica.**

6- Centro Nacional de Investigação e Tecnologia das Radiações, Cairo, Egito

7- **Membros do pessoal do Departamento de Física das Radiações.**

8- Membros do pessoal do Centro Egípcio de Estudos Económicos, Investigação Científica e Ambiental e Desenvolvimento.

Resumo

As células fotovoltaicas, vulgarmente conhecidas como células PV, são finas camadas de silício puro impregnadas com pequenas quantidades de outros elementos, como o boro e o fósforo. Quando expostas à luz solar, produzem pequenas quantidades de eletricidade. Existem desde os anos 50 e foram inicialmente utilizados como fonte de energia para satélites no espaço. Desde então, os seus preços têm vindo a baixar de forma constante, passando de 40 000 dólares por watt no início dos anos 60 para apenas 1 dólar por watt ou menos atualmente. As células fotovoltaicas são uma fonte de energia eficiente e de longa duração e são uma óptima alternativa às fontes de energia tradicionais, como o carvão e o gás.

Neste domínio, existem muitos tipos diferentes de células solares - monocristalinas, policristalinas e amorfas, para citar alguns. As células solares monocristalinas são fabricadas a partir de cristais de silício simples e oferecem excelentes níveis de eficiência. As células solares policristalinas são fabricadas a partir de vários cristais mais pequenos e tendem a ser mais económicas do que as células monocristalinas. As células solares amorfas, por outro lado, utilizam camadas de material semicondutor muito fino em vez de estruturas cristalinas, o que as torna mais baratas mas menos eficientes do que outros tipos de células solares. Em resumo, os principais tipos de células solares são: células de silício monocristalino, células de silício policristalino, tecnologia de hetrojunção (HJT), células bifaciais, células de meia célula ou células cortadas, células solares simples. Assim, o objetivo deste trabalho é discutir as diferentes gerações de células fotovoltaicas e as actuais direcções de investigação centradas no seu desenvolvimento e nas tecnologias de fabrico. O trabalho centra-se na apresentação das gerações de células fotovoltaicas conhecidas até à data, principalmente em termos das eficiências de conversão solar-eléctrica alcançáveis, bem como da tecnologia para o seu fabrico. Em particular, é discutida a terceira geração de células fotovoltaicas e as tendências recentes neste domínio, incluindo as células multi-junção e as células com níveis de energia intermédios na banda proibida do silício. Apresentamos também os últimos desenvolvimentos na tecnologia de fabrico de células fotovoltaicas, utilizando como exemplo as células fotovoltaicas de quarta geração baseadas em grafeno. Uma extensa revisão da literatura mundial levou-nos a concluir que, apesar do aparecimento de novos tipos de células fotovoltaicas, as células de silício continuam a ter a maior quota de mercado, pelo que a investigação sobre formas de melhorar a sua eficiência continua a ser relevante.

Palavras-chave

Célula fotovoltaica, vulgarmente, conhecida, célula PV, camadas finas, puro, silício, impregnado, pequenas, quantidades, outros, elementos, tais, como, boro, fósforo, expostos, luz solar, produzem, pequenas, quantidades, de eletricidade, em torno, desde, inicialmente, usado, fonte, de, energia, satélites, espaço, sincem, preços, têm, firmemente, descer, cedo, watt, menos, hoje, eficiente, de longa duração, fonte de energia, grande, alternativa, tradicional, fontes, de, energia, tais, como, carvão, gás, muitos, diferentes, tipos, de, células, solares, mono-cristalino, policristalino, amorfo, nome, alguns, Monocrysta solar, feito único, silício, cristais, oferecer, excelente, eficiência, níveis, múltiplos, menores, cristais, tendem, mais, custo, eficaz, do que, por outro lado, usar, camadas, muito finas, semicondutoras, material, em vez, de, estruturas, cristalinas, o, que, as, torna, mais, baratas, mas, menos, eficientes, tipos, resumo, principais, tipos, de, tecnologia, solar, de, hetrojunção (HJT), células bifaciais, células de meia-célula ou células cortadas, células solares de telha, fotovoltaicas (PV), sanduíche fina de semicondutores, composta, por, camada, altamente, purificada, de, silício, ligeiramente, dopada, com, boro, de um, lado, fósforo, do outro, dopagem, cria, quer, excesso, défice, electrões, referidos, camadas P e N, respetivamente, expostas, à luz solar, fotões, eliminam, algum, excesso, de, electrões, causa, diferença, de, tensão, entre, os, dois, lados, da, bolacha, tipicamente, cerca, de, meio volt, silício, contactos, metálicos, ligados, a, ambos, os, lados, da, bolacha, circuito, externo, ligado, contactos, permite, que, os, electrões, viajem, através, de, condutores metálicos, em, vez de, através, da, fina, camada, de, silício, criando, corrente, completando, o, circuito, capacidade, de, armazenamento, actua, como, bomba, de, electrões, convertendo, a, energia, solar, em, energia, eléctrica, produzindo, células, de, silício, monocristalino, processo, semelhante, usado, no, fabrico, de, transístores, circuitos, integrados, foi, desenvolvido, optimizado, células, limpas, monocristalinas, parecem, azul, profundo, vidro, porque, cor azul, cristais de silício, tecnologia, passa, muito, lenta, degradação, tipicamente, ano, processo de produção, silício puro fundido, fundido, em, cilindros, então, cortado em, bolachas, grande bloco, multicristalino, silício, composto, estrutura cristalina múltipla, padrão, superfície da célula, células policristalinas, ligeiramente, menor, eficiência de conversão, comparadas, células monocristalinas, processo de fabrico, menos exigente, custos, um pouco, menor, eficiência do módulo, médias, cerca de, luz solar, fio, degradação, muito lenta, gradual, semelhante, monocristal, cristais, medem, aproximadamente, centímetro, espessura, padrões, podem ser, claramente, vistos, superfície azul profunda da célula, dopagem, módulo, montagem, A mesma tecnologia de módulos poli e monocristalinos tem vindo a ganhar popularidade nos últimos anos. Maior eficiência combina tecnologias de células solares cristalinas e de película fina para criar células com uma camada de silício amorfo de apenas alguns nanómetros de espessura.

Um guia completo para o
Diferentes tipos de células solares

1.1.Introdução

As células fotovoltaicas, vulgarmente conhecidas como células PV, são finas camadas de silício puro impregnadas com pequenas quantidades de outros elementos, como o boro e o fósforo. Quando expostas à luz solar, produzem pequenas quantidades de eletricidade. Existem desde os anos 50 e foram inicialmente utilizadas como fonte de energia para satélites no espaço. Desde então, os seus preços têm vindo a baixar de forma constante, passando de 40 000 dólares por watt no início dos anos 60 para apenas 1 dólar por watt ou menos atualmente. As células fotovoltaicas são uma fonte de energia eficiente e de longa duração, constituindo uma óptima alternativa às fontes de energia tradicionais, como o carvão e o gás [1].

Existem muitos tipos diferentes de células solares - monocristalinas, policristalinas e amorfas, para citar alguns. As células solares monocristalinas são fabricadas a partir de cristais de silício simples e oferecem excelentes níveis de eficiência. As células solares policristalinas são fabricadas a partir de vários cristais mais pequenos e tendem a ser mais económicas do que as células monocristalinas. As células solares amorfas, por outro lado, utilizam camadas de material semicondutor muito fino em vez de estruturas cristalinas, o que as torna mais baratas mas menos eficientes do que outros tipos de células solares. Em resumo, os principais tipos de células solares são [2-5]:

- Células de silício monocristalino
- Células de silício policristalino
- Tecnologia de Hetrojunção (HJT)
- Células bifaciais
- Meia-célula ou células cortadas

-   Células solares para telhas

1.2.Explicação técnica

Uma célula fotovoltaica (PV) é uma fina sanduíche de semicondutores, constituída por uma camada de silício altamente purificado. Este silício é ligeiramente dopado com boro de um lado e fósforo do outro. Esta dopagem cria um excesso ou um défice de electrões, que são designados por camadas P e N, respetivamente. Quando estas camadas são expostas à luz solar, os fotões eliminam alguns dos electrões em excesso. Isto provoca uma diferença de tensão entre os dois lados da bolacha, que é normalmente de cerca de meio volt no silício. Os contactos metálicos são então fixados em ambos os lados da bolacha e um circuito externo é ligado aos contactos. Isto permite que os electrões viajem através dos condutores metálicos e não através da fina camada de silício, criando uma corrente e completando o circuito. Como as células fotovoltaicas não têm capacidade de armazenamento, funcionam como uma bomba de electrões, convertendo a energia solar em energia eléctrica [6].

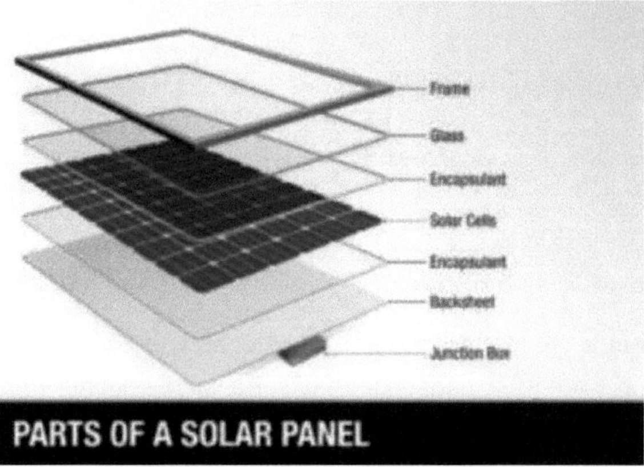

Células de silício monocristalino

A produção de células de silício monocristalino é um processo semelhante ao utilizado para fabricar transístores e circuitos integrados, que foi desenvolvido, optimizado e é limpo. As células monocristalinas têm um aspeto de vidro azul profundo devido à cor azul dos cristais de silício. Esta tecnologia sofre uma degradação muito lenta, tipicamente 0,25%-0,5% por ano [7, 8].

Células de silício policristalino

Neste processo de produção, o silício puro fundido é moldado em cilindros e depois cortado em bolachas a partir do grande bloco de silício multicristalino. Estas células são constituídas por múltiplas estruturas cristalinas que formam um padrão na superfície da célula. A eficiência de conversão das células policristalinas é ligeiramente inferior à das células monocristalinas, mas o processo de fabrico é menos exigente, pelo que os custos são um pouco mais baixos. A eficiência dos módulos é, em média, de cerca de 15%-16%, da luz solar ao fio. A degradação é muito lenta e gradual, semelhante à das células monocristalinas. Os cristais medem aproximadamente 1 centímetro (dois quintos de polegada) de espessura e os padrões multicristalinos podem ser claramente vistos na superfície azul profunda da célula [9,10].

A dopagem e a montagem dos módulos são idênticas às dos módulos poli e monocristalinos.

Tecnologia de Hetrojunção

A tecnologia de heterojunção registou um aumento de popularidade nos últimos anos devido à sua maior eficiência e baixo custo. Esta tecnologia combina tecnologias de células solares cristalinas e de película fina para criar células com uma camada de silício amorfo com apenas alguns nanómetros de espessura. A camada ultrafina de silício amorfo actua como um isolador elétrico entre os dois materiais da célula, permitindo um fluxo de corrente mais eficiente do que as células monocristalinas tradicionais. As células solares de hetrojunção podem também utilizar semicondutores do tipo n em vez dos tradicionais do tipo p. Os semicondutores do tipo N são menos propensos a impurezas, permitindo uma maior eficiência e um funcionamento mais fiável. Apesar das suas vantagens, as células solares de hetrojunção têm ainda alguns inconvenientes. A camada de película fina não é tão durável como a camada monocristalina mais espessa, pelo que as células têm de ser protegidas contra danos. Além disso, as células de hetrojunção requerem processos de fabrico complexos que podem ser difíceis de ampliar. Em geral, a tecnologia de hetrojunção tem muitas vantagens sobre as células monocristalinas tradicionais, mas é importante pesar os prós e os contras antes de decidir que tipo de célula solar é melhor para o seu projeto [11].

Células bi-faciais

As vantagens das células bifaciais incluem uma maior eficiência energética e custos reduzidos, uma vez que permitem gerar mais energia a partir de uma área mais pequena do que com as células monocristalinas ou policristalinas tradicionais. Isto pode torná-las atractivas para os instaladores residenciais que têm um espaço limitado. Em termos de instalação, as células bifaciais podem ser montadas umas em cima das outras, ou podem ser montadas num sistema separado para poderem ser orientadas para o sol. A desvantagem das células bifaciais é o facto de serem mais caras do que as células solares tradicionais, mas podem ainda ser rentáveis a longo prazo [12, 13].

Em geral, as células bifaciais podem oferecer uma absorção de energia mais eficiente do que as células monocristalinas ou policristalinas, permitindo uma maior produção de energia em menos espaço. Têm também o bónus adicional de poderem absorver a luz reflectida, o que pode ser útil em certos ambientes. No entanto, têm um preço mais elevado, pelo que deve ser feita uma análise cuidadosa antes de investir neste tipo de células.

1.3.Meia-célula ou células cortadas

As células solares de meia célula são compostas por um substrato, como o silício mono ou policristalino, e as ligações eléctricas entre elas são feitas com fitas metálicas. Ao cortar as células ao meio, os fabricantes podem reduzir a resistência em série das células e o número de dedos de contacto necessários para a ligação eléctrica, o que resulta numa maior eficiência [14, 15].

A utilização de meias-células permitiu aos fabricantes atingir uma taxa de eficiência máxima de 21,7%, superior à taxa de eficiência tradicional de 17-18% das células monocristalinas ou policristalinas. Esta eficiência melhorada tem, no entanto, um custo, uma vez que estas células solares tendem a ser mais caras do que as suas congéneres tradicionais.

Apesar do custo adicional, muitos proprietários de casas e empresas estão a tirar partido da maior eficiência instalando painéis solares de meia célula para maximizar a sua produção de energia. A tecnologia de meia célula também é utilizada em parques solares comerciais para aumentar a sua produção de energia e torná-los mais eficientes.

Células solares para telhas

Este tipo de configuração permite que a cablagem das células seja feita de forma diferente da dos painéis solares tradicionais. Enquanto os painéis solares convencionais têm células ligadas numa série de cordas, os módulos solares com telhas podem ser ligados em configuração paralela, reduzindo o número de interligações. Para além disso, a maior eficiência das células em telhas reduz a quantidade de energia perdida durante a transferência de energia dos módulos para o inversor. Devido à sua configuração de cablagem única, as células solares tipo shingled podem também oferecer uma maior flexibilidade na conceção do sistema, uma vez que permitem a construção de sistemas solares maiores e mais complexos com menos componentes. Como tal, as células solares tipo "shingled" estão a tornar-se cada vez mais populares entre os instaladores que procuram maximizar o potencial de produção do seu sistema [16].

1.4.Células solares de perovskite

1.4.1. Prefácio

O Gabinete de Tecnologias de Energia Solar (SETO) do Departamento de Energia dos EUA apoia projectos de investigação e desenvolvimento que aumentam a eficiência e o tempo de vida das células solares híbridas de perovskite orgânico-inorgânico, acelerando a comercialização de tecnologias solares de perovskite e diminuindo os custos de fabrico.

Célula solar de perovskite.

1.4.2. Definição

As perovskitas de halogenetos são uma família de materiais que demonstraram potencial para um elevado desempenho e baixos custos de produção em células solares. O nome "perovskite" provém da alcunha da sua estrutura cristalina, embora outros tipos de perovskites não halogenadas (como óxidos e nitretos) sejam utilizados noutras tecnologias energéticas, como as células de combustível e os catalisadores [17, 18].

As células solares de perovskite registaram progressos notáveis nos últimos anos, com um rápido aumento da eficiência, que passou de cerca de 3% em 2009 para mais de 25% atualmente. Embora as células solares de perovskite se tenham tornado altamente eficientes num período de tempo muito curto, subsistem ainda alguns desafios antes de se poderem tornar uma tecnologia comercial competitiva.

1.4.3. Direcções de investigação

A SETO identificou quatro desafios principais que devem ser simultaneamente abordados para que as tecnologias de perovskite sejam comercialmente bem sucedidas. Cada desafio representa um conjunto único de barreiras e requer metas técnicas e comerciais específicas para ser alcançado. O gabinete está a apoiar projectos que trabalham para enfrentar estes desafios através de vários programas de financiamento, incluindo os programas de financiamento SETO FY2021 Small Innovative Projects in Solar (SIPS), SETO 2020 Photovoltaics, e SETO FY20 Perovskite, bem como o Perovskite Startup Prize [19, 20].

Saiba mais sobre a perspetiva da SETO relativamente às perovskites no nosso artigo Energy Focus e no nosso pedido de informações sobre objectivos de desempenho.

1.4.4. Estabilidade e durabilidade

As células solares de perovskite demonstraram eficiências de conversão de energia (PCE) competitivas com potencial para um desempenho superior, mas a sua estabilidade é limitada em comparação com as principais tecnologias fotovoltaicas (PV). As perovskitas podem decompor-se quando reagem com a humidade e o oxigénio ou quando passam muito tempo expostas à luz, ao calor ou à tensão aplicada. Para aumentar a estabilidade, os investigadores estão a estudar a degradação tanto do próprio material de perovskite como das camadas que envolvem o dispositivo. A melhoria da durabilidade das células é fundamental para o desenvolvimento de produtos solares comerciais de perovskite [21, 22].

Apesar dos progressos significativos na compreensão da estabilidade e degradação das células solares de perovskite, estas não são atualmente comercialmente viáveis devido ao seu tempo de vida operacional limitado. As aplicações comerciais fora do sector da energia podem tolerar uma vida operacional mais curta, mas mesmo estas exigiriam melhorias em factores como a estabilidade do dispositivo durante o armazenamento. Para a produção de energia solar, é pouco provável que as tecnologias que não podem funcionar durante mais de duas décadas tenham êxito, independentemente de outros benefícios.

Os primeiros dispositivos de perovskite degradaram-se rapidamente, tornando-se não funcionais em minutos ou horas. Atualmente, vários grupos de investigação demonstraram tempos de vida de vários meses de funcionamento. Para a produção comercial de eletricidade ao nível da rede, a SETO tem como objetivo um tempo de vida operacional de, pelo menos, 20 anos e, de preferência, mais de 30 anos [23].

A comunidade de investigação e desenvolvimento (I&D) de PV de perovskite está fortemente concentrada no tempo de vida operacional e está a considerar várias abordagens para compreender e melhorar a estabilidade e a degradação. Os esforços incluem tratamentos melhorados para diminuir a reatividade da superfície do perovskite, materiais e formulações alternativos para os materiais de perovskite, camadas de dispositivos circundantes e contactos eléctricos alternativos, materiais de encapsulamento avançados e abordagens que atenuem as fontes de degradação durante o fabrico e o funcionamento [24].

Um problema na avaliação da degradação das perovskitas é o desenvolvimento de métodos de teste e validação consistentes. Os grupos de investigação apresentam resultados de desempenho baseados em condições de ensaio muito variadas, incluindo diferentes abordagens de encapsulamento, composições atmosféricas, iluminação, polarização eléctrica e outros parâmetros. Embora estas condições de ensaio variadas possam fornecer informações e dados valiosos, a falta de normalização torna difícil a comparação direta dos resultados e a previsão do desempenho no terreno a partir dos resultados dos ensaios.

1.4.5. Eficiência da conversão de energia à escala

Em dispositivos laboratoriais de pequena área, as células fotovoltaicas de perovskite ultrapassaram quase todas as tecnologias de película fina (exceto as tecnologias III-V) em termos de eficiência de conversão de energia, apresentando rápidas melhorias nos últimos cinco anos. No entanto, os dispositivos de elevada eficiência não têm sido necessariamente estáveis ou possíveis de fabricar em grande escala. Para uma implantação generalizada das perovskitas, será necessário manter estas eficiências elevadas e, ao mesmo tempo, conseguir estabilidade em módulos de grande superfície. A melhoria contínua da eficiência em módulos de área média poderá ser valiosa para os mercados da energia móvel, de resposta a catástrofes ou operacional, em que é fundamental dispor de dispositivos leves e de alta potência [25, 26].

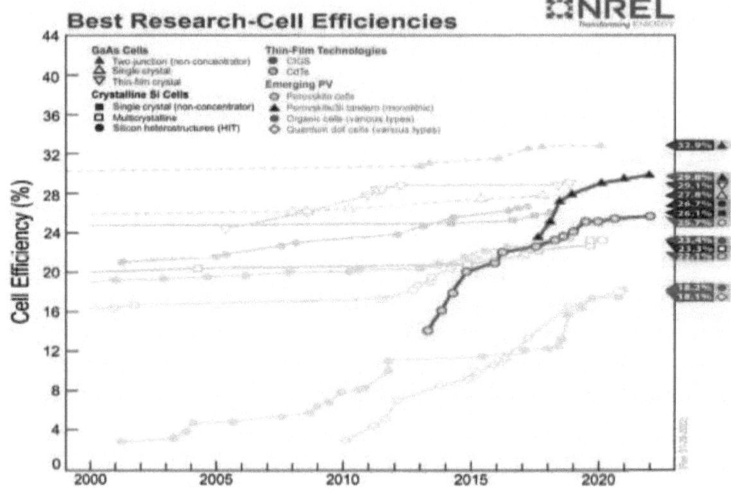

Registos de eficiência para células fotovoltaicas de perovskite em comparação com outras tecnologias fotovoltaicas, com registos actuais de 25,7% para dispositivos de perovskite de junção única e 29,8% para dispositivos de perovskite-silício em tandem (a partir de 26 de janeiro de 2022). As perovskitas podem ser ajustadas para responder a diferentes cores do espetro solar, alterando a composição do material, e uma variedade de formulações demonstrou um elevado desempenho. Esta flexibilidade permite que as perovskitas sejam combinadas com outro material absorvente de afinação diferente para fornecer mais energia a partir do mesmo dispositivo. Isto é conhecido como uma arquitetura de dispositivo tandem. A utilização de múltiplos materiais fotovoltaicos permite que os dispositivos em tandem tenham potenciais eficiências de conversão de energia superiores a 33%, o limite teórico de uma célula fotovoltaica de junção única. Os materiais de perovskite podem ser ajustados para tirar partido das partes do espetro solar que os materiais fotovoltaicos de silício não conseguem utilizar de forma muito eficiente, o que significa que são excelentes parceiros híbridos em tandem. Também é possível combinar duas células solares de perovskite de composição diferente para produzir um tandem de perovskite-perovskite. Os tandems de perovskite-perovskite podem ser particularmente competitivos nos sectores da mobilidade, da resposta a catástrofes e das operações de defesa, uma vez que podem ser transformados em dispositivos flexíveis e leves com elevadas relações potência/peso [27].

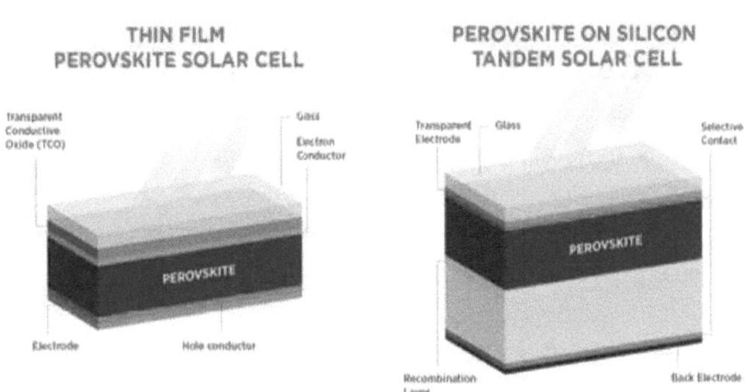

1.4.6. Capacidade de fabrico

É necessário aumentar o fabrico de perovskite para permitir a produção comercial de células solares de perovskite. Tornar os processos escaláveis e reproduzíveis poderia aumentar o fabrico e permitir que os módulos fotovoltaicos de perovskite cumprissem ou excedessem os objectivos de custo nivelado de eletricidade da SETO para a energia fotovoltaica [28, 29].

As células solares de perovskite são dispositivos de película fina construídos com camadas de materiais, impressos ou revestidos com tintas líquidas ou depositados em vácuo. A produção de material de perovskite uniforme e de elevado desempenho num ambiente de fabrico em grande escala é difícil e existe uma diferença substancial entre a eficiência de células de pequena área e a eficiência de módulos de grande área. O futuro do fabrico de perovskite dependerá da resolução deste desafio, que continua a ser uma área de trabalho ativa na comunidade de investigação fotovoltaica [30-32].

Muitos destes métodos utilizados para produzir dispositivos de perovskite à escala laboratorial não são fáceis de ampliar, mas estão a ser desenvolvidos esforços significativos para aplicar abordagens escaláveis ao fabrico de perovskite. Relativamente às tecnologias de película fina, estas podem ser divididas em dois tipos principais de produção [33-35]:

- Folha a folha: As camadas do dispositivo são depositadas numa base rígida, que normalmente actua como a superfície frontal do módulo solar completo. Esta abordagem é normalmente utilizada na indústria de película fina de telureto de cádmio (CdTe).

- Roll-to-Roll: As camadas do dispositivo são depositadas numa base flexível, que pode depois ser utilizada como parte interior ou exterior do módulo completo. Os investigadores tentaram esta abordagem para outras tecnologias fotovoltaicas, mas o processamento rolo-a-rolo não ganhou força comercial devido às limitações de desempenho destas tecnologias. No entanto, é amplamente utilizado para produzir películas fotográficas e químicas e produtos de papel, como jornais [36].

Se as perovskitas puderem ser produzidas de forma fiável utilizando estas abordagens de fabrico escaláveis, têm potencial para uma expansão de capacidade mais rápida do que o silício fotovoltaico. Ambos os processos estão bem estabelecidos noutras indústrias, pelo que os conhecimentos e as cadeias de abastecimento existentes podem ser aproveitados para reduzir ainda mais os custos e os riscos de escalonamento.

Outros obstáculos à comercialização são os potenciais impactos ambientais dos materiais de perovskite, que são principalmente à base de chumbo. Como tal, estão a ser estudados materiais alternativos para avaliar, reduzir, mitigar e potencialmente eliminar a toxicidade e as preocupações ambientais [37].

1.5. Referências

[1] . Células solares. chemistryexplained.com

[2] . Relatório especial sobre as cadeias de abastecimento globais de energia solar fotovoltaica (PDF). Agência Internacional de Energia. agosto de 2022.

[3] . "Células solares - desempenho e ^utilização". solarbotic s.net.

[4] . Al-Ezzi, Athil S.; Ansari, Mohamed Nainar M. (8 de julho de 2022).
"Células solares fotovoltaicas: A Review". Applied System Innovation. 5 (4).
[5]   Connors, John (21-23 de maio de 2007). "Sobre o tema dos veículos solares e a
Benefícios da tecnologia". Conferência Internacional de 2007 sobre Energia Eléctrica Limpa. Capri, Itália. pp. 700-705.
[6] . Arulious, Jora A; Earlina, D; Harish, D; Sakthi Priya, P; Inba Rexy, A; Nancy Mary, J S (1 de novembro de 2021).
"Conceção de um veículo elétrico movido a energia solar". Jornal de Física: Conference Series. 2070 (1):012105.
[7] . "Roteiro Tecnológico: Energia Solar Fotovoltaica" (PDF).
AIE. 2014. Arquivado em 1 de outubro de 2014. Recuperado em 7 de outubro de 2014.
[8] . "Tendências de preços fotovoltaicos - recentes e a curto prazo, edição de 2014" .
NREL. 22 de setembro de 2014. p. 4. Arquivado em 26 de fevereiro de 2015.
[9] . "Documenting a Decade of Cost Declines for PV Systems" (Documentar uma década de descida dos custos dos sistemas fotovoltaicos). Laboratório Nacional de Energia Renovável (NREL). Recuperado em 3 de junho de 2021.
[10]   . Marques Lameirinhas, et al. (2022).
"Uma revisão da tecnologia fotovoltaica: história, fundamentos e aplicações". Energias. 15 (5): 1823. doi:10.3390/en15051823.
[11]   . Gevorkian, Peter (2007).
Engenharia de sistemas de energia sustentável: o recurso de projeto de edifícios ecológicos. McGraw Hill Professional. ISBN 978-0-07-147359-0.
[12]   . "Julius (Johann Phillipp Ludwig) Elster: 1854 - 1920". Aventuras em Cybersound. Arquivado em 8 de março de 2011. Recuperado em 15 de outubro de 2016.
[13]   . "O Prémio Nobel da Física 1921: A. Einstein", página oficial do Prémio Nobel
[14]   . Lashkaryov, V. E. (2008).
"Investigação de uma camada de barreira através do método de termossonda" (PDF). Ukr. J. Phys. 53. Arquivado em 28 de setembro de 2015, n° 4-5, pp. 442-446.
[15]   . "Dispositivo sensível à luz" Patente dos EUA 2,402,662 Data de emissão: junho de 1946
[16]   . Lehovec, K. (15 de agosto de 1948). "O efeito foto-voltaico". Physical Review. 74 (4): 463-471.

[17] . Lau, W.S. (outubro de 2017). "Introdução ao mundo dos semicondutores". Tecnologia de front-end ULSI: Cobrindo desde o primeiro papel semicondutor até a tecnologia CMOS FINFET. ISBN 978-981-322-215-1.

[18] . "abril de 1954: Bell Labs demonstra a primeira célula solar de silício prática". Notícias da APS. 18 (4). Sociedade Americana de Física. abril de 2009.

[19] . Tsokos, K. A. (28 de janeiro de 2010). Física para o Diploma IB a cores. Cambridge University Press. ISBN 978-0-521-13821-5.

[20] . Garcia, Mark (2017). "Matrizes solares da Estação Espacial Internacional". NASA. Arquivado em 17 de junho de 2019. Recuperado em 10 de maio de 2019.

[21] . David, Leonard (4 de outubro de 2021). "Avião espacial robótico X-37B da Força Aérea asa nos últimos 500 dias em órbita da Terra". LiveScience. Recuperado em 6 de novembro de 2021.

[22] . David, L. (2021). "O tempo da energia solar espacial pode finalmente estar chegando". Space.com. Recuperado em 6 de novembro de 2021.

[23] . Williams, N. (2005). Chasing the Sun: Solar Adventures around the World. New Society Publishers. p. 84. ISBN 9781550923124.

[24] . Jones, Geoffrey; Bouamane, Loubna (2012). "Power from Sunshine": A Business History of Solar Energy. Harvard Business School. pp. 22-23.

[25] . The National Science Foundation: Uma Breve História, Capítulo IV, NSF 88-16, 15 de julho de 1994 (recuperado em 20 de junho de 2015)

[26] . Herwig, Lloyd O. (1999). "Cherry Hill revisitada: Eventos de fundo e estado da tecnologia fotovoltaica". Centro Nacional de Energia Fotovoltaica (NCPV) 15ª reunião de revisão do programa. Vol. 462. p. 785.

[27] . Deyo, J. N.; Brandhorst, H. W. Jr.; Forestieri, A. F. (1976). Estado do projeto ERDA/NASA de testes e aplicações fotovoltaicas. 12ª IEEE Photovoltaic Specialists Conf.

[28] . "As ligações multinacionais - quem faz o quê onde". New Scientist. Vol. 84, no. 1177. Reed Business Information. 18 de outubro de 1979.

[29] . "Preços dos painéis solares (fotovoltaicos) vs. capacidade acumulada". OurWorldInData.org. 2023. Arquivado em 29 de setembro de 2023. OWID credita os dados de origem a: Nemet (2009); Farmer & Lafond (2016); Agência Internacional de Energia Renovável (IRENA).

[30] . Yu, Peng; et al. (2016).

"Conceção e fabrico de nanofios de silício para células solares eficientes".
Nano Today. 11 (6): 704-737.

[31] . "Referência de custos do sistema solar fotovoltaico dos EUA: Q1 2018". Laboratório Nacional de Energia Renovável (NREL). p. 26. Recuperado em 3 de junho de 2021.

[32] . "Sistema solar fotovoltaico dos EUA e referência de custos de armazenamento de energia: Q1 2020".
Laboratório Nacional de Energia Renovável. p. 28. Recuperado em 3 de junho de 2021.

[33] . "Sunny Uplands: A energia alternativa deixará de ser alternativa". The Economist. 21 de novembro de 2012. Recuperado em 28 de dezembro de 2012.

[34] . Acções solares: O castigo é adequado ao crime? 24/7 Wall St. (6 de outubro de 2011). Recuperado em 3 de janeiro de 2012.

[35] . Parkinson, Giles (7 de março de 2013). "Custo de queda da energia solar fotovoltaica (gráficos)".
Clean Technica. Recuperado em 18 de maio de 2013.

[36] . "Instantâneo da energia fotovoltaica mundial 1992-2014" (PDF). Agência Internacional de Energia - Programa de Sistemas de Energia Fotovoltaica. Arquivado em 7 de abril de 2015.

[37] . "Energia solar-Revisão estatística da energia mundial-Economia da energia- BP" bp.com. Arquivado em 23 de março de 2018. Recuperado em 2 de setembro de 2017.

Capítulo 2

Linha cronológica das células solares (1800-2024)

2.1.Prefácio

No século XIX, observou-se que a luz solar que incide sobre determinados materiais gera uma corrente eléctrica detetável - o efeito fotoelétrico. Esta descoberta lançou as bases das células solares. As células solares passaram a ser utilizadas em muitas aplicações. Historicamente, têm sido utilizadas em situações em que a energia eléctrica da rede não está disponível. Com a descoberta desta invenção, as células solares passaram a ser utilizadas de forma proeminente na produção de energia para satélites. Os satélites orbitam a Terra, o que faz das células solares uma fonte importante de produção de eletricidade através da luz solar que incide sobre eles. Atualmente, as células solares são normalmente utilizadas nos satélites.

2.2.Linha do tempo <u>1800s</u>

Edmond Becquerel criou a primeira célula fotovoltaica do mundo aos 19 anos de idade, em 1839.

- 1839 - Edmond Becquerel observa o efeito fotovoltaico através de um elétrodo numa solução condutora exposta à luz [1, 2].
- 1873 - Willoughby Smith descobre que o selénio apresenta foto-condutividade [3].
- 1874 - James Clerk Maxwell escreve ao seu colega matemático Peter Tait sobre a sua observação de que a luz afecta a condutividade do selénio [4].
- 1877 - William Grylls Adams e Richard Evans Day observam o fotoefeito no selénio solidificado e publicam um artigo sobre a célula de selénio.

- **1883** - Charles Fritts desenvolve uma célula solar utilizando selénio sobre uma fina camada de ouro para formar um dispositivo com uma eficiência inferior a 1% [5].
- **1887** - Heinrich Hertz investiga a fotocondutividade da luz ultravioleta e descobre o efeito fotoelétrico.
- **1887** - James Moser relata uma célula fotoelectroquímica sensibilizada por corante - 1888 Edward Weston recebe as patentes US389124, "Célula solar", e US389125, "Célula solar".
- **1888-91** - Aleksandr Stoletov cria a primeira célula solar baseada no efeito fotoelétrico externo.
- **1894** - Melvin Severy recebe as patentes US527377, "Célula solar", e US527379, "Célula solar".
- **1897** - Harry Reagan recebe a patente US588177, "Célula solar".
- **1899** - Weston Bowser recebe a patente US598177, "Armazenamento solar".

<u>1900-1929</u>
- **1901** - Philipp von Lenard observa a variação da energia dos electrões com a frequência da luz.
- **1904** - Wilhelm Hallwachs fabrica uma célula solar com junção de semicondutores (cobre e óxido de cobre).
- **1904** - George Cove desenvolve um gerador solar elétrico.
- **1905** - Albert Einstein publica um artigo que explica o efeito fotoelétrico numa base quântica.
- **1913** - William Coblentz recebe o US1077219, "Célula solar".
- **1914** - Sven Ason Berglund patenteia "métodos para aumentar a capacidade das células fotossensíveis".
- **1916** - Robert Millikan realiza experiências e comprova o efeito fotoelétrico.
- **1918** - Jan Czochralski produz um método de crescimento de monocristais de metal. Décadas mais tarde, o método é adaptado para produzir monocristais de silício.
- **1921** - Einstein recebe o Prémio Nobel da Física pelo seu trabalho sobre o efeito fotoelétrico.

<u>1930-1959</u>
- **1932** - Audobert e Stora descobrem o fotovoltaico no seleneto de cádmio (CdSe), um material fotovoltaico ainda hoje utilizado.
- **1935** - Anthony H. Lamb recebe a patente US2000642, "Dispositivo fotoelétrico" [6].
- **1946** - Russell Ohl regista a patente US2402662, "Dispositivo sensível à

luz".

- **1948** - Gordon Teal e John Little adaptam o método Czochralski de crescimento de cristais para produzir germânio e silício monocristalinos [7].
- **Década de 1950** - Os laboratórios Bell produzem células solares para actividades espaciais.
- **1953** - Gerald Pearson inicia a investigação sobre células fotovoltaicas de lítio-silício.
- **1954** - Em 25 de abril de 1954, os Laboratórios Bell anunciam a invenção da primeira célula solar de silício prática [8, 9]. Pouco tempo depois, são apresentadas na reunião da Academia Nacional das Ciências. Estas células têm uma eficiência de cerca de 6%.
- **1955** - A Western Electric licencia tecnologias comerciais de células solares.
- **1957** - Os cedentes da AT&T (Gerald L. Pearson, Daryl M. Chapin e Calvin S. Fuller) recebem a patente US2780765, "Aparelho de conversão de energia solar". Referem-se a ele como a "bateria solar". A Hoffman Electronics cria uma célula solar com 8% de eficiência.
- **1957** - Mohamed M. Atalla desenvolve o processo de passivação da superfície do silício por oxidação térmica nos Laboratórios Bell [10, 11].
- **1958** - T. Mandelkorn, U.S. Signal Corps Laboratories, cria células solares de silício n-on-p, mais resistentes aos danos causados pela radiação e mais adequadas para o espaço.

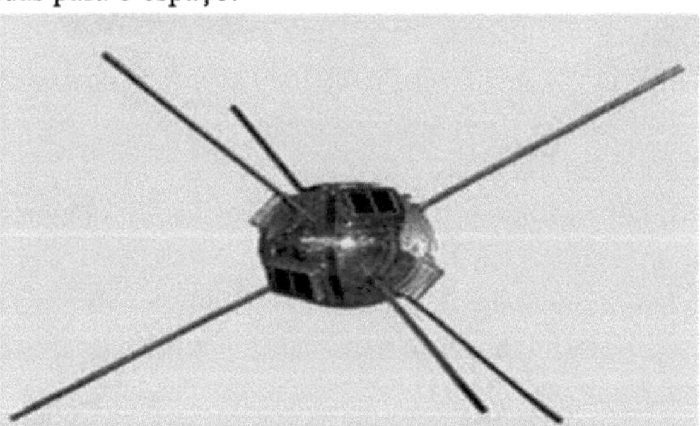

- **1959** - A Hoffman Electronics cria uma célula solar comercial com 10% de eficiência e introduz a utilização do contacto de rede, reduzindo a resistência da célula.

<u>1960-1979</u>

- **1960** - A Hoffman Electronics cria uma célula solar com uma eficiência de 14%.
- **1961** - Organização das Nações Unidas organiza a conferência "Energia

Solar no Mundo em Desenvolvimento".

- 1962 - O satélite de comunicações Telstar é alimentado por células solares.

- 1963 - A Sharp Corporation produz um módulo fotovoltaico viável de células solares de silício [12].

- 1964 - O satélite Nimbus I é equipado com painéis solares de seguimento do Sol.

- 1964 - O livro de referência de Farrington Daniels, Diret Use of the Sun's Energy, publicado pela Yale University Press.

- 1967 - A Soyuz 1 é a primeira nave espacial tripulada a ser alimentada por células solares

- 1967 - Akira Fujishima descobre o efeito Honda-Fujishima que é utilizado para a hidrólise na célula fotoelectroquímica.

- 1968 - Roger Riehl apresenta o primeiro relógio de pulso alimentado por energia solar [13].

- 1970 - As primeiras células solares heteroestruturadas de GaAs altamente eficazes são criadas por Zhores Alferov e a sua equipa na URSS [14-16].

- 1971 - A Salyut 1 é alimentada por células solares.

- 1973 - O Skylab é alimentado por células solares.

- 1974 - Início do Centro de Energia Solar da Florida [17].

- 1974 - J. Baldwin, da Integrated Living Systems, co-desenvolve o primeiro edifício do mundo (no Novo México) aquecido e alimentado exclusivamente por energia solar e eólica.

- 1976 - David E. Carlson e Christopher Wronski, dos Laboratórios RCA, criam as primeiras células fotovoltaicas de silício amorfo, com uma eficiência de 2,4%.

- 1977 - É criado o Solar Energy Research Institute em Golden, Colorado.

- 1977 - A produção mundial de células fotovoltaicas ultrapassa os 500 kW

- 1978 - Primeiras calculadoras alimentadas por energia solar [18].

<u>1980-1999</u>

- **1980** - O Instituto de Conversão de Energia da Universidade de Delaware desenvolve a primeira célula solar de película fina com uma eficiência superior a 10%, utilizando a tecnologia Cu2S/CdS.
- **1981** - O Instituto Fraunhofer para Sistemas de Energia Solar ISE é fundado por Adolf Goetzberger em Freiburg, Alemanha [19].
- **1981** - A Isofoton é a primeira empresa a produzir em massa células solares bifaciais com base nos desenvolvimentos de Antonio Luque et al. no Instituto de Energia Solar de Madrid[20].
- **1982** - É registada a primeira célula solar de película fina de silício amorfo >10% [21].
- **1983** - A produção fotovoltaica mundial excede os 21,3 megawatts e as vendas ultrapassam os 250 milhões de dólares.
- **1984** - 30.000 SF Building-Integrated Photovoltaic [BI-PV] Roof concluído para o Centro Intercultural da Universidade de Georgetown. Eileen M. Smith, M.Arch. fez a Viagem do 20º Aniversário a Cavalo pela Paz e Fotovoltaica em 2004, do telhado solar ao Ground Zero NY World Trade Center para educar o público sobre a Arquitetura Solar BI-PV.
- **1985** - Células de silício com 20% de eficiência criadas pelo Centro de Engenharia Fotovoltaica da Universidade de New South Wales.
- **1986** - 'Solar-Voltaic DomeTM' patenteado pelo tenente-coronel Richard T. Headrick de Irvine, Califórnia, como uma configuração arquitetónica eficiente para energia fotovoltaica integrada em edifícios [BI-PV].
- **1988** - A célula solar sensibilizada por corante é criada por Michael Gratzel e Brian O'Regan. Estas células fotoelectroquímicas funcionam a partir de um composto de corante orgânico no interior da célula e custam metade do preço das células solares de silício.
- **1988-1991** A AMOCO/Enron utilizou as patentes da Solarex para processar a ARCO Solar, retirando-a do negócio do a-Si.
- **1989** - Os concentradores solares reflectores são utilizados pela primeira vez com células solares.
- **1990** - A Catedral de Magdeburgo instala células solares no telhado, marcando a primeira instalação numa igreja da Alemanha de Leste.
- **1991** - São desenvolvidas células fotoelectroquímicas eficientes.
- **1991** - O Presidente George H. W. Bush dá instruções ao Departamento de Energia dos EUA para criar o Laboratório Nacional de Energias Renováveis.

LABORATÓRIO NACIONAL DE ENERGIAS RENOVÁVEIS

- **1992** - O programa PV Pioneer começou no Sacramento Municipal Utility District (SMUD). Foi a primeira comercialização alargada de sistemas fotovoltaicos distribuídos e ligados à rede ("roof-top solar"). Tornou-se o modelo para o posterior CA Million Solar Roofs Program [22].
- **1992** - A Universidade do Sul da Florida fabrica uma célula de película fina com uma eficiência de 15,89%.
- **1993** - É criado o Centro de Investigação em Energia Solar do Laboratório Nacional de Energias Renováveis (NREL).
- **1994** - O NREL desenvolve uma célula concentradora de dois terminais GaInP/GaAs (180 sol) que se torna a primeira célula solar a exceder 30% de eficiência de conversão.
- **1996** - É criado o Centro Nacional de Energia Fotovoltaica. Graetzel, Ecole Polytechnique Federale de Lausanne, Lausanne, Suíça, consegue uma conversão de energia eficiente de 11% com células sensibilizadas por corantes que utilizam um efeito foto-eletroquímico.
- **1999** - A potência fotovoltaica total instalada a nível mundial atinge os 1.000 megawatts.

2000-2019

- **2003** - George Bush instalou um sistema fotovoltaico de 9 kW e um sistema solar térmico no edifício de manutenção da Casa Branca [24].
- **2004** - O Governador da Califórnia, Arnold Schwarzenegger, propôs a Iniciativa Telhados Solares, que prevê a instalação de um milhão de telhados solares na Califórnia até 2017 [25].
- **2004** - A governadora do Kansas, Kathleen Sebelius, emitiu um mandato para 1.000 MWp de eletricidade renovável no Kansas até 2015, por ordem executiva 04-05.
- **2006** - A utilização de polissilício em energia fotovoltaica ultrapassa pela primeira vez todas as outras utilizações de polissilício.
- **2006** - A Comissão de Serviços Públicos da Califórnia aprovou a Iniciativa Solar da Califórnia (CSI), um programa abrangente de 2,8 mil

milhões de dólares que oferece incentivos ao desenvolvimento da energia solar ao longo de 11 anos [26].

- 2006 - Alcançado novo recorde mundial na tecnologia das células solares - nova célula solar quebra a barreira dos "40% de eficiência" na conversão da luz solar em eletricidade [27].

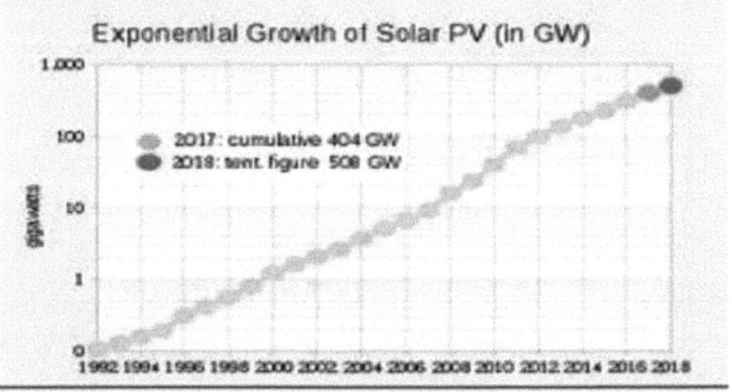

Curva de crescimento exponencial numa escala semi-logarítmica da
energia fotovoltaica instalada a nível mundial
em gigawatts desde 1992 Produção de células solares por
região 2000-2010(23).

- 2007 - Construção da central eléctrica solar de Nellis, uma instalação PPA de 15 MW.

- 2007 - O Vaticano anunciou que, para conservar os recursos da Terra, iria instalar painéis solares em alguns edifícios, num projeto energético abrangente que se pagará a si próprio em poucos anos" [28].

- 2007 - A Universidade de Delaware afirma ter atingido um novo recorde mundial em tecnologia de células solares sem confirmação independente: 42,8% de eficiência [29].

- 2007 - A Nanosolar lança os primeiros módulos CIGS impressos para fins comerciais, afirmando que acabarão por ser vendidos por menos de 1 dólar/watt [30]. No entanto, a empresa não divulga publicamente as especificações técnicas ou o preço de venda atual dos módulos [31].

- 2008 - Novo recorde de eficiência das células solares. Cientistas do Laboratório Nacional de Energias Renováveis (NREL) do Departamento de Energia dos EUA
estabeleceram um recorde mundial de eficiência de células solares com um dispositivo fotovoltaico que converte em eletricidade 40,8% da luz que o atinge [32].

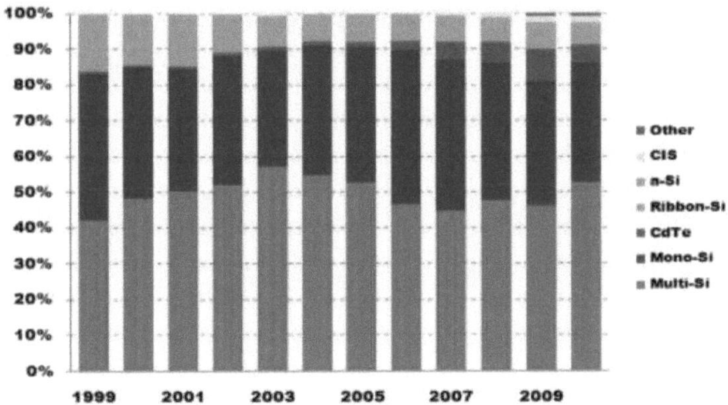

- 2010 - A IKAROS é a primeira nave espacial a conseguir demonstrar a tecnologia das velas solares no espaço interplanetário [33, 34].
- 2010 - O Presidente dos EUA, Barack Obama, ordena a instalação de mais painéis solares
e um aquecedor solar de água na Casa Branca [35].

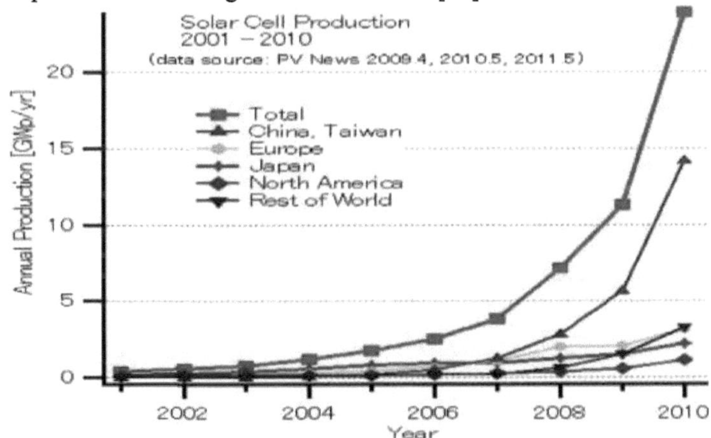

- 2011 - O rápido crescimento das fábricas na China faz baixar os custos de fabrico dos módulos fotovoltaicos de silício para cerca de 1,25 dólares por watt. As instalações duplicam a nível mundial [36].

- 2013 - Após três anos, os painéis solares encomendados pelo Presidente Barack Obama foram instalados na Casa Branca [37].

- 2016 - Os engenheiros da Universidade de Nova Gales do Sul estabeleceram um novo recorde mundial de conversão da luz solar não focada em eletricidade, com um aumento da eficiência para 34,5% [3]. O recorde foi estabelecido pelo Centro Australiano de Fotovoltaicos Avançados

(ACAP) da UNSW, utilizando um mini-módulo de quatro junções de 28 cm2 - incorporado num prisma - que extrai o máximo de energia da luz solar [38].

- 2016 - A First Solar afirma ter convertido 22,1 por cento da energia da luz solar em eletricidade utilizando células experimentais feitas de telureto de cádmio - uma tecnologia que representa atualmente cerca de 5 por cento do mercado mundial de energia solar [39].

- 2018 - A Alta Devices, um fabricante especializado em energia fotovoltaica de arsenieto de gálio (GaAs) sediado nos EUA, afirmou ter um recorde de eficiência de conversão de células de 29,1%, conforme certificado pelo Fraunhofer ISE CalLab da Alemanha [40, 41].

- 2018 - É inaugurada em França a primeira fábrica dedicada à reciclagem de painéis solares na Europa e "possivelmente no mundo" [42].

- **2019** - O recorde mundial de eficiência das células solares, de 47,1%, foi alcançado com a utilização de células solares concentradoras multijunções, desenvolvidas no Laboratório Nacional de Energias Renováveis, em Golden, Colorado, EUA [43]. Este valor está acima da classificação padrão de 37% para células solares fotovoltaicas policristalinas ou de película fina a partir de 2018 [44-46].

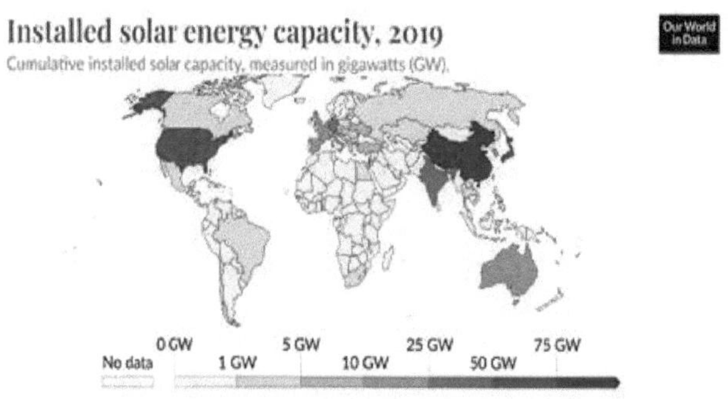

2020

A eficiência das células solares de perovskite aumentou de 3,8% em 2009 [47] para 25,2% em 2020 nas arquitecturas de junção única [48] e, nas células em tandem à base de silício, para 29,1% [48], ultrapassando a eficiência máxima alcançada nas células solares de silício de junção única.

- **6 de março** - Os cientistas demonstram que a adição de uma camada de cristais de perovskite sobre o silício texturizado ou plano para criar uma célula solar em tandem melhora o seu desempenho até uma eficiência de conversão de energia de 26%. Esta poderá ser uma forma económica de aumentar a eficiência das células solares [49, 50].

- **13 de julho** - É publicada a primeira avaliação global das abordagens promissoras da reciclagem de módulos solares fotovoltaicos. Os cientistas recomendam "investigação e desenvolvimento para reduzir os custos de reciclagem e os impactos ambientais em comparação com a eliminação, maximizando a recuperação de materiais" como facilitação e utilização de análises tecnoeconómicas [51, 52].

- **3 de julho** - Os cientistas demonstram que a adição de um sólido iónico de base orgânica às perovskitas pode resultar numa melhoria substancial do desempenho e da estabilidade das células solares. O estudo revela também uma rota de degradação complexa que é responsável por falhas em células solares de perovskite envelhecidas. Esta compreensão poderá ajudar o futuro desenvolvimento da tecnologia fotovoltaica com uma longevidade industrialmente relevante [53, 54].

2021

- **12 de abril** - Cientistas desenvolvem um protótipo e regras de conceção para células solares de silício com contacto bilateral, com eficiências de conversão de 26% ou mais, a mais elevada da Terra para este tipo de célula solar [55, 56].

- **7 de maio** - Os investigadores abordam um problema-chave das células solares de perovskite, aumentando a sua estabilidade e fiabilidade a longo prazo com uma forma de "cola molecular" [57, 58].

- **21 de maio** - É lançada na Polónia a primeira linha de produção comercial industrial de painéis solares de perovskite, utilizando um processo de impressão a jato de tinta [59].

- **13 de dezembro** - Investigadores relatam o desenvolvimento de uma base de dados e de uma ferramenta de análise sobre células solares de perovskite que integra sistematicamente mais de 15.000 publicações, em particular dados sobre mais de 42.400 dispositivos fotovoltaicos [60, 61].

- **16 de dezembro** - A ML System de Jasionka, Polónia, abre a primeira linha de produção de vidro quântico. A fábrica iniciou a produção de janelas que integram uma camada transparente de pontos quânticos capazes de produzir eletricidade e, ao mesmo tempo, arrefecer edifícios [62].

2022

- **30 de maio** - Uma equipa do Fraunhofer ISE liderada por Frank Dimroth desenvolveu uma célula solar de 4 junções com uma eficiência de 47,6% - novo recorde mundial de conversão de energia solar [63].

- **13 de julho** - Investigadores anunciam o desenvolvimento de células solares semitransparentes, tão grandes como janelas [64], depois de os membros da equipa terem conseguido uma eficiência recorde com elevada transparência em 2020 [65, 66]. Em 4 de julho, os investigadores comunicam o fabrico de células solares com uma trans-parência visível média recorde de 79%, quase invisíveis [67, 68].

- **9 de dezembro** - Investigadores relatam o desenvolvimento de sistemas fotovoltaicos orgânicos flexíveis impressos em 3D e finos como papel [69, 70].

- **19 de dezembro** - É atingido um novo recorde mundial de eficiência de uma célula solar em tandem de silício-perovskite, com cientistas alemães a converterem 32,5% da luz solar em energia eléctrica [71].

<u>2024</u>

- 12 de março - Cientistas demonstram a primeira célula solar em tandem integrada monoliticamente, utilizando selénio como camada fotoabsorvente na célula superior e silício como camada fotoabsorvente na célula inferior [72].

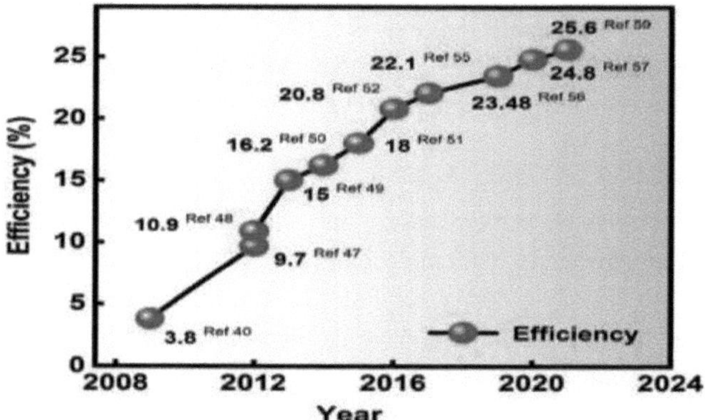

Cronologia da investigação sobre as eficiências de conversão de energia das células solares desde 2008.

2.3. Referências

[1] . "Recriação do actinómetro eletroquímico de Edmond Becquerel" (PDF).
Arquivado do original (PDF) em 7 de maio de 2020. Recuperado em 7 de maio de 2020.

[2] . Becquerel, Alexandre Edmond (1839).
"Investigação sobre os efeitos da radiação química dos fluidos eléctricos".
Comptes rendus hebdomadaires des seances de l'Academie des sciences. 9: 145-149. Recuperado em 7 de maio de 2020.

[3] . Smith, Willoughby (20 de fevereiro de 1873).
"Efeito da luz no selénio durante a passagem de uma corrente eléctrica".
Natureza. 7 (173): 303. Bibcode:1873Natur...7R.303.. doi:10.1038/007303e0.

[4] . Maxwell, James Clerk (abril de 1874).
As Cartas e Documentos Científicos de James Clerk Maxwell: V. 3, 1874-1879.
Cambridge, Reino Unido: P. M. Harman. p. 67. ISBN 978-0-521-25627- 8.
Arquivado do original em 27 de outubro de 2021. Recuperado em 7 de maio de 2020.
[5] . "Sonho Fotovoltaico 1875-1905: 1st Attempts At Commercializing PV".
31 de dezembro de 2014. Arquivado em 25 de maio de 2017. Recuperado em 8 de abril de 2017.
[6] . Data de edição: 7 de maio de 1935. [1][dead link] [2] Arquivado 2021-10-27 em
a Máquina Wayback
[7] . David C. Brock (primavera de 2006).
"Inútil nunca mais: Gordon K. Teal, Ge, and Single-Crystal Transistors".
Revista Chemical Heritage. 24 (1). Fundação do Património Químico.
Arquivado do original em 15 de junho de 2010. Recuperado em 2008-01-21.
[8] . "25 de abril de 1954: Bell Labs demonstra a 1st Célula Si-Solar Prática".
Notícias da APS. 18 (4). Sociedade Americana de Física. abril de 2009.
Arquivado do original em 28 de janeiro de 2018. Recuperado em 15 de maio de 2014.
[9] . D. M. Chapin; C. S. Fuller & G. L. Pearson (maio de 1954).
"Uma nova fotocélula de junção p-n de silício para converter a radiação solar em energia eléctrica". Jornal de Física Aplicada. 25 (5): 676-677.
Bibcode: 1954JAP25..676C. doi:10.1063/1.1721711.
[10]   . Black, Lachlan E. (2016).
Novas Perspectivas sobre a Superfície: Understanding the Si-Al2O3 Interface. Springer. p. 13. ISBN 978-3-319-32521-7. Arquivado em 2021-03-04. Recuperado em 05/10/2019.
[11]   . Lojek, Bo (2007). História da Engenharia de Semicondutores.
Springer Science & Business Media. pp. 120& 321-323.
ISBN 978-3-540-34258-8.
[12]   . Black, Lachlan E. (2016).
Novas Perspectivas sobre a Superfície: Entendendo a interface Si-Al2O3.
Springer. ISBN 978-3-319-32521-7. Arquivado em 2021-03-04.
Recuperado em 2019-10-05.
[13]   . "Relógios solares". Arquivado em 1 de abril de 2017. Recuperado em 8 de abril de 2017.
[14]   . Alferov, Zh. I., V. M. Andreev, M. B. Kagan, I. I. Protasov, e V. G.
Trofim, 1970, Conversores de energia solar baseados em p-n AlxGa12xAs-

GaAs

heterojunções, Fiz. Tekh. Poluprovodn. 4, 2378 (Sov. Phys. Semicond. 4, 2047 (1971))]

[15] . Nanotecnologia em aplicações energéticas Arquivado 25/02/2009 no Máquina Wayback, pdf, p.24

[16] . Palestra Nobel Arquivado 26-09-2007 no Máquina Wayback por Zhores Alferov, pdf, p.6

[17] . "Centro de Energia Solar da Flórida". Arquivado em 20 de novembro de 2008. Recuperado em 8 de abril de 2017.

[18] . "Linha do tempo da calculadora". Arquivado em 17 de julho de 2011. Recuperado em 8 de abril de 2017.

[19] . "História - Fraunhofer ISE".

[20] . Eguren, Javier; Martmez-Moreno, Francisco; Merodio, Pablo; Lorenzo, Eduardo (2022). "Primeiros módulos fotovoltaicos bifaciais no início de 1983". Energia Solar. 243: 327-335.

[21] . Catalano, A.; D'Aiello, R. V.; Dresner, J.; Faughnan, B.; Firester, A.; Kane, J.; Schade, H.; Smith, Z. E.; Schwartz, G.; Triano, A. (1982). "Obtenção de 10% de eficiência de conversão em células solares de silício amorfo". Actas da 16ª Conferência de Especialistas em Fotovoltaica do IEEE, San Diego, Califórnia: 1421.

[22] . Switching To Solar, Bob Johnstone, 2011, Prometheus Books

[23] . Pv News novembro de 2012 Arquivado 24/09/2015 no Máquina Wayback. Greentech Media. Recuperado em 3 de junho de 2012.

[24] . Casa Branca instala sistema solar-elétrico - 1/22/2003 - ENN.com". 29 de fevereiro de 2004. Arquivado em 29 de fevereiro de 2004. Recuperado em 8 de abril de 2017.

[25] . Simone Pulver, Barry G. Rabe, Peter J. Stoett, Changing Climates in North American Politics: Institutions, Policymaking, and Multilevel Governance, MIT Press, 2009, ISBN 0262012995 p. 67

[26] . "Iniciativa Solar da Califórnia". Arquivado em 2008-09-07. Recuperado em 2007-0712.

[27] . "Novo recorde mundial alcançado na tecnologia de células solares" Departamento de Energia dos Estados Unidos. 5 de dezembro de 2006. Arquivado em 2020-10-30. Recuperado em 2020-11-30.

[28] . Krauss, Leah (2007). "Mundo Solar: Vaticano instala painéis solares". United Press International. Arquivado em 13 de abril de 2008.

[29] . "De 40,7 a 42,8 % de eficiência das células solares". 30 de julho de 2007. Arquivado do original em 2007-10-18. Recuperado em 2008-01-16.

[30] . "Nanosolar envia os primeiros painéis". Blogue da Nanosolar.

Arquivado em 2008-01-16. Recuperado em 2008-01-22.

[31]   . "Nanosolar - Produtos". Nanosolar.com. Arquivado do original em 2009-05-05. Recuperado em 2008-01-22.

[32]   . Relações Públicas do NREL (2008-08-13).
"Célula solar do NREL estabelece recorde mundial de eficiência em 40,8 por cento". Laboratório Nacional de Energia Renovável. Arquivado em 2008-09-17. Recuperado em 200809-29.

[33]   . Stephen Clark (2010). "Relatório de lançamento do H-2A - Centro de Status da Missão". Spaceflight Now. Arquivado em 20 de maio de 2010. Recuperado em 21 de maio de 2010.

[34]   . "Dia de lançamento do veículo de lançamento H-IIA n.º 17 (H-IIA F17)". JAXA. 3 de março de 2010. Arquivado em 3 de junho de 2013. Recuperado em 7 de maio de 2010.

[35]   . Juliet Eilperin (6 de outubro de 2010). "A Casa Branca está a tornar-se solar".
Washington Post. Arquivado em 7 de outubro de 2012. Recuperado em 5 de outubro de 2010.

[36]   . Mike Koshmrl & Seth Masia (Nov-Dez 2010).
"Solyndra and the shakeout: the recent solar bankruptcies in context".
Solar Today. Arquivado em 2011-11-20. Recuperado em 2011-11-29.

[37]   . "Painéis solares da Casa Branca estão a ser instalados esta semana".
The Washington Post. Arquivado em 2015-07-01. Recuperado em 2017-09-16.

[38]   . "ARENA apoia outro recorde mundial de energia solar". Governo australiano - Agência Australiana de Energia Renovável. 18 de maio de 2016. Arquivado do original em 22 de junho de 2016. Recuperado em 14 de junho de 2016.

[39]   . Martin, Richard. "Porque é que o futuro da energia solar pode não ser à base de silício". Arquivado do original em 27 de fevereiro de 2017. Recuperado em 8 de abril de 2017.

[40]   . "Kenning T. Alta Devices GaAs PV-Tech. Dec. 13, 2018 5:13 AM GMT".
13 de dezembro de 2018. Arquivado do original em 13 de dezembro de 2018. Recuperado em 12 de janeiro de 2019.

[41]   . "Alta estabelece recorde solar flexível com célula GaAs de 29,1%".
optics.org. Arquivado em 2021-03-06. Recuperado em 2021-10-27.

[42]   . Clercq, Geert De (2018-06-25).
"Abre em França a primeira fábrica de reciclagem de painéis solares da Europa".

Reuters. Arquivado em 2021-06-26. Recuperado em 26 de junho de 2021.

[43] . Geisz, J. F.; Steiner, M. A.; Jain, N.; Schulte, K. L.; France, R. M.; McMahon, W. E.; Perl, E. E.; Friedman, D. J. (março de 2018). "Construção de uma célula solar de concentrador metamórfico invertido de seis funções". IEEE Journal of Photovoltaics. 8 (2): 626-632.

[44] . "Uma nova tecnologia solar pode ser o próximo grande impulso para a energia renovável". 26 de dezembro de 2018. Arquivado em 2018-12-27. Recuperado em 2020-11-30.

[45] . "Novas células solares extraem mais energia da luz do sol". O Economista. Arquivado em 2020-11-30. Recuperado em 30/11/2020.

[46] . Geisz, John F.; France, Ryan M.; Schulte, Kevin L.; Steiner, Myles A.; Norman, Andrew G.; Guthrey, Harvey L.; Young, Matthew R.; Song, Tao; Moriarty, Thomas (abril de 2020). "Células solares III-V de seis junções 47,1% de conversão 143 Concentração solar". Natureza Energia. 5 (4): 326-335. Arquivado em 7 de agosto de 2020. Recuperado em 16 setembro de 2020.

[47] . Kojima, A.; Teshima, K.; Shirai, Yasuo; Miyasaka, Tsutomu (maio de 2009). "Perovskites de halogenetos organometálicos como sensibilizadores de luz visível para células fotovoltaicas". J. of the American Chemical Society. 131 (17): 6050-6051.

[48] . "Gráfico de eficiência do NREL". Arquivado de em 2020-11-28. Recuperado em 202011-30.

[49] . "Da luz à eletricidade: Novo PV multi-material define novo padrão de eficiência". phys.org. Arquivado em 28 de março de 2020. Recuperado em 5 de abril de 2020.

[50] . Xu, Jixian; et al (2020). "Perovskitas de triplo halogeneto de banda larga com segregação de fase suprimida para tandems eficientes". Science. 367 (6482): 1097-1104.

[51] . "A investigação aponta para estratégias de reciclagem de painéis solares". techxplore.com. Arquivado em 2021-06-26. Recuperado em 2021-06-26.

[52] . Heath, Garvin A.; et al. (julho de 2020). Nature Energy. 5 (7): 502 510. Bibcode:2020NatEn...5...502H. ISSN 2058-7546. S2CID 220505135. Arquivado em 21 de agosto de 2021. Recuperado em 26 de junho de 2021.

[53] . "Estrutura cristalina descoberta há quase 200 anos revolução das células solares". phys.org. Arquivado em 2020-07-04. Recuperado em 2020-

07-04.

[54]   . Lin, Yen-Hung; et al. (2020).
"Um sal de piperidínio estabiliza células solares de perovskita de metal-haleto eficientes". Science. 369 (6499): 96-102. Arquivado em 13 de setembro de 2020.
Recuperado em 30 de novembro de 2020.
[55]   . "PV em contato com os dois lados estabelece um novo recorde mundial de 26% de eficiência". techxplore.com. Arquivado em 10 de maio de 2021. Recuperado em 10 de maio de 2021.
[56]   . Richter, Armin; et al. (2021). Nature Energy. 6 (4): 429-438.
Bibcode:2021NatEn...6..429R. doi:10.1038/s41560-021-00805w. Arquivado em 27 de outubro de 2021. Recuperado em 10 de maio de 2021.
[57]   . ""Cola molecular" reforça o ponto fraco das células solares de perovskite". Novo Atlas. 2021-05-10. Arquivado em 2021-06-13. Recuperado em 13 de junho de 2021.
[58]   . Dai, Zhenghong; Yadavalli, Srinivas K.; Chen, Min; Abbaspourtamijani, Ali; Qi, Yue; Padture, Nitin P. (2021-05-07).
"O endurecimento interfacial com auto aumenta a fiabilidade fotovoltaica da perovskite". Science. 372 (6542): 618-622. Recuperado em 13 de junho de 2021.
[59]   . "Empresa polaca inaugura central de energia solar de ponta".
techxplore.com. Arquivado em 24 de junho de 2021. Recuperado em 23 de junho de 2021.
[60]   . "A Wikipédia da investigação sobre células solares de perovskite".
Associação Helmholtz dos Centros de Investigação Alemães. Recuperado em 19 de janeiro de 2022.
[61]   . T. Jesper Jacobsson et al. (2021).
"Uma base de dados de acesso livre e uma ferramenta de análise para células solares de perovskite baseada nos princípios de dados FAIR". Nature Energy. 7: 107-115.
[62]   . "Vidro solar: -ML System abre linha de produção de vidro quântico - pv Europa". 13 de dezembro de 2021.
[63]   . "Fraunhofer ISE entwickelt effizienteste Wirkungsgrad - Fraunhofer ISE".
[64]   . Huang, X.; Fan, D.; Li, Yongxi; Forrest, Stephen R. (20 de julho de 2022).
"Padronização peel-off multinível de um módulo fotovoltaico orgânico semitransparente".
Joule. 6 (7): 1581-1 589. ISSN 2542-4785. S2CID 250541919.

[65]   . "Painéis solares transparentes para janelas atingem um recorde de 8% de eficiência".
Notícias da Universidade de Michigan. 17 de agosto de 2020. Recuperado em 23 de agosto de 2022.
[66]   . Li, Yongxi; et al. (2020).
"Aplicações de janelas de energia fotovoltaicas orgânicas semitransparentes e de cor neutra".
Actas da Academia Nacional de Ciências. 117 (35): 21147-21154. Bibcode:2020PNAS..11721147L. doi:10.1073/pnas.2007799117.
[67]   . "Investigadores fabricam célula solar altamente transparente com folha atómica 2D". Universidade de Tohoku. Recuperado em 23 de agosto de 2022.
[68]   . He, Xing; Iwamoto, Yuta; Kaneko, Toshiro; Kato, Toshiaki (4 de julho de 2022).
"Fabrico de células solares quase invisíveis com WS2 monocamada".
Relatórios Científicos. 12 (1): 11315. Bibcode:2022NatSR..1211315H.
[69]   . Wells, Sarah.
"Células solares finas como um fio de cabelo podem transformar qualquer superfície numa fonte de energia".
Inverso. Recuperado em 18 de janeiro de 2023.
[70]   . Saravanapavanantham, et al.(2023).
"Módulos fotovoltaicos orgânicos impressos em fontes de energia aditivas transferíveis".
Pequenos Métodos. 7 (1): 2200940. doi:10.1002/smtd.202200940.
ISSN 2366- 9608.
[71]   . "Célula solar em tandem atinge 32,5 por cento de eficiência". Science Daily. 19 de dezembro de 2022. Recuperado em 21 de dezembro de 2022.
[72]   . Nielsen, Rasmus; et al. (12 de março de 2024). "Monolítico de Selénio/Silício
Células solares em tandem". PRX Energy. 3 (1): 013013. arXiv:2307.05996.

Capítulo 3

Gerações de células fotovoltaicas e actuais direcções de investigação para o seu desenvolvimento

3.1.Prefácio

O objetivo deste estudo é discutir as diferentes gerações de células fotovoltaicas e as actuais direcções de investigação centradas no seu desenvolvimento e nas tecnologias de fabrico. A introdução descreve a importância da energia fotovoltaica no contexto da proteção ambiental, bem como a eliminação das fontes fósseis. Em seguida, concentra-se na apresentação das gerações de células fotovoltaicas conhecidas até à data, principalmente em termos das eficiências de conversão solar-eléctrica alcançáveis, bem como da tecnologia para o seu fabrico. Em particular, é discutida a terceira geração de células fotovoltaicas e as tendências recentes neste domínio, incluindo as células multi-junção e as células com níveis de energia intermédios na banda proibida do silício. Apresentamos também os últimos desenvolvimentos na tecnologia de fabrico de células fotovoltaicas, utilizando como exemplo as células fotovoltaicas de quarta geração baseadas em grafeno. Uma extensa revisão da literatura mundial levou-nos a concluir que, apesar do aparecimento de novos tipos de células fotovoltaicas, as células de silício continuam a ter a maior quota de mercado, pelo que a investigação sobre formas de melhorar a sua eficiência continua a ser relevante

3.2.Introdução

As preocupações com as alterações climáticas e o aumento da procura de eletricidade devido, entre outras coisas, ao crescimento constante da população, exigem esforços para abandonar os métodos convencionais de produção de energia. O aumento dos níveis de dióxido de carbono na atmosfera, provocado pela utilização de combustíveis fósseis, é um dos factores que está na origem das actuais alterações climáticas. A mudança para as energias renováveis produzirá energia com uma pegada ambiental mais pequena em comparação com as fontes de combustíveis fósseis. Podemos aproveitar todo o potencial da energia solar para desenvolver as melhores tecnologias de captação de energia possíveis, capazes de converter a energia solar em eletricidade [1].

A energia solar atualmente utilizada é muito marginal - 0,015% é utilizada para a produção de eletricidade, 0,3% para aquecimento e 11% é utilizada na fotossíntese natural da biomassa. Em contrapartida, cerca de 80-85% das necessidades energéticas globais são satisfeitas por combustíveis fósseis. A dificuldade com os combustíveis fósseis reside no facto de os seus recursos serem limitados e hostis para o ambiente devido às suas emissões de CO2. Por exemplo, por cada tonelada de carvão queimado, é libertada uma tonelada de dióxido de carbono para a atmosfera. Este dióxido de carbono emitido é tóxico para o ambiente e é a principal causa do aquecimento global, do efeito de estufa, das alterações climáticas e da destruição da camada de ozono [2].

A necessidade de encontrar novas formas de energia renovável é extremamente relevante e urgente atualmente. É por isso que a humanidade deve encontrar fontes alternativas de energia para proporcionar um futuro limpo e sustentável. Neste contexto, a energia solar é a melhor opção entre todas as fontes alternativas de energia renovável devido à sua acessibilidade generalizada, universalidade e natureza amiga do ambiente [3].

A métrica mais comum utilizada para avaliar o desempenho das tecnologias fotovoltaicas é a eficiência de conversão, que expressa o rácio entre a entrada de energia solar e a saída de energia eléctrica. A eficiência combina caraterísticas de vários componentes do sistema, como a corrente de curto-circuito, a tensão de circuito aberto e o fator de enchimento, que, por sua vez, dependem das caraterísticas básicas do material e dos defeitos de fabrico [4].

A rentabilidade do fabrico de uma célula fotovoltaica e a sua eficiência dependem do material de que é feita. Muita investigação neste domínio tem sido levada a cabo para encontrar o material mais eficiente e económico para a construção de células fotovoltaicas. As especificações de um material ideal para células solares fotovoltaicas incluem as seguintes [5]:
- Prevê-se que as células tenham um intervalo de banda entre 1,1 e 1,7 eV;
- Deve ter uma estrutura de banda direta;
- Devem ser de fácil acesso e não tóxicos; e
- Deve ter uma elevada eficiência de conversão fotovoltaica [5].

Um problema fundamental no domínio do desenvolvimento de células fotovoltaicas é o desenvolvimento de métodos para atingir a maior eficiência possível com o menor custo de produção possível. A melhoria da eficiência das células solares é possível através da utilização de formas eficazes de reduzir as perdas internas da célula. Existem três tipos básicos de perdas: ópticas, quânticas e eléctricas, que têm diferentes fontes de origem. A redução de perdas de qualquer tipo requer métodos diferentes, muitas vezes avançados, de fabrico de células e de produção de módulos fotovoltaicos. Um limite superior de eficiência para as tecnologias comercialmente acessíveis é determinado pelo conhecido limite de Shockley-Queisser (SQ), tendo em conta o equilíbrio entre a fotogeração e a recombinação radiativa [6].

No entanto, o maior potencial reside na capacidade de reduzir as perdas quânticas, uma vez que estas estão intimamente ligadas às propriedades dos materiais e à estrutura interna da célula. Neste contexto, é relevante o conceito de "band gap", que define a energia mínima necessária de um fotão que incide na superfície da célula para que este possa participar no processo de conversão fotovoltaica. Existe uma relação entre a eficiência da célula e o valor do "band gap", que, por sua vez, depende muito do material de que é feita a célula fotovoltaica. O material básico e comummente utilizado para as células solares é o silício, que tem um valor de intervalo de banda de cerca de 1,12 eV, mas ao introduzir modificações na sua estrutura cristalina, as propriedades físicas do material, especialmente a largura do intervalo de banda, podem ser afectadas [7].

Os mecanismos de perda dominantes nas células fotovoltaicas convencionais são a incapacidade de absorver fotões abaixo do intervalo de banda e a termização de fotões solares com energias acima da energia do intervalo de banda. Foram propostos conceitos de células solares de terceira geração para resolver estes dois mecanismos de perda, numa tentativa de melhorar o desempenho das células solares. Estas soluções visam explorar todo o espetro, incorrendo em novos mecanismos para criar novos pares eletrão-buraco [8].

O maior potencial de desenvolvimento entre estes conceitos para melhorar a eficiência de geração de energia das células solares feitas de silício é demonstrado pela ideia de células cuja caraterística básica é uma banda intermédia adicional no modelo de intervalo de banda do silício. Esta banda está localizada entre a banda de condução e a banda de valência e a sua função é permitir a absorção de fotões com energias inferiores à largura do intervalo de energia, resultando numa maior eficiência quântica (um maior número de electrões excitados em relação ao número de fotões incidentes na superfície da célula) [9]. Atualmente, podem ser identificadas muitas direcções de desenvolvimento da investigação sobre a introdução de bandas intermédias nos semicondutores. Uma delas é a utilização da implantação iónica, em que se podem distinguir dois métodos: a introdução de dopantes com concentrações extremamente elevadas no substrato do semicondutor e a implantação da camada de silício com doses elevadas de iões metálicos [10].

A melhoria da eficiência das células solares implica a redução de vários tipos de perdas que afectam a eficiência da célula resultante. O National Renewable Energy Labo-ratory (NREL) efectua uma compilação das eficiências de conversão de células de investigação mais elevadas verificadas para diferentes tecnologias fotovoltaicas, compiladas desde 1976 até ao presente (Figura). Os resultados da eficiência das células são apresentados para cada família de semicondutores: células de junção múltipla; células de junção simples de arsenieto de gálio; células de silício cristalino; tecnologias de película fina; tecnologias fotovoltaicas emergentes. O último recorde mundial para uma tecnologia individual é indicado por uma bandeira na margem direita que contém o símbolo da eficiência e da tecnologia [11].

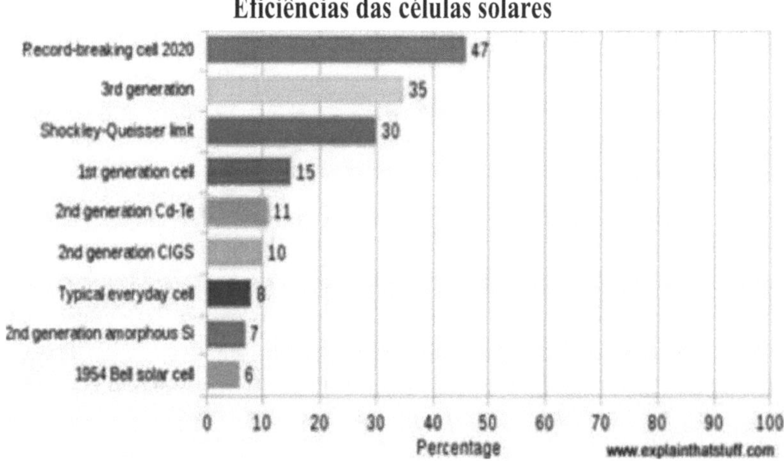

Gráfico das melhores eficiências das células de investigação do NREL [11].

As células fotovoltaicas podem ser classificadas em quatro gerações principais: primeira, segunda, terceira e quarta geração. Os pormenores de cada uma delas são abordados na secção seguinte.

3.3.Gerações de células fotovoltaicas

Na última década, a energia fotovoltaica tornou-se um dos principais contribuintes para a atual transição energética. Os avanços relacionados com os materiais e os métodos de fabrico tiveram um papel significativo nesse desenvolvimento. No entanto, existem ainda numerosos desafios antes de a energia fotovoltaica fornecer energia mais limpa e de baixo custo. A investigação nesta direção centra-se em dispositivos fotovoltaicos eficientes, como as células de junção múltipla, as células de grafeno ou de intervalo de banda intermédio e os materiais de células solares imprimíveis, como os pontos quânticos [12].

O papel principal de uma célula fotovoltaica é receber a radiação solar como luz pura e transformá-la em energia eléctrica num processo de conversão chamado efeito fotovoltaico. Existem várias tecnologias envolvidas no processo de fabrico de células fotovoltaicas, utilizando a modificação de materiais com diferentes eficiências de conversão fotoeléctrica nos componentes da célula. Devido ao aparecimento de muitos métodos de fabrico não convencionais para fabricar células solares funcionais, as tecnologias fotovoltaicas podem ser divididas em quatro grandes gerações, como mostra a figura [13].

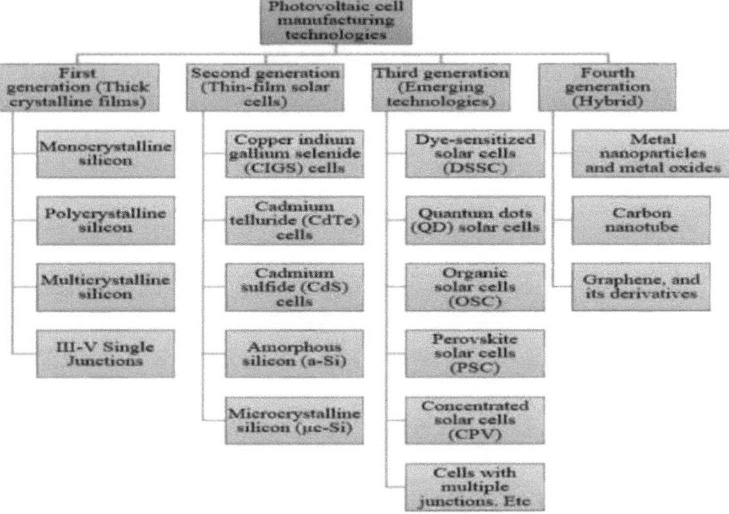

Vários tipos de células solares e desenvolvimentos actuais neste domínio [14].

As gerações de várias células fotovoltaicas contam essencialmente a história das etapas da sua evolução passada. Existem quatro categorias principais que são descritas como as gerações da tecnologia fotovoltaica nas últimas décadas, desde a invenção das células solares [15]:

Primeira geração: Esta categoria inclui tecnologias de células fotovoltaicas baseadas em silício monocristalino e policristalino e arsenieto de gálio (GaAs).

Segunda geração: Esta geração inclui o desenvolvimento da tecnologia de células fotovoltaicas de primeira geração, bem como o desenvolvimento da tecnologia de células fotovoltaicas de película fina a partir de "silício microcristalino (µc-Si) e silício amorfo (a-Si), seleneto de cobre, índio e gálio (CIGS) e células fotovoltaicas de telureto de cádmio/sulfureto de cádmio (CdTe/CdS)".

Terceira geração: Esta geração conta com tecnologias fotovoltaicas baseadas em compostos químicos mais recentes. Além disso, as tecnologias que utilizam "películas" nanocristalinas, pontos quânticos, células solares sensibilizadas por corantes, células solares à base de polímeros orgânicos, etc., também pertencem a esta geração.

Quarta geração: Esta geração inclui a baixa flexibilidade ou o baixo custo dos polímeros de película fina, juntamente com a durabilidade de "nanoestruturas inorgânicas inovadoras, como óxidos metálicos e nanopartículas metálicas, ou nanomateriais de base orgânica, como grafeno, nanotubos de carbono e derivados de grafeno" [15].

A figura apresenta exemplos de tipos de células solares para cada geração, juntamente com as eficiências médias.

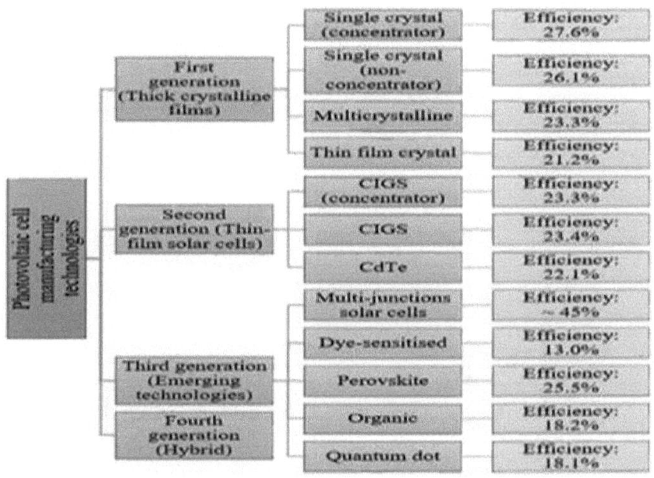

Exemplos de eficiências de células fotovoltaicas [16].

3.3.1. Primeira geração de células fotovoltaicas

As células fotovoltaicas à base de silício foram o primeiro sector da energia fotovoltaica a entrar no mercado, utilizando informações de processamento e matérias-primas fornecidas pela indústria da microeletrónica. As células solares à base de silício representam atualmente mais de 80% da capacidade instalada a nível mundial e detêm uma quota de mercado de 90%. Devido à sua eficiência relativamente elevada, são as células mais utilizadas. A primeira geração de células fotovoltaicas inclui materiais baseados em camadas cristalinas espessas compostas por silício Si. Esta geração baseia-se em silício mono, poli e multicristalino, bem como em junções III-V simples (GaAs) [17,18].

3.3.1.1.   Comparação das células fotovoltaicas de primeira geração [18]:

• Células solares baseadas em silício monocristalino (m-si)
Eficiência: 15 - 24%;

Intervalo de banda: ~1,1 eV;

Vida útil: 25 anos;

Vantagens: Estabilidade, alto desempenho, longa vida útil;

Restrições: Custo de fabrico elevado, maior sensibilidade à temperatura, problema de absorção, perda de material.

*   Células solares baseadas em silício policristalino (p-si)

Eficiência: 10 - 18%;

Intervalo de banda: ~1,7 eV;

Duração de vida: 14 anos;

Vantagens: O processo de fabrico é simples, rentável, diminui o desperdício de silício, maior absorção em comparação com o m-si;

Restrições: Menor eficiência, maior sensibilidade à temperatura.

*   Células solares baseadas em GaAs

Eficiência: 28 - 30%;

Intervalo de banda: ~1,43 eV; Vida útil: 18 anos;

Vantagens: Alta estabilidade, menor sensibilidade à temperatura, melhor absorção do que m-si, alta eficiência;

Restrições: Extremamente dispendioso [18].

A primeira geração diz respeito às células fotovoltaicas baseadas em junções p-n, que são principalmente representadas por células fotovoltaicas de silício mono ou policristalino baseadas em bolachas. As células solares de silício monocristalino envolvem o crescimento de blocos de Si a partir de pequenas sementes de silício monocristalino e, em seguida, o seu corte para formar bolachas de silício monocristalino, que são fabricadas utilizando o processo Czochralski (Figura 4a). O material monocristalino é amplamente utilizado devido à sua elevada eficiência em comparação com o material multicristalino. Os principais desafios tecnológicos associados ao silício monocristalino incluem requisitos rigorosos de pureza do material, elevado consumo de material durante a produção de células, processos de fabrico de células e tamanhos limitados dos módulos compostos por estas células [19].

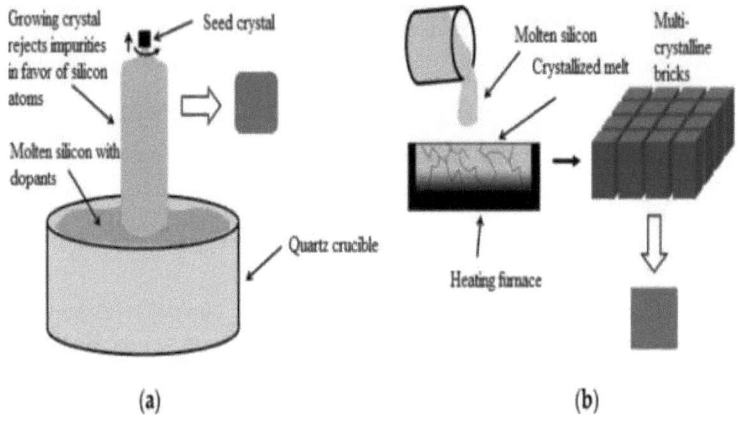

Uma imagem que mostra
- **a)** Processo Czochralski para blocos monocristalinos e
- **b)** o processo de solidificação direcional para blocos multicristalinos [21].

Os blocos de silício multicristalino são produzidos através da fusão de silício de elevada pureza e da sua cristalização num cadinho de grandes dimensões por um processo de solidificação direcional (Figura (A)). Neste processo, não existe uma orientação cristalina de referência, como no processo Czochralski, pelo que é produzido material de silício com diferentes orientações. O material de base mais comummente utilizado para as células solares são os substratos de Si do tipo p dopados com boro. Os substratos de silício do tipo n também são utilizados para o fabrico de células solares de elevada eficiência, mas apresentam desafios técnicos adicionais, como a obtenção de uma dopagem uniforme ao longo do bloco de silício, em comparação com os substratos do tipo p [20].

Na produção de células solares cristalinas, é necessário efetuar sequencialmente seis ou mais etapas. Estas incluem normalmente a texturização da superfície, a dopagem, a difusão, a remoção de óxidos, o revestimento antirreflexo, a metalização e a queima. No final do processo, a eficiência da célula e outros parâmetros são medidos (sob condições de teste padrão). A eficiência das células fotovoltaicas é determinada pela qualidade do material utilizado no seu fabrico [21].

O limiar teórico de eficiência para as células fotovoltaicas da primeira geração parece ter sido estimado em 29,4%, tendo sido atingido um valor suficientemente próximo há duas décadas. À escala laboratorial, a eficiência de 25% foi registada já em 1999 e, desde então, foram alcançadas melhorias mínimas nos valores de eficiência. Desde o aparecimento das células fotovoltaicas de silício cristalino, a sua eficiência aumentou 20,1%, passando de 6%, quando foram descobertas, para o recorde atual de 26,1% de eficiência. Existem factores que limitam a eficiência das células, como os defeitos de volume. Os avanços na produção destas células incluem a introdução de um campo de alumínio na superfície posterior (Al-BSF) para reduzir a taxa de recombinação na superfície posterior, ou o desenvolvimento da tecnologia Passivated Emitter and Rear Cell (PERC) para reduzir ainda mais a taxa de recombinação na superfície posterior [22].

3.3.1.2.   Células fotovoltaicas Al-BSF

As células solares de silício com junções p-n distribuídas foram inventadas já na década de 1950, pouco depois dos primeiros díodos semicondutores. Originalmente, a difusão de boro em bolachas dopadas com arsénio era utilizada para formar junções p-n, mas atualmente a norma da indústria é a difusão de fósforo em bolachas dopadas com boro. Após a transição, nos anos 60, das bolachas tipo n para as bolachas tipo p, a implementação de um campo de alumínio na superfície posterior (Al-BSF), fundindo o contacto posterior com o substrato, permitiu reduzir a recombinação no lado posterior (figura). Esta conceção de serigrafia de contacto bastante simples ocupou uma posição dominante, com 70-90% da quota de mercado nas últimas décadas [23].

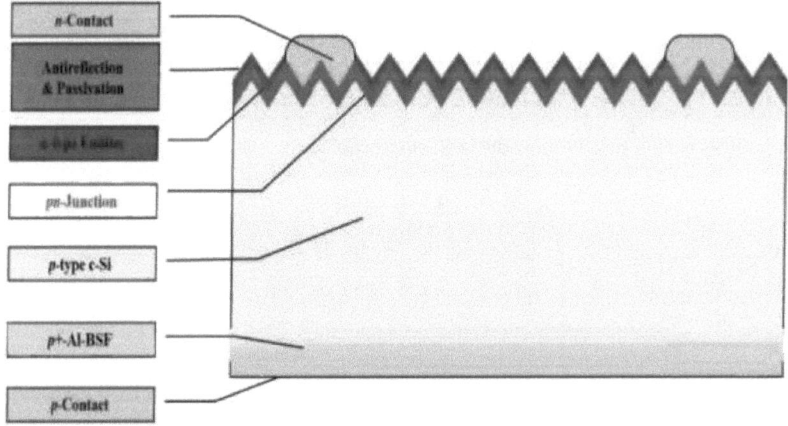

Estrutura da célula solar de silício: Al-BSF [1].

A tecnologia padrão do campo de superfície posterior de alumínio (Al-BSF) é uma das tecnologias de células solares mais utilizadas devido ao seu processo de fabrico relativamente simples. Baseia-se na deposição de Al em toda a parte traseira (RS) num processo de serigrafia e na formação de um BSF p+, que ajuda a repelir os electrões da parte traseira do substrato tipo p e melhora o desempenho da célula. O fluxo do processo de fabrico de células solares Al-BSF é apresentado na figura. A conceção normal de uma célula solar comercial consiste numa parte frontal com uma grelha e uma parte posterior com contactos de área total [24].

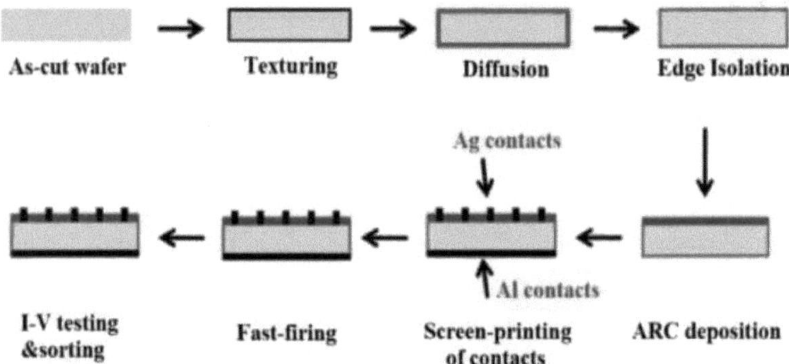

Processo de fabrico de células solares Al-BSF [21].

### 3.3.1.3.	Células fotovoltaicas PERC

A eficiência da célula industrial Al-BSF, no entanto, atingiu cerca de 20% por volta de 2013. Tornou-se, portanto, atraente substituir a célula Al-BSF totalmente contactada por uma estrutura PERC (Passivated Emitter and Rear Cell) com contactos traseiros locais para obter melhores propriedades eléctricas e ópticas (Figura). A célula solar PERC (Passivated Emitter and Rear Contact) melhora a arquitetura Al-BSF através da adição de uma camada de passivação na parte traseira para melhorar a passivação e a reflexão interna. Verificou-se que o óxido de alumínio é um material adequado para a passivação do lado posterior [25].

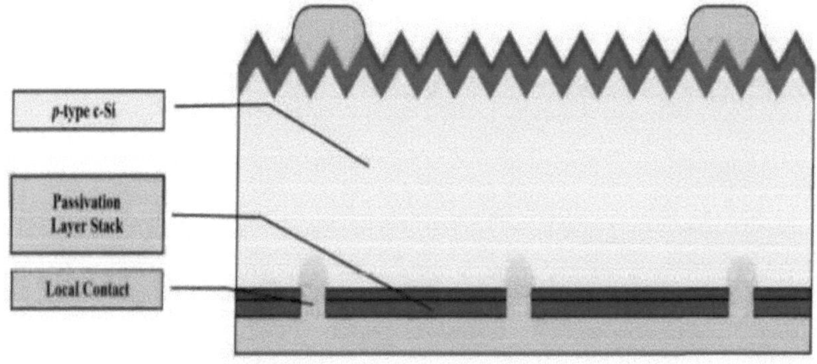

Estrutura das células solares de silício: PERC [1].

A capacidade desta estrutura celular foi demonstrada já na década de 1980, embora estivesse limitada ao processamento em laboratório devido ao seu elevado custo em relação ao ganho de rendimento. Teoricamente, a passagem da tecnologia PERC para a produção industrial em massa implicava um limiar industrial comparativamente pequeno, uma vez que só era necessário acrescentar duas etapas ao processo Al-BSF, ou seja, a passivação da superfície posterior e a calibração precisa dos contactos posteriores locais. No entanto, passaram-se décadas até que fosse possível desenvolver um processo PERC rentável. Uma série de razões levou à implementação do PERC numa produção de baixo custo e de grande volume, e ao aumento da produtividade para níveis que variam entre 22% e 23,4% [26]:

- Introdução da passivação da superfície posterior de óxido de alumínio por deposição de vapor químico melhorada por plasma (PECVD) e formação de um campo de superfície posterior local (BSF) por ablação a laser da camada de passivação posterior e da liga de Al;

- Introdução de um processo de emissor seletivo no fabrico de baixo custo, um processo de "back-etching" ou através de um processo de dopagem por laser;

- Redução da largura dos dedos de metalização frontal de cerca de 100 gm para menos de 30 gm em produção de grande volume, reduzindo simultaneamente a resistência de contacto para silício ligeiramente dopado com fósforo;

- Acrescentar uma etapa de hidrogenação de baixo custo no final do processo de formação da célula para passivar os defeitos de volume e inativar os complexos boro-oxigénio responsáveis pela degradação induzida pela luz (LID); e

- Reaparecimento das bolachas de silício monocristalino em resultado da redução dos custos de produção de lingotes de silício pelo método Czochralski e da introdução do corte com fio de diamante [27].

3.3.1.4. Células fotovoltaicas do tipo SHJ

Paralelamente às células PERC, foram introduzidas na produção em massa outras concepções de células de elevado desempenho, como as células solares de contacto posterior interdigitado (IBC) e as células solares de heterojunção (SHJ). As células solares de heterojunção de silício (SHJ), também designadas por células HIT, utilizam contactos passivadores baseados numa pilha de camadas de silício amorfo intrínseco e dopado (Figura). Um dos principais desafios tecnológicos associados a esta promissora estrutura celular é o facto de, uma vez depositada a camada de silício amorfo, não poderem ser utilizados processos superiores a 200 °C. Isto exclui a possibilidade de se utilizar o conhecido ecrã queimado. Isto exclui os bem conhecidos contactos metálicos impressos em serigrafia, exigindo assim métodos alternativos que utilizem pastas a baixa temperatura ou contactos galvânicos [28].

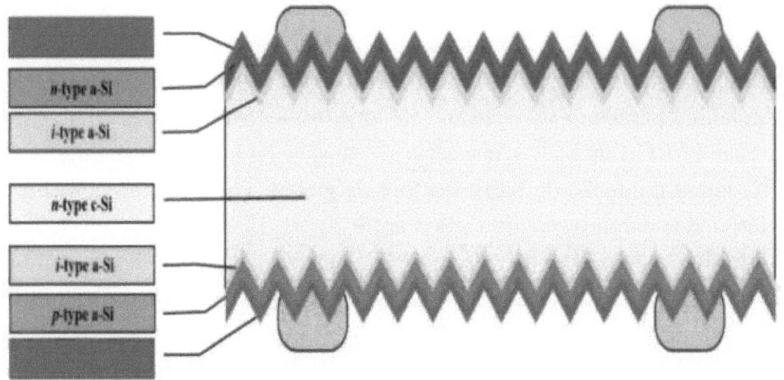

Estruturas de células solares de silício: heterojunção (SHJ) na configuração de junção posterior [1].

Atualmente, estão a ser envidados esforços intensos para desenvolver linhas de produção de elevada capacidade que possam ser competitivas em relação às actuais linhas de produção normalizadas. Para que a tecnologia SHJ se generalize, será necessário superar os desafios do aumento do custo das ferramentas de fabrico de células, reduzindo a utilização de prata ou substituindo-a por cobre através do desenvolvimento da tecnologia de galvanoplastia de Cu, bem como reduzindo a utilização de índio na camada de óxido condutor transparente (TCO) [29].

Além disso, como mostra a Figura 9, a célula solar HIT tem uma estrutura simétrica, o que tem duas vantagens. Uma delas é que a célula pode ser utilizada no chamado módulo bifacial, que pode gerar mais eletricidade do que um módulo normal, e a outra é que a estrutura está menos sujeita a tensões, o que é importante quando se processam bolachas mais finas [30].

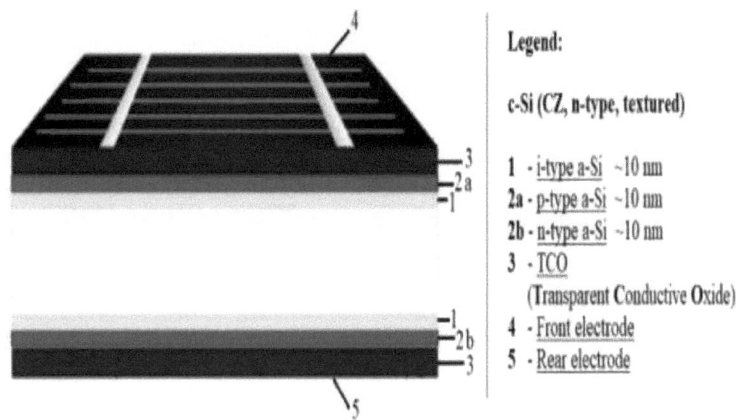

Estrutura de uma célula solar HIT [30].

3.3.1.5. Células fotovoltaicas baseadas em junções III-V simples

As junções III-V simples baseadas em GaAs são analisadas no final desta secção. Os materiais III-V proporcionam a maior eficiência de conversão fotovoltaica, atingindo 29,1% com uma junção única de GaAs sob luz solar única e 47,1% para um dispositivo de seis junções sob luz solar concentrada. Estes dispositivos são também mais finos (as camadas de absorção têm normalmente 2 a 5 µт de espessura) e, por conseguinte, podem ser fabricados como dispositivos leves e flexíveis, capazes de serem colocados em superfícies curvas. Os dispositivos III-V têm uma elevada estabilidade e um historial de elevado desempenho em aplicações exigentes como o espaço [31].

O processo dominante de deposição de camadas III-V, a epitaxia de fase de vapor orgânico-metal (MOVPE), é responsável por praticamente todos os recordes de desempenho dos dispositivos III-V. No entanto, historicamente, este processo tem sido considerado como uma técnica de crescimento dispendiosa devido ao elevado custo dos precursores, à utilização comparativamente baixa destes precursores e aos ciclos de crescimento em lote que requerem muitas horas para serem concluídos. Os estudos mais recentes melhoraram significativamente a taxa de crescimento e demonstraram uma utilização muito maior de precursores químicos utilizando as técnicas MOVPE e epitaxia em fase de vapor de hidrogénio (HVPE), com a HVPE a resolver também o problema do custo dos precursores. Atualmente, o acabamento inclui um grande número de etapas de processamento intensivas em mão de obra, de elevado custo e comparativamente ineficientes, envolvendo fotolitografia, aplicação manual de revestimento por rotação, alinhamento de contactos e evaporação e elevação de metais [32].

3.4. Segunda geração de células fotovoltaicas

As células fotovoltaicas de película fina baseadas em CdTe, seleneto de gálio e cobre (CIGS) ou silício amorfo foram concebidas para substituir a baixo custo as células de silício cristalino. Oferecem propriedades mecânicas melhoradas que são ideais para aplicações flexíveis, mas isso implica o risco de uma eficiência reduzida. Enquanto a primeira geração de células solares era um exemplo de microeletrónica, a evolução das películas finas exigiu novos métodos de crescimento e abriu o sector a outras áreas, incluindo a eletroquímica [33].

3.4.1. Comparação das células fotovoltaicas de primeira geração [18]:

- Células solares baseadas em silício amorfo (a-si)

Eficiência: 5 ^ 12%;

Intervalo de banda: ~1,7 eV;

Duração de vida: 15 anos;

Vantagens: Menos dispendioso, disponível em grandes quantidades, não tóxico, elevado coeficiente de absorção;

Restrições: Menor eficiência, dificuldade na seleção de materiais dopantes, tempo de vida reduzido dos portadores minoritários.

- Células solares à base de telureto de cádmio/sulfureto de cádmio (CdTe/CdS)

Eficiência: 15 ^ 16%;

Intervalo de banda: ~1,45 eV; Vida útil: 20 anos;

Vantagens: Elevada taxa de absorção, menos material necessário para a produção;

Restrições: Menor eficiência, o Cd é extremamente tóxico, o Te é limitado, mais sensível à temperatura.

- Células solares baseadas em seleneto de cobre, índio e gálio (CIGS)

Eficiência: 20%;

Intervalo de banda: ~1,7 eV;

Duração de vida: 12 anos;

Vantagens: Menos material necessário para a produção; Restrições: Preço muito elevado, não é estável, é mais sensível à temperatura e não é muito fiável [18].

3.4.2. Células fotovoltaicas CIGS

Um aspeto fundamental que precisava de ser melhorado era a redução da elevada dependência dos materiais semicondutores. Esta foi a força motriz que levou ao aparecimento da segunda geração de células fotovoltaicas de película fina, que inclui o CIGS. Em termos de eficiência, o valor recorde do CIGS é de 23,4%, o que é comparável às melhores eficiências das células de silício. Note-se, no entanto, que a eficiência das células de investigação não se traduz diretamente em eficiência industrial, devido à natureza do processamento em grande escala. No entanto, as eficiências dos módulos superiores a 20% são já uma realidade. Nos últimos anos, registou-se um aumento significativo da eficiência das células CIGS e prevêem-se novos aumentos, por exemplo, em resultado de novas investigações sobre o tratamento alcalino após a deposição [34].

As ligas de calcopirite semicondutora do grupo I-III-VI $(Ag,Cu)(In,Ga)(S,Se)2$, vulgarmente conhecidas como CIGS, são materiais absorventes particularmente favoráveis para células solares. Apresentam intervalos de banda diretos que variam entre ~1 e 2,6 eV, coeficientes de absorção elevados e parâmetros de defeitos internos favoráveis que permitem tempos de vida elevados dos portadores minoritários, pelo que as células solares fabricadas a partir delas são inerentemente estáveis em funcionamento. O primeiro rendimento registado foi de 12% num dispositivo monocristalino, em meados da década de 1970. Subsequentemente, os absorvedores de película fina de CIGS, o processamento e os contactos foram muito melhorados, resultando em células de película fina com uma área pequena e uma eficiência de 23,4%. As actuais eficiências recorde dos módulos são de 17,6% em vidro e 18,6% em aço flexível [35].

As células solares CIGS foram desenvolvidas numa configuração de substrato padrão; no entanto, também é possível a deposição de CIGS a temperaturas comparativamente baixas em substratos metálicos ou poliméricos para formar produtos solares flexíveis. As películas finas de CIGS estão a ser depositadas principalmente por co-evaporação/devaporação ou pulverização catódica e, em menor grau, por deposição eletroquímica, bem como por deposição assistida por feixe de iões. Uma vez que se trata de compostos quaternários, é fundamental controlar a estequiometria da película fina durante o fabrico [36].

3.4.2.1. Melhorar a eficiência das células CIGS

As etapas para melhorar a eficiência das células CIGS podem ser descritas da seguinte forma [37]:

- evaporação do composto CIS;
- deposição reactiva de bicamadas elementares;
- selenização de precursores metálicos pulverizados;
- deposição em banho químico de CdS com ZnO:Al como emissor;
- liga de gálio;

- incorporação de álcalis de sódio;
- co-deposição em três fases;
- tratamento pós-deposição que envolve a permuta de iões alcalinos
pesados;
- sulfuração após selenização (SAS). Os progressos estão longe de ser lineares, estando ainda por alcançar todo o potencial de otimização das complexas interações entre estas técnicas, bem como outras em desenvolvimento (por exemplo, ligas de prata). Um grande número de cientistas especializados em CIGS pensa que é possível atingir eficiências de 25%.

O CIGS é um material versátil que pode ser produzido por muitos processos e utilizado numa variedade de formas. Existem atualmente quatro categorias principais de métodos de deposição utilizados para fabricar películas de CIGS:
- deposição de precursores metálicos seguida de sulfo-selenização;
- co-deposição reactiva;
- eletrodeposição; e
- processamento de soluções.

Todos os recordes mundiais recentes e os maiores êxitos comerciais foram alcançados através da sulfo-selenização em duas fases de precursores metálicos ou da co-deposição reactiva. O CIGS pode ser depositado numa variedade de substratos, incluindo vidro, películas metálicas e polímeros. O vidro é adequado para o fabrico de módulos rígidos, enquanto as películas de metal e polímeros permitem aplicações que requerem módulos mais leves ou flexíveis. Com a evolução dos mercados globais de energia no sentido de uma valorização da redução dos gases com efeito de estufa e dos aspectos da economia circular, o impacto ambiental comparativamente benigno do CIGS (especialmente sem CdS) em comparação com diferentes tecnologias fotovoltaicas está a tornar-se a próxima vantagem competitiva [38].

As células fotovoltaicas baseadas na tecnologia CIGS são compostas por uma pilha de películas finas depositadas num substrato de vidro por pulverização catódica magnetrónica: um elétrodo inferior de molibdénio (Mo), uma camada absorvente de CIGS, uma camada tampão de CdS e um elétrodo superior de óxido dopado com zinco (ZnO:Al). A co-evaporação e a camada tampão de CdS depositam a camada ativa de CIGS por meio de um banho químico num procedimento regular (Figura) [38].

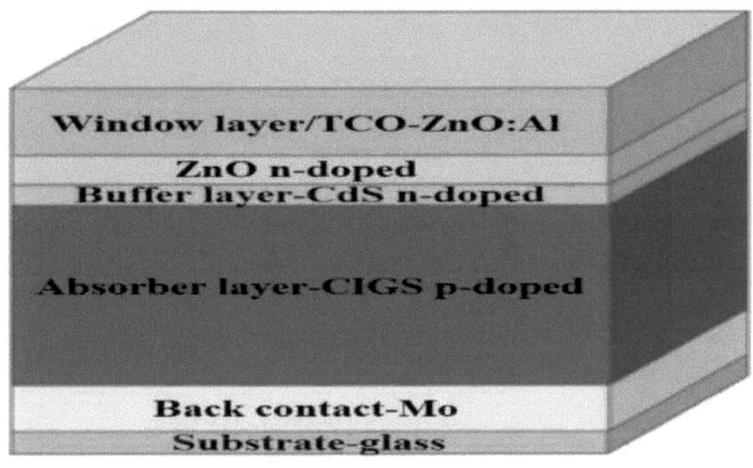

Demonstração da pilha de células solares padrão baseadas em CIGS [38].

3.4.3. Células fotovoltaicas de CdTe

As células fotovoltaicas de segunda geração também incluem células solares baseadas em CdTe. Uma propriedade interessante do CdTe é a redução do tamanho da célula - devido à sua elevada eficiência espetral, a espessura do absorvente pode ser reduzida para cerca de 1 gm sem grande perda de eficiência, embora seja necessário mais trabalho (Figura). As células super-finas são particularmente atractivas para aplicações flexíveis, em particular na energia fotovoltaica integrada em edifícios (BIPV), devido ao seu peso mais leve, e podem ser desenvolvidos painéis fotovoltaicos transparentes com CdTe devido à escolha do revestimento transparente. A sua transparência varia de cerca de 10% a 50%, com a desvantagem de um aumento da transparência diminuir necessariamente a eficiência. Ainda assim, os painéis transparentes poderiam substituir os painéis das janelas dos edifícios, não só gerando eletricidade que poderia ser utilizada para a sua própria alimentação, mas também contribuindo para a redução do ruído e para o isolamento térmico, uma vez que a maioria dos painéis é envolta em vidro duplo [39].

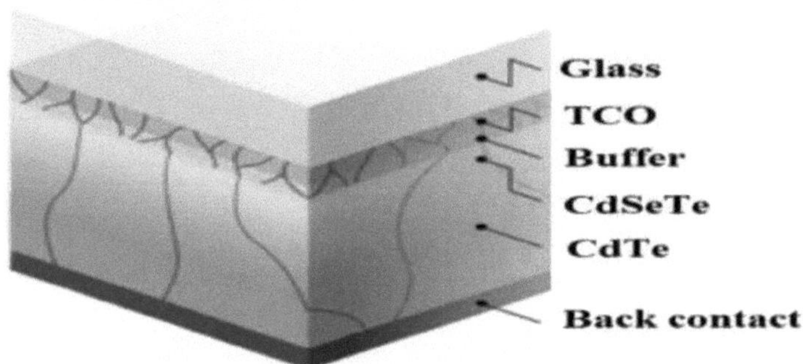

Esquema de uma célula solar de CdTe [1].

A tecnologia das células solares de CdTe desenvolveu-se consideravelmente com o passar do tempo. Na década de 1980, a eficiência das células certificadas atingiu 10% e, na década de 1990, a eficiência foi superior a 15% com a utilização de uma estrutura de camadas de vidro/SnO2/CdS/CdTe e recozimento num ambiente de CdCl2 e subsequente difusão de Cu. Na década de 2000, a eficiência das células atingiu 16,7% utilizando Cd2SnO4 e Zn2SnO4 pulverizados como camadas de óxido condutor transparente (TCO). Na última década, os novos recordes de eficiência das células atingiram 22,1%. A tecnologia CdTe é cada vez mais utilizada em sistemas de telhados e em sistemas fotovoltaicos integrados em edifícios [40].

Em 2001, o NREL produziu uma célula com uma eficiência de 16,5%, que se manteve como referência durante cerca de 10 anos. O recorde de eficiência foi melhorado várias vezes nos últimos 2 anos pela First Solar e pela GE Global Research. Atualmente, as películas finas de CdTe representam menos de 10% do mercado mundial de energia fotovoltaica, mas espera-se que a capacidade aumente. A maior parte das células comerciais de CdTe são fabricadas pela 1st Solar, que atingiu eficiências recorde de 22,1% e eficiências médias de 17,5-18% nos módulos comerciais [41].

A história da investigação, desenvolvimento e produção de células fotovoltaicas à base de CdTe começa várias décadas depois dos primeiros estudos realizados pelos Bell Labs (Murray Hill, NJ, EUA) nos anos 50 sobre células cristalinas de Si. As empresas líderes têm estado a trabalhar na comercialização da tecnologia subjacente: Matsushita (Kadoma, Osaka, Japão), BP Solar (Madrid, Espanha), Solar Cells Inc. - antecessora da First Solar (Tempe, AZ, EUA), Abound Solar (Loveland, CO, EUA) e GE PrimeStar (Denver, CO, EUA). O principal fabricante de película fina de

CdTe FV é atualmente a First Solar Solar (Tempe, AZ, EUA), que fabricou 25 GW de módulos FV desde 2002 [42].

Foi utilizada uma série de abordagens comparativamente fáceis e económicas para produzir células solares com uma eficiência de 10-16%. Exemplos de várias técnicas de deposição baratas e prometedoras são [43]:

- sublimação em espaço fechado,
- deposição por pulverização,
- eletrodeposição,
- serigrafia, e
- a gaguejar.

Recentemente, foi comunicada uma eficiência recorde de 16% numa célula solar de película fina de CdS (0,4 gm)/CdTe (3,5 gm) em que as camadas de CdS e CdTe são depositadas utilizando as técnicas de deposição CVD metalorgânica (MOCVD) e CSS, respetivamente. A maioria das células solares de elevado desempenho utiliza uma configuração de dispositivo do tipo superstrato, em que o CdTe é depositado numa camada de janela de CdS. Normalmente, a estrutura do dispositivo é composta por vidro/CdS/CdTe/Cu-C/Ag. Na maioria das vezes, é necessário um tratamento térmico pós-deposição da camada de CdTe na presença de CdCl2 para otimizar o desempenho do dispositivo [44].

O recente aumento da eficiência deve-se, em parte, a uma fotocorrente quase máxima através da otimização das propriedades ópticas da célula, eliminando o CdS que absorve parasitariamente e introduzindo o CdSexTe1-x com um intervalo de banda mais baixo. O CdSexTe1-x alarga a largura de banda do absorvente de ~1,4 para 1,5 eV e aumenta o tempo de vida dos portadores, melhorando assim a captação de fotocorrente sem perda proporcional de fotocorrente. A utilização de ZnTe no contacto posterior também melhora significativamente a ohmicidade do contacto e, consequentemente, a eficiência [45].

3.4.4. Células fotovoltaicas de Kesterite

Nos últimos anos, os materiais de película fina de kesterite têm atraído mais interesse do que os materiais de calcogenetos CdTe e CIGS. O material fotovoltaico de película fina Cu2ZnSnSxSe4-x (CZTSSe) está a atrair a atenção mundial pela sua excecional eficiência e composição derivada da Terra. Está a ser realizada muita investigação sobre a engenharia de materiais ou a conceção de uma nova arquitetura para obter células solares de película fina CZTSSe de elevado desempenho. Até há pouco tempo, as células solares de película fina CZTSSe mais avançadas limitavam-se a 11,1% de eficiência de conversão de energia (PCE), tendo estes níveis de eficiência sido alcançados utilizando o método de suspensão de hidrazina. Outras técnicas de deposição em vácuo e sem vácuo também se revelaram eficazes na produção de células solares CZTSSe com uma PCE superior a 8%. No entanto, mesmo o equipamento recorde com um PCE de 11% está significativamente abaixo do limite físico, geralmente referido como o limite de Shockley-Queisser (SQ), que é de cerca de 31% de eficiência nas condições da Terra [46].

É utilizado um método de solução pura à base de hidrazina para preparar camadas de CZTSSe, sendo adoptada uma estequiometria pobre em Cu e rica em Zn na solução de partida (Cu/(Zn + Sn) = 0,8 e Zn/Sn = 1,1). Múltiplas camadas de componentes são revestidas por centrifugação em vidro de cal sodada revestido a Mo e recozidas a temperaturas superiores a 500 °C. Relativamente ao fabrico de dispositivos, as camadas de CZTSSe são depositadas em substratos de vidro revestidos com Mo, depois 25 nm de CdS são depositados num banho químico padrão e pulverizados com 10 nm de ZnO/50 nm de ITO. Um contacto metálico de topo Ni/Al com 2 g de espessura e 110 nm de MgF2 devem ser depositados no topo dos dispositivos por evaporação com feixe de electrões. A área do dispositivo deve ser determinada por traçagem mecânica [47].

3.4.5. Células fotovoltaicas baseadas em silício amorfo

O último tipo de células classificadas como de segunda geração são os dispositivos que utilizam silício amorfo. As células solares de silício amorfo (a-Si) são, de longe, a tecnologia de película fina mais comum, cuja eficiência se situa entre 5% e 7%, aumentando para 8-10% nas estruturas de junção dupla e tripla. Algumas variedades de silício amorfo (a-Si) são o carboneto de silício amorfo (a-SiC), o silício de germânio amorfo (a-SiGe), o silício microcristalino (g-Si) e o nitreto de silício amorfo (a-SiN). É necessário hidrogénio para dopar o material, dando origem a silício amorfo hidrogenado (a-Si:H). A técnica de deposição em fase gasosa é normalmente utilizada para formar células fotovoltaicas de a-Si com metal ou gás como material de substrato [48].

Um processo típico de fabrico de células de a-Si:H é o processo rolo-a-rolo. Primeiro, uma folha cilíndrica, normalmente de aço inoxidável, é enrolada para ser utilizada como superfície de deposição. A folha é lavada, cortada no tamanho desejado e revestida com uma camada isolante. Em seguida, o a-Si:H é aplicado ao refletor, após o que é depositado um óxido condutor transparente (TCO) sobre a camada de silício. Finalmente, são efectuados cortes a laser para unir as diferentes camadas e o módulo é fechado [49].

O silício amorfo é normalmente depositado por deposição em fase vapor melhorada por plasma (PECVD) a temperaturas de substrato comparativamente baixas de 150-300 °C. Uma camada de a-Si:H com 300 nm de espessura é capaz de absorver cerca de 90% dos fotões acima da banda passante numa única passagem, permitindo o fabrico de células solares mais leves e mais flexíveis [2].

A figura mostra o processo de fabrico passo a passo de uma célula fotovoltaica baseada em a-Si. As células fotovoltaicas baseadas em películas finas são mais baratas, mais finas e mais flexíveis do que as células fotovoltaicas de primeira geração. A espessura da camada de absorção de luz, que era de 200-300 pm nas células fotovoltaicas de primeira geração, é de 10 pm nas células de segunda geração. Nas películas finas das células fotovoltaicas, são utilizados materiais semicondutores que vão desde o "silício micro-mórfico e amorfo" até aos semicondutores quaternários ou binários, como o "telureto de cádmio (CdTe) e o seleneto de cobre, índio e gálio (CIGS)" [50].

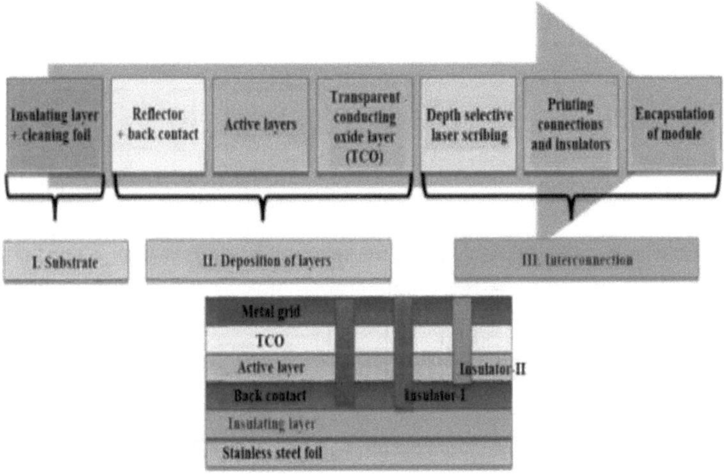

Processo de fabrico de uma célula solar fotovoltaica baseada em a-Si [2].

3.5. Terceira geração de células fotovoltaicas

A terceira geração de células solares (incluindo as células tandem, perovskite, sensibilizadas por corantes, orgânicas e conceitos emergentes) representa uma vasta gama de abordagens, desde sistemas baratos de baixa eficiência (células solares orgânicas sensibilizadas por corantes) até sistemas caros de alta eficiência (células de junção múltipla III-V) para aplicações que vão desde a integração em edifícios até aplicações espaciais. As células fotovoltaicas de terceira geração são por vezes referidas como "conceitos emergentes" devido à sua fraca penetração no mercado, embora algumas delas tenham sido estudadas há mais de 25 anos [51].

As últimas tendências no desenvolvimento de células fotovoltaicas de silício são métodos que envolvem a geração de níveis adicionais de energia na estrutura de banda do semicondutor. Os estudos mais avançados sobre a tecnologia de fabrico e a melhoria da eficiência concentram-se atualmente nas células solares de terceira geração.

Um dos métodos actuais para aumentar a eficiência das células fotovoltaicas é a introdução de níveis de energia adicionais no intervalo de banda do semicondutor (células IBSC e IPV) e a utilização crescente da implantação de iões no processo de fabrico. Outras células inovadoras de terceira geração que são tecnologias comerciais "emergentes" menos conhecidas incluem [52]:

- Células fotovoltaicas de materiais orgânicos (OSC);
- Células fotovoltaicas de perovskite (PSC);
- Células fotovoltaicas sensibilizadas por corantes (DSSC);
- Células fotovoltaicas de pontos quânticos (QD); e
- Células fotovoltaicas de junção múltipla [52].

1.1.1. Comparação de células fotovoltaicas de terceira geração [18]:

- Células solares baseadas em células fotovoltaicas sensibilizadas por corantes
- Eficiência: 5 ^ 20%;
- Vantagens: Custo mais baixo, funcionamento com pouca luz e ângulos mais amplos, funcionamento a temperaturas internas mais baixas, robustez e vida útil prolongada;
- Restrições: Problemas de estabilidade térmica, substâncias venenosas e voláteis.

- Células solares baseadas em pontos quânticos

Eficiência: 11 ^ 17%;

Vantagens: Baixo custo de produção, baixo consumo de energia;

Restrições: Elevada toxicidade na natureza, degradação.

- Células solares baseadas em células fotovoltaicas orgânicas e poliméricas

Eficiência: 9 ^ 11%;

Vantagens: Baixo custo de processamento, menor peso, flexibilidade, estabilidade térmica;

Restrições: Baixa eficiência.

- Células solares à base de perovskite

Eficiência: 21%;

Vantagens: Baixo custo e estrutura simplificada, peso leve, flexibilidade, alta eficiência, baixo custo de fabrico;

Restrições: Instável.

- Células solares multi-junção

Eficiência: 36% e superior;

Vantagens: Alto desempenho;

Restrições: Complexas e dispendiosas [18].

1.1.2. Materiais orgânicos e poliméricos Células fotovoltaicas (OSC)

As células solares orgânicas (OSCs) são benéficas em aplicações relacionadas com a energia solar, uma vez que têm o potencial de serem utilizadas numa variedade de perspectivas com base nas vantagens únicas dos semicondutores orgânicos, incluindo a sua capacidade de serem processadas em solução, leveza, baixo custo, flexibilidade, semi-transparência e aplicabilidade ao processamento rolo-a-rolo em grande escala. As células solares orgânicas (OSC) processadas em solução que absorvem radiação no infravermelho próximo (NIR) têm sido estudadas em todo o mundo devido ao seu potencial para serem compostos de heterojunção a granel (BHJ) dador: aceitador. Além disso, as OSC que absorvem NIR têm atraído a atenção como equipamento topo de gama em dispositivos optoelectrónicos da próxima geração, tais como células solares translúcidas e fotodetectores NIR, devido ao seu potencial para aplicações industriais. Com a introdução de aceptores não-fullerenos (NFAs) que absorvem luz na gama NIR, o valor dos OSC está a aumentar, enquanto os materiais orgânicos dadores capazes de absorver luz na gama NIR ainda não foram ativamente estudados em comparação com os materiais aceitadores que absorvem luz na gama NIR [53].

A estrutura BHJ mais avançada, que combina materiais orgânicos dadores e aceitadores, mostrou uma enorme esperança para células solares orgânicas leves e de baixo custo. Durante a última década, foram feitos enormes progressos, com eficiências de conversão de energia que atingiram mais de 14% para um dispositivo de junção única e mais de 17% para um dispositivo em tandem através da conceção de novos materiais fotoactivos NIR com baixa largura de banda. Em comparação com os materiais fotovoltaicos orgânicos de banda larga, os materiais doadores de banda baixa e os materiais aceitadores não fulerenos com cobertura solar de banda larga alargada à região NIR apresentam normalmente orbitais electrónicos mais fortemente sobrepostos, deslocalização mais fácil de n electrões, constante dieléctrica mais elevada, momento de dipolo mais forte e energia de ligação de excitões mais baixa. Estas propriedades fazem com que os materiais fotovoltaicos de baixa largura de banda desempenhem um papel importante nas células solares orgânicas de elevado desempenho, incluindo dispositivos de junção única e em tandem [54].

Uma estratégia inteligente na conceção da camada ativa pode resumir-se à otimização da relação entre o peso dos materiais dadores e aceitadores, à utilização de materiais com um intervalo de banda ultra-baixo como terceiro componente para melhorar a eficiência da utilização da luz NIR e ao ajuste da espessura da camada ativa para alcançar um compromisso entre a recolha de fotões e a acumulação de carga. Foram envidados muitos esforços para otimizar o elétrodo superior translúcido: condutividade e transmitância bem equilibradas na gama de luz visível, maior reflectância na gama de luz NIR ou ultravioleta (UV) e melhor compatibilidade com as camadas activas. Em termos de engenharia de dispositivos, o cristal de fotões, o revestimento antirreflexo, a microcavidade ótica e as estruturas dieléctricas/metálicas/dieléctricas (DMD) foram colocados para realizar a transmissão e a reflexão selectivas para melhorar simultaneamente a eficiência da conversão de energia e a transmissão média da luz visível do OSC translúcido [55].

1.1.3. Células fotovoltaicas sensibilizadas por corantes (DSSC)

Os polímeros conjugados e os semicondutores orgânicos têm tido êxito nos ecrãs planos e nos LED, pelo que são considerados materiais avançados na atual geração de células fotovoltaicas. A figura mostra uma representação esquemática das células fotovoltaicas orgânicas sensibilizadas por corantes (DSSC). As células fotovoltaicas de polímeros/orgânicos também podem ser divididas em células fotovoltaicas orgânicas sensibilizadas por corantes (DSSC), células fotovoltaicas fotoelectroquímicas e dispositivos fotovoltaicos plásticos (polímeros) e orgânicos (OPVD), que diferem no mecanismo de funcionamento [56].

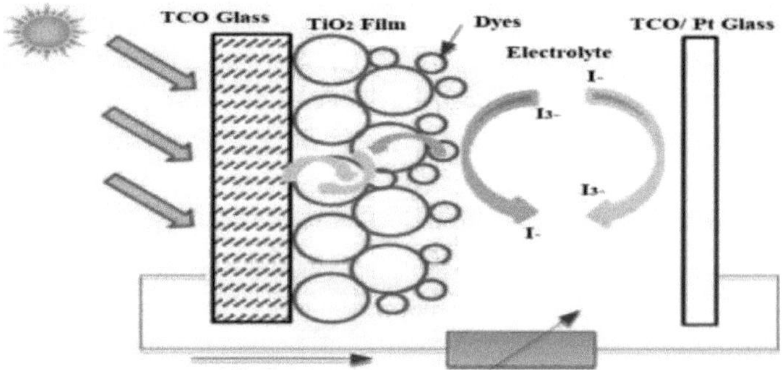

Representação esquemática das DSSCs [2].

As células solares sensibilizadas por corantes (DSSC) representam um dos melhores materiais nanotecnológicos para a captação de energia em tecnologias fotovoltaicas. Trata-se de uma estrutura híbrida orgânica e inorgânica em que uma camada nanocristalina altamente porosa de dióxido de titânio (TiO2) é utilizada como condutor de electrões em contacto com uma solução electrolítica que também contém corantes orgânicos que absorvem a luz perto das interfaces. Ocorre uma transferência de carga na interface, resultando no transporte de buracos no eletrólito. A eficiência de conversão de energia demonstrou ser de cerca de 11%, e está em curso a comercialização de módulos fotovoltaicos sensibilizados por corantes. Uma nova caraterística das células solares DSSC é a fotossensibilização de revestimentos nanométricos de TiO2 em combinação com corantes opticamente activos, o que aumenta a sua eficiência para mais de 10% [57].

As DSSCs são promissoras como dispositivos fotovoltaicos devido ao seu fabrico simples, aos baixos custos dos materiais e às suas vantagens em termos de transparência, capacidade de cor e flexibilidade mecânica. Os principais desafios na comercialização das DSSCs são a fraca eficiência de conversão fotoeléctrica e a estabilidade das células. A eficiência teórica mais elevada de conversão de energia foi estimada em 32% para as DSSC; no entanto, a eficiência mais elevada registada até à data é de apenas 13%. Está a ser desenvolvido um trabalho intensivo para compreender os parâmetros que regem as DSSC, a fim de melhorar a sua eficiência. Foram feitas numerosas tentativas para otimizar o par redox e a absorvância do corante, modificar um semicondutor de grande intervalo de banda como elétrodo de trabalho e desenvolver um contra-elétrodo (CE). Para além de aumentar a eficiência da DSSC, o custo dos materiais é outra questão importante que tem de ser resolvida em trabalhos futuros [58].

1.1.4. Células fotovoltaicas de perovskite

As células solares de perovskite (PSC) são um novo e revolucionário conceito de célula fotovoltaica que se baseia em perovskites de halogenetos metálicos (MHPs), por exemplo, iodeto de metilamónio e iodeto de formamidina e chumbo (MAPbI3 ou FAPbI3, respetivamente). Os MHP integram uma série de caraterísticas favorecidas nos absorventes fotovoltaicos, incluindo um intervalo de banda direto com um elevado coeficiente de absorção, um longo tempo de vida do portador e um comprimento de difusão, uma baixa densidade de defeitos e a facilidade de ajustar a composição e o intervalo de banda. No ano de 2009, o MHP foi descrito pela primeira vez como um sensibilizador numa célula de corante baseada em buracos condutores de electrólitos líquidos. Em 2012, o MHP demonstrando ~10% de eficiência de PSCs com base em um condutor de orifícios de estado sólido provocou uma explosão de estudos de PSC. Em cerca de uma década de investigação, a eficiência de uma única junção PSC aumentou para um nível certificado de 25,2% [59].

O desenvolvimento de PSCs tem sido fortemente influenciado pela melhoria da qualidade do material através de uma vasta gama de métodos sintéticos concebidos sob a orientação de uma compreensão fundamental dos mecanismos de crescimento de MHP. A compreensão dos processos complexos e correlacionados do crescimento da perovskite (por exemplo, nucleação, crescimento do grão, bem como evolução da microestrutura) contribuiu para o desenvolvimento de uma vasta gama de modos de crescimento de elevada eficiência (por exemplo, crescimento numa única etapa, crescimento sequencial, processo de dissolução, processo de vapor, processamento pós-deposição, crescimento não estequiométrico, crescimento assistido por aditivos e afinação das dimensões da estrutura). Os esforços mais recentes concentraram-se na engenharia inter-faces, centrando-se na redução das perdas de tensão em circuito aberto e na melhoria da estabilidade, nomeadamente através da introdução de uma camada superficial bidimensional de perovskite. Com os progressos no controlo sintético, a composição da perovskite está a tornar-se mais simples, principalmente no sentido do FAPbI3. Este facto contribuirá, sem dúvida, para a simplificação dos métodos de deposição em escala e para uma compreensão básica das propriedades destas células [60].

1.1.5. Células fotovoltaicas de pontos quânticos

As células solares fabricadas com estes materiais são designadas por pontos quânticos (QDs) e são também conhecidas por células solares nanocristalinas. São fabricadas por crescimento epitaxial num cristal de substrato. Os pontos quânticos estão rodeados por barreiras de potencial elevado numa forma tridimensional e os electrões e buracos de electrões num ponto quântico tornam-se energia discreta porque estão confinados num espaço pequeno (Figura 14). Consequentemente, a energia do estado fundamental dos electrões e dos buracos de electrões num ponto quântico depende do tamanho do ponto quântico [61].

Esquema de uma célula solar baseada em pontos quânticos [64].

As células nanocristalinas têm coeficientes de absorção relativamente elevados. Quatro
- absorção de luz e formação de excitões,
- difusão de excitões,
- separação de cargas, e
- transporte de carga.

Devido à fraca mobilidade e ao curto tempo de vida dos excitões nos polímeros condutores, os compostos orgânicos são caracterizados por pequenos comprimentos de difusão dos excitões (10-20 nm). Por outras palavras, os excitões que se formam longe do elétrodo ou da camada de transporte de portadores recombinam-se e a eficiência da conversão diminui [62].

O desenvolvimento de células solares de película fina com perovskitas de halogenetos metálicos levou a uma atenção intensiva aos nanocristais correspondentes (NCs) ou pontos quânticos (QDs). Atualmente, a eficiência recorde das células solares de QD foi melhorada para 16,6% utilizando QDs coloidais misturados com perovskitas. A universalidade destes novos nanomateriais, no que diz respeito à facilidade de fabrico e à capacidade de ajustar o intervalo de banda e controlar a química da superfície, permite uma variedade de possibilidades para a energia fotovoltaica, tais como células de junção única, elásticas, translúcidas, controladas com heteroestruturas e células solares de junção múltipla em tandem, o que impulsionaria ainda mais o campo. No entanto, uma distribuição de tamanhos mais estreita tem o potencial de melhorar o desempenho das células solares QD de várias formas. Em primeiro lugar, o transporte de electrões pode ser melhor em QDs mais pequenos, uma vez que os QDs maiores funcionam como uma cauda de banda ou uma armadilha pouco profunda que dificulta o transporte. Em segundo lugar, a tensão de circuito aberto (COV) das células solares de QD pode ser limitada pelo QD com o menor intervalo de banda (maior dimensão) próximo dos contactos. O aumento da homogeneidade e da uniformidade do tamanho dos QD melhoraria também o desempenho das células fotovoltaicas, minimizando essas perdas. Embora ainda não tenham sido relatadas experiências controladas como estas, é possível que uma síntese mais controlada possa trazer benefícios para as células QD [63].

1.1.6. Células fotovoltaicas multijunções

As células solares multi-junção (MJ) consistem em várias junções p-n fabricadas a partir de vários materiais semicondutores, produzindo cada junção uma corrente eléctrica em resposta à luz de um comprimento de onda diferente, melhorando assim a conversão da luz solar incidente em eletricidade e a eficiência do dispositivo. O conceito de utilização de vários materiais com diferentes intervalos de banda foi sugerido para utilizar o maior número possível de fotões e é conhecido como célula solar em tandem. Uma célula inteira pode ser fabricada a partir do mesmo material ou de materiais diferentes, o que permite um vasto espetro de concepções possíveis [65].

Normalmente, as células são integradas monoliticamente e ligadas em série através de uma junção em túnel, e a correspondência de corrente entre as células é obtida através do ajuste do intervalo de banda e da espessura de cada célula. A viabilidade teórica da utilização de múltiplos desníveis de banda foi examinada, tendo-se verificado que era de 44% para dois desníveis de banda, 49% para três desníveis de banda, 54% para quatro desníveis de banda e 66% para um número infinito de desníveis. A figura ilustra um esquema de uma célula solar tripla InGaP/(In)GaAs/Ge e apresenta tecnologias cruciais para aumentar a eficiência da conversão [66].

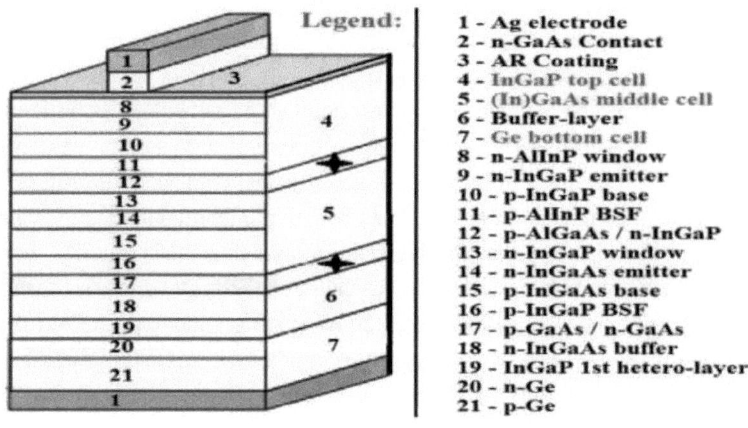

Ilustração esquemática de uma célula de junção tripla e abordagens para melhorar a eficiência da célula [65].

As células solares triplas InGaP/(In)GaAs/Ge, emparelhadas com a grelha, têm sido amplamente utilizadas na energia fotovoltaica espacial e atingiram a eficiência real mais elevada, superior a 36%. O forte bombardeamento de radiação de várias partículas energéticas no ambiente espacial danifica inevitavelmente as células solares e provoca a formação de centros adicionais de recombinação não radiativa, o que reduz o comprimento de difusão dos portadores minoritários e conduz a uma redução da eficiência da célula solar.

As subcélulas das células solares multijunção estão ligadas em série; a subcélula com maior degradação por radiação degrada a eficiência da célula solar multijunção. Para melhorar a resistência à radiação das subcélulas de (In)GaAs, podem ser utilizadas medidas como a redução da concentração de dopantes, a diminuição da espessura da região de base, etc. [66].

1.1.7. Células fotovoltaicas com banda intermédia adicional

O National Renewable Energy Laboratory (NREL) estima que as células fotovoltaicas multi-junção e IBSC têm a maior eficiência em condições experimentais (47,1%). A principal caraterística destas células é precisamente a banda intermédia adicional no intervalo de banda do silício. Atualmente, existem dois tipos de células fotovoltaicas especificados na literatura mundial: IBSC (Intermediate Band Solar Cells) e IPV (Impurity Photovoltaic Effect) [67].

O efeito fotovoltaico de impureza (IPV) é uma das soluções utilizadas para aumentar a resposta infravermelha das células fotovoltaicas e, assim, aumentar a eficiência da conversão de energia solar em energia eléctrica. A ideia do efeito IPV baseia-se na introdução de defeitos de radiação profundos na estrutura do cristal semicondutor. Estes defeitos asseguram um mecanismo de absorção em várias fases para fotões com energias inferiores à largura do intervalo de banda. A adição de dopantes IPV à estrutura das células solares de silício, em determinadas condições, aumenta a resposta espetral, a densidade da corrente de curto-circuito e a eficiência de conversão [68].

Uma importante direção de estudo com grande potencial de desenvolvimento são as células solares de banda intermédia (IBSC). Estas representam um conceito de célula solar de terceira geração e envolvem não só o silício, mas também outros materiais. A ideia subjacente ao conceito de célula solar de banda intermédia (IBSC) consiste em absorver fotões com uma energia correspondente à largura da sub-banda na estrutura da célula. Estes fotões são absorvidos por um material semelhante a um semicondutor que, para além das bandas de condução e de valência, possui uma banda intermédia (IB) no intervalo de banda do semicondutor convencional (Figura). Nas IBSCs, as camadas de silício são implantadas com doses muito elevadas de iões metálicos para criar um nível de energia adicional [69].

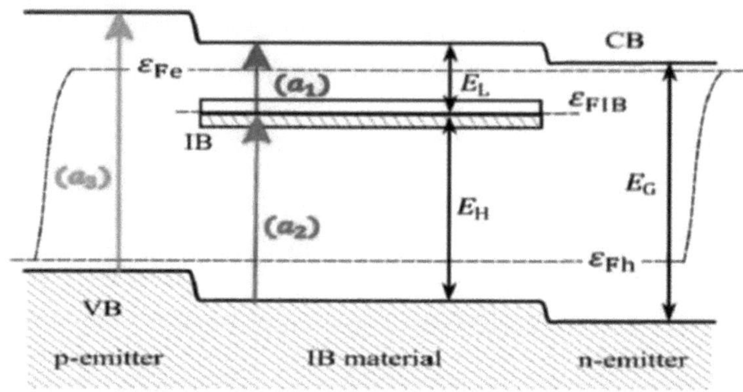

Diagrama de bandas de energia de uma célula solar de banda intermédia (IBSC) [69].

Com base na investigação realizada sobre o efeito dos defeitos introduzidos na estrutura do silício, foi desenvolvido um modelo segundo o qual a introdução de defeitos profundos selecionados na região de captura de portadores de carga resulta numa melhoria da eficiência das células fotovoltaicas. De particular interesse são os defeitos que facilitam o transporte de portadores maioritários e os defeitos que contrariam a acumulação de portadores minoritários. Isto contribui significativamente para reduzir o processo de recombinação no local de captura do portador de carga. Por último, ao introduzir defeitos na estrutura do silício subjacente à célula solar, combinamos uma passivação eficaz da superfície com uma redução simultânea das perdas ópticas [70].

A introdução de bandas intermédias nos semicondutores, utilizando a implantação iónica, pode ser executada através de dois métodos: introduzindo dopantes de concentração muito elevada no substrato semicondutor ou implantando a camada de silício com doses elevadas de iões metálicos. A utilização crescente da implantação iónica no processo de fabrico de células fotovoltaicas tem potencial para reduzir o custo de implantação e aumentar a rentabilidade das células de silício, aumentando a sua eficiência. A utilização da tecnologia de implantação iónica permite uma maior precisão da dopagem da camada de silício e a geração de níveis adicionais de energia no intervalo de banda, bem como a redução das fases individuais do fabrico de células, o que, em última análise, se traduz numa melhor qualidade e em custos de produção mais baixos [71].

Ultimamente, a técnica de implantação de iões está a ganhar popularidade na indústria solar, substituindo gradualmente a técnica de difusão que tem sido utilizada há muitos anos. Como se pode ver na Figura, espera-se que o desempenho das células continue a melhorar à medida que a tecnologia evolui para eficiências mais elevadas. Para além da dopagem local e de referência, os principais benefícios desta tecnologia envolvem o controlo de alta precisão da quantidade e distribuição das doses de dopante, o que resulta numa elevada uniformidade, repetibilidade e aumento da eficiência (acima de 19%), com uma distribuição significativamente mais estreita do desempenho das células [72].

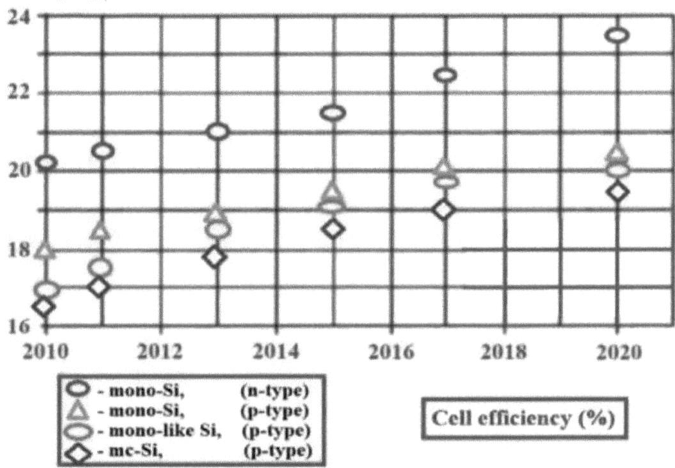

Curvas de tendência da eficiência celular estabilizada [72].

No método de implantação iónica, os iões escolhidos com a impureza necessária são inseridos no semicondutor através da aceleração dos iões de impureza para um nível de energia elevado e da implantação dos iões no semicondutor. A energia fornecida aos iões de impureza define a profundidade da implantação iónica. Ao contrário da tecnologia de difusão (em que a dose de iões de impureza é introduzida apenas à superfície), na técnica de implantação iónica, uma dose controlável de iões de impureza pode ser colocada em profundidade no semicondutor [73].

3.6. Quarta geração de células fotovoltaicas

As células fotovoltaicas de quarta geração são também conhecidas como células inorgânicas híbridas, porque combinam o baixo custo e a flexibilidade das películas finas de polímeros com a estabilidade das nanoestruturas orgânicas, como as nanopartículas metálicas e os óxidos metálicos, os nanotubos de carbono, o grafeno e os seus derivados. Estes dispositivos, frequentemente designados por "nanofotovoltaicos", poderão tornar-se o futuro promissor da energia fotovoltaica [74]. Células fotovoltaicas à base de grafeno

Ao utilizar camadas finas de polímeros e nanopartículas metálicas, bem como vários óxidos metálicos, nanotubos de carbono, grafeno e seus derivados, a quarta geração proporciona uma excelente acessibilidade e flexibilidade. Foi dada especial ênfase ao grafeno, uma vez que é considerado um nanomaterial do futuro. Devido às suas propriedades únicas, como a elevada mobilidade dos portadores, a baixa resistividade e transmitância e o empacotamento em rede 2D, os materiais à base de grafeno estão a ser considerados para utilização em dispositivos fotovoltaicos em vez dos materiais convencionais existentes. No entanto, para obter um desempenho adequado dos dispositivos, a chave para as suas aplicações práticas é a síntese de materiais de grafeno com estrutura e propriedades adequadas [75].

Uma vez que as propriedades do grafeno estão fundamentalmente relacionadas com o seu processo de fabrico, é essencial uma escolha criteriosa dos métodos para aplicações específicas. Em particular, o grafeno altamente condutor é adequado para utilização em dispositivos fotovoltaicos flexíveis, e a sua elevada compatibilidade com óxidos metálicos, compostos metálicos e polímeros condutores torna-o adequado para utilização como elemento seletivo de captação de carga e material de intercamada de eléctrodos [76].

Nas últimas duas décadas, o grafeno foi combinado com o conceito de material fotovoltaico e está a demonstrar um papel significativo como elétrodo transparente, material de transporte de buracos/electrões e camada tampão interfacial em dispositivos de células solares. Podemos distinguir vários tipos de células solares à base de grafeno, incluindo células orgânicas de heterojunção a granel (BHJ), células sensibilizadas por corantes e células de perovskite. A eficiência de conversão de energia excedeu 20,3% para as células solares de perovskite à base de grafeno e atingiu 10% para as células solares orgânicas BHJ. Para além da sua função de extração e transporte de carga para os eléctrodos, o grafeno desempenha um outro papel único - protege o dispositivo da degradação ambiental através da sua estrutura de rede 2D compactada e assegura a estabilidade ambiental a longo prazo dos dispositivos fotovoltaicos [77].

O grafeno semi-metálico com um intervalo de banda zero cria células solares de junção Schottky com semicondutores de silício. Embora o grafeno tenha sido descoberto pela primeira vez em 2004, a primeira célula solar de grafeno-silício só foi caracterizada como uma célula de n-silício em 2010. A figura mostra esquematicamente uma célula solar de grafeno-silício com uma junção Schottky. As folhas de grafeno (GS), cultivadas por deposição química de vapor (CVD) em películas de níquel, foram depositadas por via húmida em substratos de Si/SiO2 pré-padronizados com uma área efectiva de 0,1-0,5 cm2. A folha de grafeno forma um revestimento sobre o substrato de n-Si exposto, criando uma junção Schottky. A folha de grafeno foi contactada com eléctrodos de Au [78].

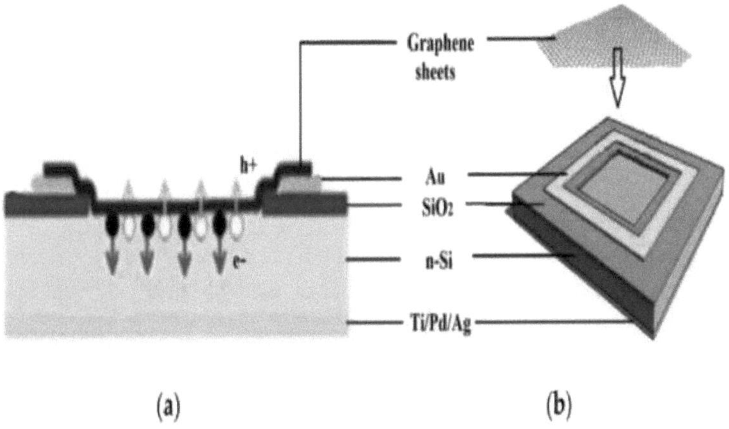

Célula solar de junção Schottky grafeno-silício. (**a**) Vista em corte transversal, (**b**)
ilustração esquemática da configuração do dispositivo [75].

A síntese de grafeno utiliza principalmente duas metodologias, que são os métodos bottom-up e top-down. Na abordagem descendente, a grafite é o material de partida e o objetivo é intercalá-la e esfoliá-la em folhas de grafeno por esfoliação sólida, líquida ou eletroquímica. Uma outra abordagem desta categoria é a esfoliação do óxido de grafite em óxido de grafeno (GO), após o que se efectua uma redução química ou térmica. Uma abordagem ascendente consiste em produzir grafeno a partir de precursores moleculares por deposição química de vapor (CVD) ou crescimento epitaxial. A estrutura, a morfologia e os atributos do grafeno resultante, incluindo o número de camadas, o nível de defeitos, a condutividade eléctrica e térmica, a solubilidade e a hidrofilicidade ou hidrofobicidade, dependem do processo de fabrico [78,79].

O grafeno pode absorver 2,3% da luz branca incidente, apesar de ter apenas um átomo de espessura. A incorporação de grafeno numa célula solar de silício é uma plataforma promissora, uma vez que o grafeno tem uma forte interação com a luz, satisfazendo tanto os requisitos ópticos (elevada transmitância) como eléctricos (baixa resistência da camada) de um elétrodo condutor transparente típico. É importante notar que tanto a resistência da camada como a transmitância do grafeno mudam com o número de camadas. Como a resistência da camada diminui à medida que o número de camadas de grafeno aumenta, a transparência ótica também diminui [80].

Para a tecnologia fotovoltaica, o grafeno oferece muito mais devido à sua flexibilidade, estabilidade ambiental, baixa resistividade eléctrica e caraterísticas fotocatalíticas, embora tenha de ser cuidadosa e deliberadamente concebido para as aplicações visadas e os requisitos específicos [78,80].

Um problema para a aplicação do grafeno é a ausência de uma forma mais simples e mais fiável de depositar uma monocamada bem ordenada com flocos de baixo custo em substratos alvo com várias propriedades de superfície. O outro problema é a adesão da película fina de grafeno depositada, um assunto que ainda não foi devidamente estudado. As camadas contínuas de grafeno de grande área com elevada transparência ótica e condutividade eléctrica podem ser fabricadas por CVD. Como ânodo em dispositivos fotovoltaicos orgânicos, o grafeno é muito promissor como substituto do óxido de índio e estanho (ITO), devido ao seu processo de fabrico inerentemente de baixo custo e às suas excelentes propriedades de condutividade e transparência [81].

A principal desvantagem do grafeno é a sua fraca hidrofilicidade, que afecta negativamente a conceção de dispositivos processados em solução, mas esse facto pode ser ultrapassado através da modificação da superfície por funcionalização química não covalente. Dada a resistência mecânica e a flexibilidade do grafeno, bem como as suas excelentes propriedades de condutividade, é de prever que em breve surjam novas aplicações na eletrónica e na optoelectrónica de plástico envolvendo esta nova classe de materiais de grafeno CVD. Esta descoberta abre caminho para que camadas de grafeno de baixo custo substituam o ITO em dispositivos fotovoltaicos e electroluminescentes [82].

3.7. Perspectivas e direcções de investigação

Desde o início das células fotovoltaicas, a tecnologia fotovoltaica baseada em silício cristalino tem desempenhado um papel dominante no mercado, com os módulos fotovoltaicos cristalinos a representarem cerca de 90% da quota de mercado em 2020. Nos últimos anos, tem-se registado um rápido desenvolvimento das células solares de película fina (como o telureto de cádmio

(CdTe) e compostos de índio-gálio-selénio (CIGS)) e novas células solares (como as células solares sensibilizadas por corantes (DSSC), as células solares de perovskite (PSC), as células solares de pontos quânticos (QDSC), etc.) [83].

O interesse crescente nos sistemas BIPV contribuiu para o desenvolvimento global da tecnologia fotovoltaica, que conduziu a custos mais baixos, aumentando a viabilidade do investimento. A maioria das tecnologias padrão de segunda geração apresenta eficiências de 20-25% e, embora sejam caras, o custo das células de silício baixou e é o melhoramento das tecnologias de silício que constitui atualmente uma das principais direcções de investigação [84].

O grafeno e os seus derivados são uma área de investigação promissora, uma vez que se encontram nas primeiras fases de investigação e desenvolvimento. O objetivo da utilização de nanoestruturas de carbono é produzir produtos eficientes em termos energéticos que combinem camadas de transporte, activas e de eléctrodos. Muitos investigadores da investigação contemporânea sobre o grafeno estão agora a concentrar-se em novos derivados do grafeno e nas suas novas aplicações no fabrico de dispositivos [85]. No entanto, as tecnologias utilizadas para as células de terceira e quarta geração ainda se encontram na fase de protótipo. Foram também construídos protótipos à escala de produção, que foram bem sucedidos (10-17% de eficiência). Em contrapartida, as células multijunções de terceira geração já estão disponíveis comercialmente e atingiram factores de conversão excepcionais (de 40% a mais de 50%) que colocam esta alternativa como a melhor [85]. Tendo em conta as tendências do mercado de utilização crescente de níveis de energia intermédios na produção de células FV, faz todo o sentido realizar investigação nesta direção, que é exatamente o que a nossa equipa de investigação está a fazer.

A concretização prática da ideia de células solares de silício do tipo IBSC, energeticamente eficientes, com níveis de energia intermédios no intervalo de banda do semicondutor, produzidas por implantação iónica, necessita de mais estudos orientados para a procura dos parâmetros de implantação óptimos, ou seja, a energia, o tipo e a dose de iões, ajustados às propriedades do material do substrato, em particular o nível e o tipo de dopante [86].

Aparentemente, a implantação pode também levar a uma redução das perdas ópticas presentes na célula. As impurezas e os defeitos introduzidos na rede cristalina do silício, nas condições corretas, podem criar intervalos de banda intermédios adicionais, o que contribui de forma realista para a redução da largura do intervalo de energia. Consequentemente, alguns fotões com energias inferiores ao valor do intervalo de banda provocam a formação de pares adicionais de electrões e buracos. A existência desta banda de energia adicional contribui para o aumento do valor da corrente fotoeléctrica, que resulta da absorção de fotões não envolvidos anteriormente no processo de conversão fotovoltaica. A gama de radiação luminosa absorvida aumenta em direção ao infravermelho e, após absorver um fotão desta gama, o eletrão passa primeiro para a banda intermédia e depois para a banda de condução [87].

Os nossos estudos de longa data sobre a alteração dos parâmetros eléctricos do silício através da utilização da implantação de iões de néon resultaram no desenvolvimento de uma metodologia de autor para a geração e identificação de níveis adicionais de energia na estrutura de banda do silício, melhorando a eficiência das células fotovoltaicas feitas com base nele [88].

A investigação foi orientada para determinar o efeito do grau e do tipo de defeito do silício em termos da possibilidade de produzir níveis de energia intermédios no intervalo de banda do semicondutor, aumentando assim a eficiência das células solares ao permitir uma transição em várias etapas dos electrões da banda de valência para a banda intermédia e depois para a banda de condução.

O objeto da nossa investigação é um método de produção de níveis de energia intermédios no intervalo de banda do silício do tipo n e p, com uma resistividade específica p que varia entre 0,25 □-cm e 10 □-cm, através da geração de defeitos de radiação profundos na estrutura cristalina do semicondutor por implantação de iões de néon Ne+. O material de investigação é dopado com elementos como o boro, o fósforo e o antimónio.

Os iões de néon foram escolhidos porque os iões produzem principalmente defeitos pontuais, cuja introdução deliberada na rede cristalina do silício no processo de implantação permite alterar os seus parâmetros eléctricos fundamentais, incluindo a largura do intervalo de energia e a resistividade. Estes parâmetros afectam significativamente as perdas internas nas células fotovoltaicas [89]. Foram realizados estudos experimentais para fornecer pormenores para a determinação da dose óptima de iões de néon implantados devido à sua capacidade de gerar níveis de energia intermédios no intervalo de banda do semicondutor.

3.8. Referências

[1] . Wilson G.M., et al.The 2020 photovoltaic technologies roadmap. J. Phys. D Appl. Phys. 2020; 53: 493001.

[2] . Singh B.P., Goyal S.K., Kumar P. Solar PV cell materials and Technologies: Analyzing the recent developments. Mater. Today Proc. 2021; 43:2843-2849. doi: 10.1016/j.matpr.2021.01.003.

[3] . Muhammad J.Y.U., Waziri A.B., Shitu A.M., Ahmad U.M., Muhammad M.H., Alhaji Y., Olaniyi A.T., Bala A.A. Recent progressive status of

materials for solar photovoltaic cell: A comprehensive review. Sci. J. Energy Eng. 2019;7:77-89. doi: 10.11648/j.sjee.20190704.14.

[4] . Wcgierek P., Billewicz P. Jump Mechanism of Electric Conduction in n-Type Silicon Implanted with Ne++ Neon Ions. Ata Phys. Pol.

A. 2011;120:122-124. doi: 10.12693/APhysPolA.120.122.

[5] . Hayat M.B., Ali D., Monyake K.C., Alagha L., Ahmed N. Solar energy- A look into power generation, challenges, and a solar-powered future. Int. J. Energy Res. 2019;43:1049-1067. doi: 10.1002/er.4252.

[6] . Wcgierek P., Billewicz P. Investigação sobre os mecanismos de condução eléctrica no silício de tipo p implantado com iões Ne+. Ata Phys. Pol.

A. 2013;123:948-951. doi: 10.12693/APhysPolA.123.948.

[7] . Perez E., Duenas S., Castan H., Garda H., Bailon L., Montero D., Garda- Hernansanz R., Hemme E.G., Olea J., Gonzalez-Diaz G., et al. Uma análise detalhada da configuração dos níveis de energia existentes no intervalo de banda do silício supersaturado com titânio para aplicações fotovoltaicas. J. Appl. Phys. 2015;118:245704. doi: 10.1063/1.4939198.

[8] . Ojo A.A., Cranton W.M., Dharmadasa I.M. Células solares de bandgap graduado multicamadas de próxima geração. Springer; Cham, Suíça: 2019. pp. 17-40.

[9] . Ren F., Yao M., Li M., Wang H. Adaptação das propriedades estruturais e electrónicas do grafeno através da implantação de iões. Materiais. 2021;14:5080.

[10]   . Krugener J., Osten H.J., Kiefer F., Haase F., Peibst R. Implantação de iões para aplicações fotovoltaicas: Revisão e Perspectivas para Células Solares de Silício do tipo n; Actas da 21ª Conferência Internacional de 2016 sobre Tecnologia de Implantação de Iões (IIT); Tainan, China. 26-30 de setembro de 2016.

[11]   . Gráfico de Eficiência das Células de Investigação do NREL 2022. [(acedido em 3 de agosto de 2022)]; Disponível online: https://www.nrel.gov/pv/assets/pdfs/ -cell-efficiencies-rev220126b.pdf

[12]   . Tsakalakos L. Nanotechnology for Photovoltaics. 1ª ed.. CRC Press; Boca Raton, FL, EUA: 2010. pp. 1-48.

[13]   . Almosni S., Delamarre A., Jehl Z., Suchet D., Cojocaru L., Giteau M., Behaghel B., Julian A., Ibrahim C., Tatry L., et al. Material challenges for solar cells in the twenty-first century: Diretions in emerging technologies. Sci. Technol. Adv. Mater. 2018;19:336.

[14]   . Dambhare M.V., Butey B., Moharil S.V. Tecnologia solar fotovoltaica: Uma análise dos diferentes tipos de células solares e das suas

tendências futuras. J. Phys. Conf. Ser. 2021;1913:012053. doi: 10.1088/1742-6596/1913/1/012053.

[15] . Luque A., Hegedus S., editores. Handbook of Photovoltaic Science and Engineering. 2.ª ed. John Wiley & Sons; Chichester, Reino Unido: 2011. pp. 4-36.

[16] . Marques Lameirinhas R.A., Torres J.P.N., de Melo Cunha J.P. A Photovoltaic Technology Review: História, Fundamentos e Aplicações. Energias. 2022;15:1823. doi: 10.3390/en15051823.

[17] . Richter A., Hermle M., Glunz S.W. Reavaliação da eficiência limitadora

[18] . Sharma P., Goyal P. Evolution of PV technology from conventional to nano-materials. Mater. Today Proc. 2020;28:1593-1597.

[19] . Crabtree G.W., Lewis N.S. Physics of sustainable energy, using energy efficiently and producing it renewably; Actas da Conferência AIP; Berkeley, CA, EUA. 1-2 de março de 2008; Melville, NY, EUA: Instituto Americano de Física; 2018.

[20] . Goetzberger A., Hebling C., Schock H.W. Photovoltaic materials, history, status and outlook. Mater. Sci. Eng. R Rep. 2003;40:1-46.

[21] . Nayeripour M., Mansouri M., Orooji F., Waffenschmidt E., editores. Solar Cells. IntechOpen Limited; Londres, Reino Unido: 2020. pp. 1-50.

[22] . Saga T. Avanços na tecnologia de células solares de silício cristalino para produção industrial em massa. NPG Asia Mater. 2010;2:96-102.

[23] . Parida B., Iniyan S., Goic R. A review of Solar Photovoltaic Technologies. Renew. Sustain. Energy Rev. 2011;15:1625-1636. doi: 10.1016/j.rser.2010.11.032.

[24] . Petrova-Koch V., Hezel R., Goetzberger A. High-Efficient Low-Cost Photovoltaics. Springer International Publishing; Berlim/Heidelberg, Alemanha: 2009. pp. 7-55.

[25] . Metz A., Adler D., Bagus S., Blanke H., Bothar M., Brouwer E., Dauwe S., Dressler K., Droessler R., Droste T., et al. Células e módulos solares de silício cristalino de elevado desempenho industrial baseados na tecnologia de passivação da superfície posterior. Sol. Energy Mater. Sol. Cells. 2014;120:417-425.
doi: 10.1016/j.solmat.2013.06.025.

[26] . Gangopadhyay U., Jana S., Das S. Estado da arte da tecnologia solar fotovoltaica. Conference Papers in Energy; Actas da Conferência Internacional sobre Energia Solar Fotovoltaica; Bhubaneswar, Índia. 19-21 de dezembro de 2012; Londres, Reino Unido: Hindawi Limited; 2013.

[27] . Green M.A., Bremner S.P. Energy conversion approaches and

materials for high-efficiency photovoltaics (Abordagens e materiais de conversão de energia para energia fotovoltaica de alta eficiência). Nat. Mater. 2016;16:23-34.
doi: 10.1038/nmat4676. [PubMed] [CrossRef] [Google Scholar]

[28]   . Huang H., Lv J., Bao Y., Xuan R., Sun S., Sneck S., Li S., Modanese C., Savin H., Wang A., et al. Célula solar PERC industrial de 20,8%: Passivação da superfície traseira ALD Al2O3, análise dos mecanismos de perda de eficiência e roteiro para 24% Sol. Energy Mater. Sol. Cells. 2017;161:14-30.
doi: 10.1016/j.solmat.2016.11.018. [CrossRef] [Google Scholar]

[29]   . Taguchi M., Kawamoto K., Tsuge S., Baba T., Sakata H., Morizane M., Uchihashi K., Nakamura N., Kiyama S., Oota O. HITTM cells-high-efficiency crystalline Si cells with novel structure. Prog. Photovolt. Res. Appl. 2000;8:503-513.

[30]   . Taguchi M., Yano A., Tohoda S., Matsuyama K., Nakamura Y., Nishiwaki T., Fujita K., Maruyama E. Célula solar HIT de eficiência recorde de 24,7% numa bolacha fina de silício. IEEE J. Photovolt. 2013;4:96-99.

[31]   . Ghosh S., Yadav R. Future of photovoltaic technologies: A comprehensive review. Sustain. Energy Technol. Assess. 2021;47:101410.

[32]   . Kowalski M., Partyka J., Wcgierek P., Zukowski P., Komarov F.F., Jurchenko A.V., Freik D. Caraterísticas de recozimento dependentes da frequência das camadas de GaAs isoladas por implante. Vacuum. 2005;78:311-317.

[33]   . Kuczynska-Lazewska A., Klugmann-Radziemska E., Witkowska A. Recovery of Valuable Materials and Methods for Their Management When Recycling Thin-Film CdTe Photovoltaic Modules. Materiais. 2021;14:7836.

[34]   . Nakamura M., Yamaguchi K., Kimoto Y., Yasaki Y., Kato T., Sugimoto H. Célula solar de película fina de Cu (In, Ga)(Se, S)2 sem Cd com eficiência recorde de 23,35% IEEE J. Photovolt. 2019;9:1863-1867.

[35]   . Stamford L., Azapagic A. Environmental impacts of copper indium gallium-selenide (CIGS) photovoltaics and the elimination of cadmium through atomic layer deposition. Sci. Total Environ. 2019;688:1092-1101.

[36]   . Otte K., Makhova L., Braun A., Konovalov I. Flexible Cu(In,Ga)Se2 thin- film solar cells for space application. Thin Solid Films. 2006;511:613-622.

[37]   . Rajan G., Karki S., Collins R.W., Podraza N.J., Marsillac S. Real-Time Optimization of Anti-Reflective Coatings for CIGS Solar Cells. Materiais. 2020;13:4259. doi: 10.3390/ma13194259.

[38]   . Salhi B. A Célula Fotovoltaica Baseada em CIGS: Princípios e

Tecnologias. Materiais. 2022;15:1908. doi: 10.3390/ma15051908.

[39] . Wu X. Células solares policristalinas de película fina de CdTe de elevada eficiência. Sol. Energy. 2004;77:803-814. doi: 10.1016/j.solener.2004.06.006.

[40] . Alaaeddin M.H., Sapuan S.M., Zuhri M.Y.M., Zainudin E.S., Al-Oqla F.M. Photovoltaic applications: Estado e perspectivas de fabrico. Renew. Sustain. Energy Rev. 2019;102:318-332. doi: 10.1016/j.rser.2018.12.026.

[41] . Kranz L., Buecheler S., Tiwari A.N. Technological status of CdTe photovoltaics. Sol. Energy Mater. Sol. Cells. 2013;119:278-280.

[42] . Fthenakis V., Athias C., Blumenthal A., Kulur A., Magliozzo J., Ng D. Sustainability evaluation of CdTe PV: An update. Renew. Sustain. Energy Rev. 2020;123:109776.

[43] . Roy S., Baruah M.S., Sahu S., Nayak B.B. Computational analysis on the thermal and mechanical properties of thin film solar cells. Mater. Hoje Proc. 2021;44:1207-1213. doi: 10.1016/j.matpr.2020.11.241.

[44] . Van Deelen J., Tezsevin Y., Barink M. Multi-Material Front Contact for 19% Thin Film Solar Cells. Materials. 2016;9:96.

[45] . Kim S., Kim D., Hong J., Elmughrabi A., Melis A., Yeom J.-Y., Park C.,
Cho S. Performance Comparison of CdTe:Na, CdTe:As, and CdTe:P Single Crystals for Solar Cell Applications [Comparação do desempenho dos monocristais de CdTe:Na, CdTe:As e CdTe:P para aplicações em células solares]. Materials. 2022;15:1408.

[46] . Wang W., Winkler M.T., Gunawan O., Gokmen T., Todorov T.K., Zhu Y., Mitzi D.B. Device characteristics of CZTSSe thin-film solar cells with 12.6% efficiency. Adv. Energy Mater. 2014;4:1301465.

[47] . Zandi S., Seresht M.J., Khan A., Gorji N.E. Simulação da perda de calor em células solares de película fina Cu2ZnSn4SxSe4-x: A coupled optical-electricalthermal modeling. Renovar. Energy. 2022;181:320-328.

[48] . Jean J., Brown P.R., Jaffe R.L., Buonassisi T., Bulovic V. Pathways for solar photovoltaics. Energy Environ. Sci. 2015;8:1200-1219.

[49] . Fernandez S., Gandi'a J.J., Saugar E., Gomcz-Mancebo M.B., Canteli D., Molpeceres C. Sputtered Non-Hydrogenated Amorphous Silicon as Alternative Absorber for Silicon Photovoltaic Technology. Materiais. 2021;14:6550. doi: 10.3390/ma14216550.

[50] . Garcia-Barrientos A., Bernal-Ponce J.L., Plaza-Castillo J., Cuevas-Salgado A., Medina-Flores A., Garcia-Monterrosas M.S., Torres-Jacome A. Análise, Síntese e Caracterização de Filmes Finos de a-Si:H (tipo n e tipo p)

Depositados por PECVD para Aplicações em Células Solares. Materiais. 2021;14:6349. doi: 10.3390/ma14216349.

[51] . Dunlap-Shohl W.A., Zhou Y., Padture N.P., Mitzi D.B. Synthetic approaches for halide perovskite thin films. Chem. Rev. 2019;119.

[52] . Peumans P., Yakimov A., Forrest S.R. Small molecular weight organic thin- film photodetectors and solar cells. J. Appl. Phys. 2003;93:3693-3723.

[53] . Lim D.H., Ha J.W., Choi H., Yoon S.C., Lee BR, Ko S.J. Progresso recente de doadores de polímero de banda ultra estreita para células solares orgânicas de absorção NIR. Nanoscale Adv. 2021;3:4306-4320. doi: 10.1039/D1NA00245G.

[54] . Liu Y., Chen Y. Integrated Perovskite/Bulk-Heterojunction Organic Solar Cells. Adv. Mater. 2020;32:1805843.

[55] . Hu Z., Wang J., Ma X., Gao J., Xu C., Yang K., Zhang F. A critical review on semitransparent organic solar cells. Nano Energy. 2020;78:1053

[56] . Keis K., Magnusson E., Lindstrom H., Lindquist S.E., Hagfeldt A. Uma célula solar fotoelectroquímica eficiente a 5% baseada em eléctrodos nanoestruturados de ZnO. Sol. Energia Mater. Sol. Cells. 2002;73:51-58.

[57] . Law M., Greene L.E., Johnson J.C., Saykally R., Yang P. Nanowire dye- sensitized solar cells. Nat. Mater. 2005;4:455-459.

[58] . Mozaffari S., Nateghi M.R., Zarandi M.B. An overview of the Challenges in the commercialization of dye sensitized solar cells. Renew. Sustain. Energy Rev. 2017;71:675-686.

[59] . Kim H.S., Lee C.R., Im J.H., Lee K.B., Moehl T., Marchioro A., Moon S.- J., Humphry-Baker R., Yum J.-H., Moser J.E., et al. Célula solar mesoscópica de película fina submicrónica de iodeto de chumbo sensibilizada por perovskite de estado sólido com eficiência superior a 9% Sci. Rep. 2012;2:591.

[60] . Lee M.M., Teuscher J., Miyasaka T., Murakami T.N., Snaith H.J. Efficient hybrid solar cells based on meso-superstructured organometal halide perovskites. Science. 2012;338:643-647.

[61] . Tian J., Cao G. Células solares semicondutoras sensibilizadas por pontos quânticos. Nano Rev. 2013;4:22578.

[62] . Bera D., Qian L., Tseng T.-K., Holloway P.H. Quantum Dots and Their Multimodal Applications: A Review. Materials. 2010;3:2260-2345.

[63] . Yuan J., Hazarika A., Zhao Q., Ling X., Moot T., Ma W., Luther J.M. Metal halide perovskites in quantum dot solar cells: Progress and prospects. Joule. 2020;4:1160-1185. doi: 10.1016/j.joule.2020.04.006.

[64] . Jasim K.E. Células solares de pontos quânticos. Sol. Cells-New

Approaches Rev. 2015;3:303-331.

[65] . Yamaguchi M., Takamoto T., Araki K., Ekins-Daukes N. Células solares III-V de junção múltipla: Estado atual e potencial futuro. Sol. Energy. 2005;79.

[66] . Gao H., Yang R., Zhang Y. Melhoria da resistência à radiação das células solares de junção tripla GaInP/GaInAs/Ge utilizando o campo de superfície posterior GaInP na subcélula intermédia. Materiais. 2020;13:1958.

[67] . Alami A.H., Ramadan M., Abdelkareem M.A., Alghawi J.J., Alhattawi N.T., Mohamad H.A., Olabi A.G. Novel and practical photovoltaic applications. Therm. Sci. Eng. Prog. 2022;29:101208.

[68] . Azzouzi G., Tazibt W. Improving silicon solar cell efficiency by using the impurity photovoltaic effect. Energy Procedia. 2013;41:40-49.

[69] . Lopez E., Marti A., Antolm E., Luque A. On the Potential of Silicon Intermediate Band Solar Cells. Energias. 2020;13:3044.

[70] . Wilkins M.M., Dumitrescu E.C., Krich J.J. Material quality requirements for intermediate band solar cells. IEEE J. Photovolt. 2020;10:467-474.

[71] . Wolf F.A. Tese de doutoramento. Friedrich-Alexander-Universitat Erlangen-Nurnberg (FAU), Erlangen e Nuremberga; Baviera, Alemanha: 2014. [(acedido em 3 de agosto de 2022)]. Modelação de processos de recozimento para células solares de silício monocristalino implantadas com iões.

[72] . Ushasree P.M., Bora B. Solar Energy Capture Materials. The Royal Society of Chemistry; Londres, Reino Unido: 2019. Capítulo 1: Células solares de silício; pp. 1-55.

[73] . Billewicz P., Wcgierek P., Grudniewski T., Turek M. Aplicação da implantação de iões para a formação de níveis de energia intermédios nas estruturas à base de silício dedicadas a fins fotovoltaicos. Ata Phys. Pol. A. 2017.

[74] . Wu C., Wang K., Batmunkh M., Bati A.S., Yang D., Jiang Y., Hou Y., Shapter J.G., Priya S. Multifunctional nanostructured materials for next generation photovoltaics. Nano Energy. 2020;70:104480

[75] . Das S., Pandey D., Thomas J., Roy T. O papel do grafeno e de outros materiais 2D na energia solar fotovoltaica. Adv. Mater. 2019;31:1802722.

[76] . Li X., Zhu H., Wang K., Cao A., Wei J., Li C., Jia Y., Li Z., Li X., Wu D. Graphene-on-silicon Schottky junction solar cells. Adv. Mater. 2010;22.

[77] . Geim A., Novoselov K. The rise of graphene. Nat. Mater. 2007;6:183-191.

[78]   . Mahmoudi T., Wang Y., Hahn Y.B. Graphene e seus derivados para aplicação em células solares. Nano Energia. 2018;47:51-65.

[79]   . Cai J., Ruffieux P., Jaafar R., Bieri M., Braun T., Blankenburg S., Muoth M., Seitsonen A.P., Saleh M., Feng X., et al. Atomically precise bottom-up fabrication of graphene nanoribbons. Nature. 2010;466:470-473.

[80]   . Eswaraiah V., Aravind S.S.J., Ramaprabhu S. Top down method for synthesis of highly conducting graphene by exfoliation of graphite oxide using focused solar radiation. J. Mater. Chem. 2011;21:6800-6803.

[81]   . Jia G., Plentz J., Dellith J., Dellith A., Wahyuono R.A., Andra G. Deposição de grafeno de grande área em superfícies hidrofóbicas, têxteis flexíveis, fibras de vidro e estruturas 3D. Coatings. 2019;9:183.

[82]   . Wang Y., Chen X., Zhong Y., Zhu F., Loh K.P. Grafeno de grande área, contínuo e com poucas camadas como ânodos em dispositivos fotovoltaicos orgânicos. Appl. Phys. Lett. 2009;95:209.

[83]   . PSE A. Instituto Fraunhofer para Sistemas de Energia Solar ISE. Relatório Fotovoltaico 2022. [(acedido em 3 de agosto de 2022)].

[84]   . Sharma D., Mehra R., Raj B. Análise comparativa de tecnologias fotovoltaicas para a conceção de células solares de elevada eficiência. Superlattices Microstruct. 2021;153:10686.

[85]   . Kant N., Singh P. Revisão da tecnologia de células solares fotovoltaicas da próxima geração e desenvolvimento materialista comparativo. Mater. Today Proc. 2022;56:3460-3470.

[86]   . Wcgieref P., Pastuszak J. Application of Neon Ion Implantation to Generate Intermediate Energy Levels in the Band Gap of Boron-Doped Silicon as a Material for Photovoltaic Cells. Materiais. 2021;14:6950.

[87]   . Wcgieref P., Pastuszak J., Dziadosz K., Turek M. Influência do tipo de substrato e da dose de iões implantados nos parâmetros eléctricos do silício em termos de melhoria da eficiência das células fotovoltaicas. Energias. 2020;1.

[88]   . Wcgieref P., Pietraszek J. Aplicação da implantação de poli-energia com iões H+ para a formação de níveis de energia adicionais em GaAs dedicados a células fotovoltaicas. Arch. Electr. Eng. 2019;68:925-931.

[89]   . Wcgieref P., Pietraszek J. Análise da influência da temperatura de recozimento nos mecanismos de transferência de portadores de carga em GaAs na perspetiva de possíveis aplicações em energia fotovoltaica. Ata Phys. Pol. A. 2019-302.

Capítulo 4

Células solares de primeira geração

4.1.Prefácio

Uma célula solar ou célula fotovoltaica (célula PV) é um dispositivo eletrónico que converte a energia da luz diretamente em eletricidade através do efeito fotovoltaico [1]. É uma forma de célula fotoeléctrica, um dispositivo cujas caraterísticas eléctricas (como a corrente, a tensão ou a resistência) variam quando é exposto à luz. As células solares individuais

Os dispositivos de células fotovoltaicas são frequentemente os componentes eléctricos dos módulos fotovoltaicos, conhecidos coloquialmente como "painéis solares". Quase todas as células fotovoltaicas comerciais são constituídas por silício cristalino, com uma quota de mercado de 95%. As células solares de película fina de telureto de cádmio representam o restante [2]. A célula solar comum de silício de junção única pode produzir uma tensão máxima em circuito aberto de aproximadamente 0,5 a 0,6 volts [3].

Uma célula solar convencional de silício cristalino (a partir de 2005). Os contactos eléctricos feitos de barramentos (as tiras prateadas maiores) e dedos (os mais pequenos) são impressos na bolacha de silício.

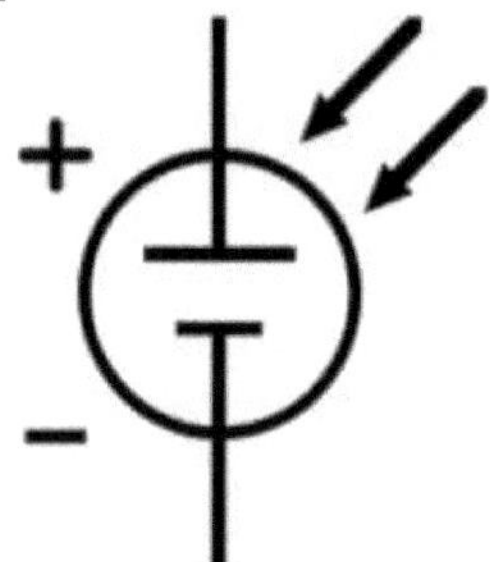

Símbolo de uma célula fotovoltaica.

As células fotovoltaicas podem funcionar à luz do sol ou à luz artificial. Para além de produzirem energia, podem ser utilizadas como fotodetectores (por exemplo, detectores de infravermelhos), detectando a luz ou outra radiação electromagnética próxima da gama visível, ou medindo a intensidade da luz.

O funcionamento de uma célula fotovoltaica requer três atributos básicos:

- A absorção de luz, gerando excitões (pares eletrão-buraco ligados), pares eletrão-buraco não ligados (via excitões) ou plasmões.

- A separação de portadores de carga de tipos opostos.

- A extração separada dessas portadoras para um circuito externo.

Em contrapartida, um coletor solar térmico fornece calor através da absorção da luz solar, para efeitos de aquecimento direto ou de produção indireta de energia eléctrica a partir do calor. Uma "célula fotoelectrolítica" (célula fotoelectroquímica), por outro lado, refere-se quer a um tipo de célula fotovoltaica (como a desenvolvida por Edmond Becquerel e as modernas células solares sensibilizadas por corantes), quer a um dispositivo que divide a água diretamente em hidrogénio e oxigénio utilizando apenas a iluminação solar.

As células fotovoltaicas e os colectores solares são os dois meios de produção de energia solar.

4.2.Aplicações

Os conjuntos de células solares são utilizados para fabricar módulos solares que geram energia eléctrica a partir da luz solar, distinguindo-se de um "módulo solar térmico" ou de um "painel solar de água quente". Um painel solar gera energia eléctrica utilizando a energia solar.

4.3.Aplicações para veículos

A aplicação de células solares como fonte de energia alternativa para aplicações em veículos é uma indústria em crescimento. Os veículos eléctricos que funcionam a partir da energia solar e/ou da luz do sol são normalmente designados por carros solares [carece de fontes]. Estes veículos utilizam painéis solares para converter a luz absorvida em energia eléctrica, que é depois armazenada em baterias [carece de fontes]. Existem vários factores de entrada que afectam a potência de saída das células solares, tais como a temperatura, as propriedades dos materiais, as condições meteorológicas, a irradiância solar, etc. [4].

O veículo Sunraycer desenvolvido pela GM (General Motors)

O primeiro exemplo de células fotovoltaicas em aplicações veiculares ocorreu em meados da segunda metade do século XX. Num esforço para aumentar a publicidade e a sensibilização para os transportes movidos a energia solar, Hans Tholstrup decidiu organizar a primeira edição do World Solar Challenge em 1987. Tratou-se de uma corrida de 3000 km através do outback australiano, para a qual foram convidados concorrentes de grupos de investigação da indústria e de universidades de topo de todo o mundo.[carece de fontes] A General Motors acabou por vencer o evento por uma margem significativa com o seu veículo Sun- raycer, que atingiu velocidades superiores a 40 mph. Contrariamente à crença popular, os carros movidos a energia solar são um dos mais antigos veículos de energia alternativa [5].
Os veículos solares actuais aproveitam a energia do Sol através de painéis solares, que são um conjunto de células solares que trabalham em conjunto para um objetivo comum [6]. Estes dispositivos de estado sólido utilizam transições de mecânica quântica para converter uma determinada quantidade de energia solar em energia eléctrica. A eletricidade produzida é então armazenada na bateria do veículo para fazer funcionar o motor do veículo. As baterias dos veículos movidos a energia solar diferem das baterias dos veículos normais com motor de combustão interna porque são concebidas de forma a transmitir mais energia aos componentes eléctricos do veículo durante um período mais longo.

4.4.Células, módulos, painéis e sistemas
Múltiplas células solares num grupo integrado, todas orientadas num plano, constituem um painel ou módulo solar fotovoltaico. Os módulos fotovoltaicos têm frequentemente uma folha de vidro no lado virado para o sol, permitindo a passagem da luz e protegendo as bolachas semicondutoras. As células solares são normalmente ligadas em série, criando uma tensão

aditiva. A ligação de células em paralelo produz uma corrente mais elevada. No entanto, os problemas nas células em paralelo, como os efeitos de sombra, podem desligar a cadeia paralela mais fraca (menos iluminada) (um conjunto de células ligadas em série), causando uma perda substancial de energia e possíveis danos devido à polarização inversa aplicada às células sombreadas pelas suas parceiras iluminadas.

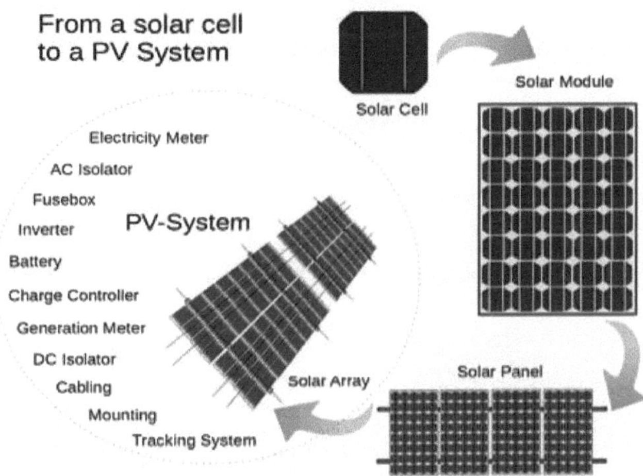

De uma célula solar a um sistema fotovoltaico. Diagrama dos possíveis componentes de um sistema fotovoltaico.

Embora os módulos possam ser interligados para criar uma matriz com a tensão CC de pico e a capacidade de corrente de carga desejadas, o que pode ser feito com ou sem a utilização de MPPTs (maximum power point trackers) independentes ou, especificamente para cada módulo, com ou sem unidades electrónicas de potência ao nível do módulo (MLPE), como microinversores ou optimizadores CC-CC. Os díodos de derivação podem reduzir a perda de potência de sombreamento em matrizes com células ligadas em série/paralelo.

Preços típicos dos sistemas fotovoltaicos em 2013 em países selecionados (US$/W) [9]								
	Austrália	China	França	Alemanha	Itália	Japão	Reino Unido	Estados Unidos
Residencial	1.8	1.5	4.1	2.4	2.8	4.2	2.8	4.9
Comercial	1.7	1.4	2.7	1.8	1.9	3.6	2.4	4.5
Escala de utilização	2.0	1.4	2.2	1.4	1.5	2.9	1.9	3.3

Fonte: IEA - Technology Roadmap: Solar Photovoltaic Energy report, edição de

4.5. História

O efeito fotovoltaico foi demonstrado experimentalmente pela primeira vez pelo físico francês Edmond Becquerel. Em 1839, aos 19 anos, construiu a primeira célula fotovoltaica do mundo no laboratório do seu pai. Willoughby Smith descreveu pela primeira vez o "Efeito da luz no selénio durante a passagem de uma corrente eléctrica" numa edição de 20 de fevereiro de 1873 da revista Nature. Em 1883, Charles Fritts construiu a primeira célula fotovoltaica de estado sólido, revestindo o semicondutor selénio com uma fina camada de ouro para formar as junções; o dispositivo tinha apenas cerca de 1% de eficiência [10]. Outros marcos importantes incluem:

- 1888 - O físico russo Aleksandr Stoletov constrói a primeira célula baseada no efeito fotoelétrico externo descoberto por Heinrich Hertz em 1887 [11].

- 1904 - Julius Elster, juntamente com Hans Friedrich Geitel, concebeu a primeira célula fotoeléctrica prática [12].

- 1905 - Albert Einstein propõe uma nova teoria quântica da luz e explica o efeito fotoelétrico num trabalho histórico, pelo qual recebe o Prémio Nobel da Física em 1921 [13].

- 1941 - Vadim Lashkaryov descobriu as junções p-n em protocélulas de $Cu2O$ e $Ag2S$ [14].

- 1946 - Russell Ohl patenteia a moderna célula solar semicondutora de junção [15], enquanto trabalha na série de avanços que conduzirão ao transístor.

- 1948 - Introdução ao Mundo dos Semicondutores afirma que Kurt Lehovec terá sido o primeiro a explicar o efeito foto-voltaico na revista Physical Review [16, 17].

- 1954 - A primeira célula fotovoltaica prática foi demonstrada publicamente nos Laboratórios Bell [18]. Os inventores foram Calvin Souther Fuller, Daryl Chapin e Gerald Pearson [19].

- 1958 - As células solares ganham destaque com a sua incorporação no satélite Vanguard I.

4.6. Aplicações espaciais

A NASA utilizou células solares nas suas naves espaciais desde o início; o seu segundo satélite bem sucedido, o Vanguard 1 (1958), apresentava as primeiras células solares no espaço.

As células solares foram utilizadas pela primeira vez numa aplicação proeminente quando foram propostas e voaram no satélite Vanguard em 1958, como uma fonte de energia alternativa à fonte de energia primária da bateria. Ao adicionar células ao exterior do corpo, o tempo de missão podia ser prolongado sem grandes alterações na nave espacial ou nos seus sistemas de energia. Em 1959, os Estados Unidos lançaram o Explorer 6, com grandes painéis solares em forma de asa, que se tornaram uma caraterística comum nos satélites. Estes conjuntos eram constituídos por 9600 células solares Hoffman.

Na década de 1960, as células solares eram (e ainda são) a principal fonte de energia para a maioria dos satélites em órbita da Terra e para várias sondas do sistema solar, uma vez que ofereciam a melhor relação potência/peso. No entanto, este sucesso foi possível porque, na aplicação espacial, os custos do sistema de energia podiam ser elevados, uma vez que os utilizadores do espaço tinham poucas outras opções de energia e estavam dispostos a pagar pelas melhores células possíveis. O mercado da energia espacial impulsionou o desenvolvimento de eficiências mais elevadas nas células solares até ao momento em que o programa "Investigação Aplicada às Necessidades Nacionais" da National Science Foundation começou a impulsionar o desenvolvimento de células solares para aplicações terrestres.

No início da década de 1990, a tecnologia utilizada para as células solares espaciais divergiu da tecnologia de silício utilizada para os painéis terrestres, com a aplicação em naves espaciais a mudar para materiais semicondutores III-V à base de arsenieto de gálio, que depois evoluíram para a moderna célula fotovoltaica multijunção III-V utilizada em naves espaciais.

Nos últimos anos, a investigação tem-se orientado para a conceção e o fabrico de células solares leves, flexíveis e altamente eficientes. A tecnologia de células solares terrestres utiliza geralmente células fotovoltaicas que são laminadas com uma camada de vidro para maior resistência e proteção. As aplicações espaciais das células solares exigem que as células e as matrizes sejam altamente eficientes e extremamente leves. Algumas tecnologias mais recentes implementadas em satélites são as células fotovoltaicas de junção múltipla, que são compostas por diferentes junções p-n com diferentes intervalos de banda, de modo a utilizar um espetro mais amplo da energia solar. Além disso, os grandes satélites requerem a utilização de grandes painéis solares para produzir eletricidade. Estes painéis solares têm de ser divididos para caberem nos limites geométricos do veículo de lançamento em que o satélite viaja antes de ser injetado em órbita. Historicamente, as células solares dos satélites consistiam em vários pequenos painéis terrestres dobrados uns sobre os outros. Estes pequenos painéis seriam desdobrados num grande painel depois de o satélite ser colocado em órbita. Os satélites mais recentes têm como objetivo a utilização de painéis solares flexíveis e enroláveis que são muito leves e podem ser embalados num volume muito pequeno. A dimensão e o peso mais reduzidos destas matrizes flexíveis diminuem drasticamente o custo global do lançamento de um satélite devido à relação direta entre o peso da carga útil e o custo de lançamento de um veículo lançador [20].

Em 2020, o Laboratório de Investigação Naval dos EUA realizou o seu primeiro ensaio de produção de energia solar num satélite, a experiência do Módulo de Antena de Radiofrequência Fotovoltaica (PRAM) a bordo do Boeing X-37 [21, 22].

4.7. Métodos de fabrico melhorados

As melhorias foram graduais ao longo da década de 1960. Esta foi também a razão pela qual os custos se mantiveram elevados, porque os utilizadores do espaço estavam dispostos a pagar pelas melhores células possíveis, não havendo razão para investir em soluções de menor custo e menos eficientes. O preço foi determinado em grande parte pela indústria de semicondutores; a sua passagem para os circuitos integrados na década de 1960 levou à disponibilidade de boules maiores a preços relativos mais baixos. medida que o seu preço baixava, o preço das células resultantes também baixava. Estes efeitos reduziram os custos das células de 1971 para cerca de 100 dólares por watt [23].

No final de 1969, Elliot Berman juntou-se ao grupo de trabalho da Exxon que procurava projectos para 30 anos no futuro e, em abril de 1973, fundou a Solar Power Corporation (SPC), uma subsidiária integral da Exxon nessa altura [24-26]. O grupo tinha concluído que a energia eléctrica seria muito mais cara no ano 2000 e considerou que este aumento de preço tornaria as fontes de energia alternativas mais atractivas. Realizou um estudo de mercado e concluiu que um preço por watt de cerca de 20 dólares/watt criaria uma procura significativa. A equipa eliminou as etapas de polimento das bolachas e de revestimento com uma camada antirreflexo, baseando-se na superfície rugosa da bolacha. A equipa também substituiu os materiais dispendiosos e a cablagem manual utilizados em aplicações espaciais por uma placa de circuito impresso na parte de trás, plástico acrílico na parte da frente e cola de silicone entre os dois, "envasando" as células [27]. As células solares podiam ser fabricadas com material descartado do mercado da eletrónica. Em 1973, anunciaram um produto e a SPC convenceu a Tideland Signal a utilizar os seus painéis para alimentar bóias de navegação, inicialmente para a Guarda Costeira dos EUA [25].

4.8.Investigação e produção industrial

A investigação sobre energia solar para aplicações terrestres tornou-se proeminente com a Divisão de Investigação e Desenvolvimento de Energia Solar Avançada da Fundação Nacional de Ciência dos EUA, no âmbito do programa "Investigação Aplicada às Necessidades Nacionais", que decorreu de 1969 a 1977 [28], e financiou a investigação sobre o desenvolvimento da energia solar para sistemas de energia eléctrica terrestres. Uma conferência realizada em 1973, a "Conferência de Cherry Hill", estabeleceu os objectivos tecnológicos necessários para atingir este objetivo e delineou um projeto ambicioso para os atingir, dando início a um programa de investigação aplicada que se prolongaria por várias décadas [29]. O programa acabou por ser assumido pela Energy Research and Development Administration (ERDA) [30], que mais tarde foi integrada no U.S. Department of Energy.

Após a crise petrolífera de 1973, as empresas petrolíferas utilizaram os seus lucros mais elevados para criar (ou comprar) empresas de energia solar, tendo sido durante décadas os maiores produtores. A Exxon, a ARCO, a Shell, a Amoco (mais tarde adquirida pela BP) e a Mobil tinham todas grandes divisões de energia solar durante as décadas de 1970 e 1980. As empresas tecnológicas também participaram, incluindo a General Electric, a Motorola, a IBM, a Tyco e a RCA [31].

4.9. Custos decrescentes e crescimento exponencial

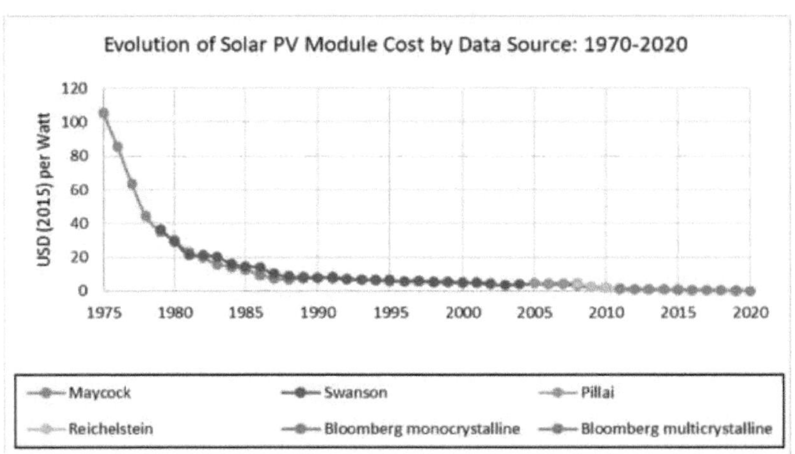

Histórico do preço por watt das células solares convencionais (c-Si) desde 1975

A lei de Swanson - que afirma que os preços dos módulos solares caíram cerca de 20% por cada duplicação da capacidade instalada - define a "taxa de aprendizagem" da energia solar fotovoltaica [32].

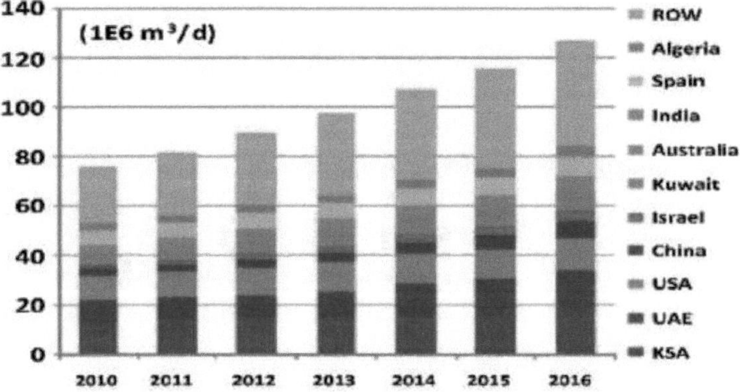

Crescimento da energia fotovoltaica - Capacidade fotovoltaica total instalada a nível mundial.

Ajustando à inflação, um módulo solar custava 96 dólares por watt em meados da década de 1970. As melhorias dos processos e um grande aumento da produção fizeram baixar esse valor em mais de 99%, para 300 por watt em 2018 [33, 34] e para 200 por watt em 2020 [35]. A lei de Swanson é uma observação semelhante à lei de Moore que afirma que os preços das células solares descem 20% por cada duplicação da capacidade da indústria. Foi apresentada num artigo do semanário britânico The Economist no final de 2012 [36]. Os custos do equilíbrio do sistema eram então mais elevados do que os dos painéis. A partir de 2018, podem ser construídas grandes matrizes comerciais a menos de 1,00 dólares por watt, totalmente comissionadas.

Como a indústria de semicondutores passou a usar células cada vez maiores, os equipamentos mais antigos tornaram-se baratos. Os painéis originais da ARCO Solar utilizavam células de 50 a 100 mm de diâmetro. Os painéis da década de 1990 e do início da década de 2000 utilizavam geralmente bolachas de 125 mm; desde 2008, quase todos os novos painéis utilizam células de 156 mm. A introdução generalizada de televisores de ecrã plano no final da década de 1990 e no início da década de 2000 levou a uma grande disponibilidade de folhas de vidro grandes e de alta qualidade para cobrir os painéis.

Durante a década de 1990, as células de polissilício ("poly") tornaram-se cada vez mais populares. Estas células oferecem menos eficiência do que as suas congéneres de monossilício ("mono"), mas são produzidas em grandes cubas que reduzem o custo. Em meados da década de 2000, o polissilício dominava o mercado dos painéis de baixo custo, mas mais recentemente o monossilício voltou a ser utilizado em larga escala.

Os fabricantes de células baseadas em pastilhas responderam aos elevados preços do silício em 20042008 com rápidas reduções no consumo de silício. Em 2008, segundo Jef Poortmans, diretor do departamento de energia orgânica e solar do IMEC, as células actuais utilizam 8-9 gramas (0,28-0,32 oz) de silício por watt de produção de energia, com espessuras de bolacha na ordem dos 200 microns. Os painéis de silício cristalino dominam o mercado mundial e são maioritariamente fabricados na China e em Taiwan. No final de 2011, uma quebra na procura europeia fez cair os preços dos módulos solares cristalinos para cerca de 1,09 dólares [37] por watt, uma descida acentuada em relação a 2010. Os preços continuaram a cair em 2012, atingindo $0,62/watt no 4T2012 [38].

A energia solar fotovoltaica está a crescer mais rapidamente na Ásia, com a China e o Japão a representarem atualmente metade da implantação mundial [39]. A capacidade fotovoltaica global instalada atingiu pelo menos 301 gigawatts em 2016 e cresceu para fornecer 1,3% da energia global em 2016 [40]. Prevê-se que a eletricidade produzida por energia fotovoltaica seja competitiva com os custos grossistas da eletricidade em toda a Europa e que o tempo de recuperação da energia dos módulos de silício cristalino possa ser reduzido para menos de 0,5 anos até 2020 [41].

A queda dos custos é considerada um dos maiores factores do rápido crescimento das energias renováveis, tendo o custo da eletricidade solar fotovoltaica diminuído cerca de 85% entre 2010 (quando a energia solar e eólica representava 1,7% da produção mundial de eletricidade) e 2021 (quando representava 8,7%) [42]. Em 2019, as células solares representavam ~3% da produção mundial de eletricidade [43].

4.10. Subsídios e paridade da rede

As tarifas de aquisição específicas para a energia solar variam consoante o país e dentro de cada país. Essas tarifas incentivam o desenvolvimento de projectos de energia solar. A paridade generalizada da rede, o ponto em que a eletricidade fotovoltaica é igual ou mais barata do que a energia da rede sem subsídios, provavelmente requer avanços nas três frentes. Os defensores da energia solar esperam alcançar a paridade de rede primeiro em áreas com sol abundante e custos de eletricidade elevados, como na Califórnia e no Japão [44]. Em 2007, a BP reivindicou a paridade da rede para o Havai e outras ilhas que, de outro modo, utilizam gasóleo para produzir eletricidade. George W. Bush fixou 2015 como a data para a paridade da rede nos EUA [45, 46]. A Associação Fotovoltaica informou em 2012 que a Austrália tinha atingido a paridade de rede (ignorando as tarifas de alimentação) [47].

O preço dos painéis solares caiu de forma constante durante 40 anos, interrompido em 2004, quando os elevados subsídios na Alemanha aumentaram drasticamente a procura no país e fizeram subir muito o preço do silício purificado (que é utilizado em chips de computador e em painéis solares). A recessão de 2008 e o início da produção chinesa fizeram com que os preços voltassem a descer. Nos quatro anos que se seguiram a janeiro de 2008, os preços dos módulos solares na Alemanha baixaram de 3 para 1 euro por watt-pico. Durante esse mesmo período, a capacidade de produção aumentou com um crescimento anual de mais de 50%. A China aumentou a sua quota de mercado de 8% em 2008 para mais de 55% no último trimestre de 2010 [48]. Em dezembro de 2012, o preço dos painéis solares chineses baixou para 0,60 USD/Wp (módulos cristalinos) [49]. (A abreviatura Wp significa watt peak capacity, ou seja, a capacidade máxima em condições óptimas [50]).

No final de 2016, foi noticiado que os preços à vista dos painéis solares montados tinham caído para um mínimo recorde de 0,36 USD/Wp. O segundo maior fornecedor, a Canadian Solar Inc., registou custos de 0,37 USD/Wp no terceiro trimestre de 2016, tendo baixado 0,02 USD em relação ao trimestre anterior, pelo que, provavelmente, ainda se encontrava, pelo menos, no limiar da rentabilidade. Muitos produtores esperavam que os custos descessem para cerca de 0,30 dólares até ao final de 2017 [51]. Foi também referido que as novas instalações solares eram mais baratas do que as centrais térmicas a carvão nalgumas regiões do mundo, prevendo-se que tal acontecesse na maior parte do mundo dentro de uma década [52].

4.11. Teoria

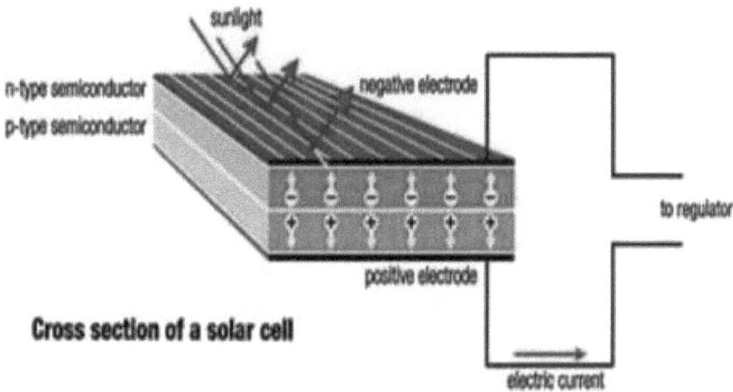

Esquema da recolha de carga por células solares. A luz é transmitida através de um elétrodo condutor transparente, criando pares de electrões e buracos, que são recolhidos por ambos os eléctrodos [53]. Mecanismo de funcionamento de uma célula solar.

Uma célula solar é feita de materiais semicondutores, como o silício, que foram fabricados numa junção p-n. Essas junções são feitas através da dopagem de um lado do dispositivo do tipo p e do outro do tipo n, por exemplo, no caso do silício, através da introdução de pequenas concentrações de boro ou fósforo, respetivamente.

Em funcionamento, os fotões da luz solar atingem a célula solar e são absorvidos pelo semicondutor. Quando os fotões são absorvidos, os electrões são excitados da banda de valência para a banda de condução (ou de orbitais moleculares ocupados para orbitais desocupados, no caso de uma célula solar orgânica), produzindo pares de electrões e buracos. Se os pares de electrões e buracos forem criados perto da junção entre materiais do tipo p e do tipo n, o campo elétrico local varre-os para eléctrodos opostos, produzindo um excesso de electrões de um lado e um excesso de buracos do outro. Quando a célula solar não está ligada (ou quando a carga eléctrica externa é muito elevada), os electrões e os buracos acabarão por restabelecer o equilíbrio difundindo-se através da junção contra o campo e recombinando-se uns com os outros, emitindo calor, mas se a carga for suficientemente pequena, é mais fácil restabelecer o equilíbrio através dos electrões em excesso que percorrem o circuito externo, realizando um trabalho útil pelo caminho.

Um conjunto de células solares converte a energia solar numa quantidade utilizável de eletricidade de corrente contínua (CC). Um inversor pode converter a energia em corrente alternada (CA).

A célula solar mais comummente conhecida é configurada como uma junção p-n de grande área feita de silício. Outros tipos de células solares possíveis são as células solares orgânicas, as células solares sensibilizadas por corantes, as células solares de perovskite, as células solares de pontos quânticos, etc. O lado iluminado de uma célula solar tem geralmente uma película condutora transparente para permitir a entrada de luz no material ativo e para recolher os portadores de carga gerados. Normalmente, são utilizadas para o efeito películas com elevada transmitância e elevada condutância eléctrica, como o óxido de índio e estanho, polímeros condutores ou redes de nanofios condutores [53].

4.12. Eficiência

A eficiência das células solares pode ser dividida em eficiência de reflexão, eficiência termodinâmica, eficiência de separação de portadores de carga e eficiência condutora. A eficiência global é o produto destas métricas individuais.

A eficiência de conversão de energia de uma célula solar é um parâmetro definido pela fração da energia incidente convertida em eletricidade [54].

Uma célula solar tem uma curva de eficiência dependente da tensão, coeficientes de temperatura e ângulos de sombra permitidos.

Devido à dificuldade de medir estes parâmetros diretamente, são substituídos por outros parâmetros: eficiência termodinâmica, eficiência quântica, eficiência quântica integrada, rácio COV e fator de enchimento. As perdas por reflexão são uma parte da eficiência quântica em "eficiência quântica externa". As perdas por recombinação constituem outra parte da eficiência quântica, do rácio COV e do fator de preenchimento. As perdas resistivas são predominantemente classificadas no fator de preenchimento, mas também constituem pequenas porções da eficiência quântica e do rácio COV.

O fator de enchimento é a relação entre a potência máxima real obtida e o produto da tensão de circuito aberto e da corrente de curto-circuito. Este é um parâmetro fundamental na avaliação do desempenho. Em 2009, as células solares comerciais típicas tinham um fator de preenchimento > 0,70. As células de grau B situavam-se normalmente entre 0,4 e 0,7 [55]. As células com um elevado fator de enchimento têm uma baixa resistência equivalente em série e uma elevada resistência equivalente em derivação, pelo que menos da corrente produzida pela célula é dissipada em perdas internas.

Os dispositivos de silício cristalino de junção p-n simples estão agora a aproximar-se da eficiência energética limite teórica de 33,16% [56], conhecida como o limite de Shockley-Queisser em 1961. No extremo, com um número infinito de camadas, o limite correspondente é de 86% utilizando luz solar concentrada [57].

Em 2014, três empresas bateram o recorde de 25,6% para uma célula solar de silício. A da Panasonic foi a mais eficiente. A empresa deslocou os contactos frontais para a parte de trás do painel, eliminando as áreas sombreadas. Além disso, aplicaram películas finas de silício na parte da frente e de trás da bolacha (de silício de alta qualidade) para eliminar defeitos na superfície da bolacha ou perto dela [58].

4.13. Referências

[1] . Células solares. chemistryexplained.com

[2] . Relatório especial sobre as cadeias de abastecimento globais de energia solar fotovoltaica (PDF). Agência Internacional de Energia. agosto de 2022.

[3] . "Células solares - desempenho e ^utilização". solarbotic s.net.

[4] . Al-Ezzi, Athil S.; et al. (2022). "Células solares fotovoltaicas: A Review". Inovação do sistema aplicado. 5 (4): 67. ISSN 2571-5577.

[5] . Connors, John (21-23 de maio de 2007). "Sobre o tema dos veículos solares e os benefícios da tecnologia". Conferência Internacional de 2007 sobre Energia Eléctrica Limpa. Capri, Itália. pp. 700-705.

[6] . Arulious, Jora A; Earlina, D; Harish, D; Sakthi Priya, P; Inba Rexy, A; Nancy Mary, J S (2021). "Projeto de veículo elétrico movido a energia solar". Jornal de Física: Série de conferências. 2070 (1): 012105.

[7] . "Technology Roadmap: Energia Solar Fotovoltaica". AIE. 2014. Arquivado em 1 de outubro de 2014. Recuperado em 7 de outubro de 2014.

[8] . "PV System Pricing Trends-Historical, Recent, Projections, 2014 Edition".
NREL. 22 de setembro de 2014. p. 4. Arquivado em 26 de fevereiro de 2015.

[9] . "Documenting Decade of Cost Declines for PV Systems" (Documentando a Década de Declínio dos Custos dos Sistemas FV). Laboratório Nacional de Energia Renovável (NREL). Recuperado em 3 de junho de 2021.

[10] . Marques Lameirinhas, et al. (2022).
"Revisão da tecnologia fotovoltaica: história, fundamentos e aplicações". Energias. 15 (5): 1823. doi:10.3390/en15051823.

[11] . Gevorkian, Peter (2007).
Engenharia de sistemas energéticos sustentáveis: recurso de conceção de edifícios ecológicos.
McGraw Hill Professional. ISBN 978-0-07-147359-0.

[12] . "Julius (Johann Phillipp Ludwig) Elster: 1854 - 1920". Aventuras em

Cybersound. Arquivo em 8 de março de 2011. Recuperado em 15 de outubro de 2016.

[13] . "O Prémio Nobel da Física 1921: Albert Einstein", Prémio Nobel oficial

Página.

[14] . Lashkaryov, V. E. (2008).

"Investigação de uma camada de barreira pelo método de termossonda" (PDF). Ukr. J. Phys. 53 (Edição Especial): 53-56. ISSN 2071-0194. Arquivo em 28 de setembro de 2015. Ser. Fiz. 5, No. 4-5.

[15] . "Dispositivo sensível à luz" Patente dos EUA 2,402,662 Data de emissão: junho de 1946

[16] . Lehovec, K. (15 de agosto de 1948). "O efeito foto-voltaico". Physical Review. 74 (4): 463-471.

[17] . Lau, W.S. (2017). "Introdução ao mundo dos semicondutores". Tecnologia de front-end ULSI: Primeiro papel de semicondutor para a tecnologia CMOS FINFET. p. 7. doi: 10.1142/10495. ISBN 978-981-322-215-1.

[18] . "25 de abril de 1954: Bell Labs demonstra a primeira célula solar Si-Solar prática". Notícias da APS. 18 (4). Sociedade Americana de Física. abril de 2009.

[19] . Tsokos, K. A. (28 de janeiro de 2010). Física para o Diploma IB a cores. Cambridge University Press. ISBN 978-0-521-13821-5.

[20] . Garcia, Mark (2017). "Matrizes solares da Estação Espacial Internacional". NASA. Arquivado em 17 de junho de 2019. Recuperado em 10 de maio de 2019.

[21] . David, Leonard (4 de outubro de 2021).

"Avião espacial robótico X-37B da Força Aérea asa nos últimos 500 dias em órbita da Terra". LiveScience. Recuperado em 6 de novembro de 2021.

[22] . David, Leonard (2021). "O tempo da energia solar espacial pode finalmente estar chegando". Space.com. Recuperado em 6 de novembro de 2021.

[23] . Perlin 1999, p. 50.

[24] . Perlin 1999, p. 53.

[25] . Williams, Neville (2005).

Perseguindo o Sol: Solar Adventures Around World. New Society Publishers. p. 84. ISBN 9781550923124.

[26] . Jones, Geoffrey; Bouamane, Loubna (2012). Harvard Business School. pp. 22-23.

[27] . Perlin 1999, p. 54.

[28]   . The National Science Foundation: Uma Breve História, Capítulo IV, NSF 88-16, 15 de julho de 1994 (recuperado em 20 de junho de 2015)

[29]   . Herwig, Lloyd O. (1999). "Cherry Hill revisitada: Eventos de fundo e estado da tecnologia fotovoltaica". Centro Nacional de Energia Fotovoltaica (NCPV) 15ª reunião de revisão do programa. Vol. 462. p. 785.

[30]   . Deyo, J. N.; et al. (15-18 de novembro de 1976). Estado do projeto ERDA/NASA de testes e aplicações fotovoltaicas. 12ª IEEE Photovoltaic Specialists Conf.

[31]   . "As ligações multinacionais - quem faz o quê onde". New Scientist. Vol. 84, no. 1177. Reed Business Information. 18 de outubro de 1979.

[32]   . "Preços dos painéis solares (PV) vs. capacidade acumulada". OurWorldInData.org. 2023. Arquivado em 29 de setembro de 2023.

[33]   . Yu, Peng; et al. (1 de dezembro de 2016). "Conceção e fabrico de nanofios de Si para células solares eficientes". Nano Today. 11 (6): 704-737.

[34]   . "Referência de custos do sistema solar fotovoltaico dos EUA: Q1 2018". Laboratório Nacional de Energia Renovável (NREL). p. 26. Recuperado em 3 de junho de 2021.

[35]   . "Referência de custos do sistema solar fotovoltaico e de armazenamento de energia dos EUA: Q1 2020". Laboratório Nacional de Energia Renovável (NREL). Recuperado em 3 de junho de 2021.

[36]   . "Sunny Uplands: A energia alternativa deixará de ser alternativa". The Economist. 21 de novembro de 2012. Recuperado em 28 de dezembro de 2012.

[37]   . Acções solares: O castigo é adequado ao crime? 24/7 Wall St. (6 de outubro de 2011). Recuperado em 3 de janeiro de 2012.

[38]   . Parkinson, Giles (7 de março de 2013). "Custo de queda da energia solar fotovoltaica (gráficos)". Clean Technica. Recuperado em 18 de maio de 2013.

[39]   . "Snapshot of Global PV 1992-2014". Agência Internacional de Energia - Programa de Sistemas de Energia FV. 30 de março de 2015. Arquivado em 7 de abril de 2015.

[40]   . "Energia solar-renovável. Revisão da Economia Mundial de Energia-Energia". bp.com. Arquivado em 23 de março de 2018. Recuperado em 2 de setembro de 2017.

[41]   . Mann, Sander A.; et al. (1 de novembro de 2014).

"O tempo de retorno de energia dos módulos fotovoltaicos avançados de silício cristalino em 2020: um estudo prospetivo". Progresso em Fotovoltaica: Investigação e Aplicações. 22 (11): 1180-1194.

[42]   . Jaeger, Joel (20 de setembro de 2021).

"Explicando o crescimento exponencial das energias renováveis". Recuperado em 8 de novembro de 2021.

[43]   . "Os painéis solares são difíceis de reciclar. Estas empresas estão a tentar resolver isso". MIT Technology Review. Recuperado em 8 de novembro de 2021.

[44]   . "BP Global - Relatórios e publicações - Rumo à paridade da rede". Arquivado em 8 de junho de 2011. Recuperado em 4 de agosto de 2012. Bp.com. Recuperado em 19 de janeiro de 2011.

[45]   . BP Portugal - Relatórios e publicações - Ganhar na rede. Bp.com. agosto de 2007.

[46]   . O caminho para a paridade da grelha. bp.com

[47]   . Peacock, Matt (20 de junho de 2012) A indústria solar celebra a paridade da rede, ABC News.

[48]   . Baldwin, Sam (20 de abril de 2011).

Eficiência energética e energias renováveis: Desafios e oportunidades. Exposição do SuperCluster de Energia Limpa da Universidade Estadual do Colorado. Departamento de Energia dos EUA.

[49]   . "Pequenos fabricantes chineses de energia solar dizimados em 2012". Plataforma de comércio solar da ENF e diretório de empresas solares. ENF Ltd. 8 de janeiro de 2013. Recuperado em 1 de junho de 2013.

[50]   . "O que é um painel solar e como funciona?". Energuide.be. Sibelga. Recuperado em 3 de janeiro de 2017.

[51]   . Martin, Chris (30 de dezembro de 2016).

"Painéis solares agora tão baratos que os fabricantes provavelmente estão a vender com prejuízo". Bloomberg View. Bloomberg LP. Recuperado em 3 de janeiro de 2017.

[52]   . Shankleman, Jessica; Martin, Chris (3 de janeiro de 2017).

"Solar pode vencer o carvão para se tornar a energia mais barata da Terra". Bloomberg View. Bloomberg LP. Recuperado em 3 de janeiro de 2017.

[53]   . Kumar, Ankush (3 de janeiro de 2017).

"Previsão da eficiência de células solares baseadas em eléctrodos transparentes". Journal of Applied Physics. 121 (1): 014502.

[54]   . "Eficiência da célula solar | PVEducation". www.pveducation.org. Arquivado em 31 de janeiro de 2018. Recuperado em 31 de janeiro de 2018.

[55]   . "T.Bazouni: Qual é o fator de preenchimento de um painel solar".

Arquivado em 15 de abril de 2009. Recuperado em 17 de fevereiro de 2009.

[56]   . Ruhle, Sven (8 de fevereiro de 2016).

"Valores tabulados Células solares de junção única com limite de Shockley-Queisser". Solar Energy. 130: 139-147.

[57]   . Vos, A. (1980). "Limite de equilíbrio detalhado da eficiência das células solares em tandem". Jornal de Física D: Applied Physics. 13 (5): 839.

[58]   . Bullis, Kevin (13 de junho de 2014)

Célula solar que bate recordes aponta o caminho para uma energia mais barata. MIT Technology Review.

Capítulo 5

Células solares de segunda geração

5.1.Prefácio

As células solares de película fina são um tipo de célula solar fabricada através da deposição de uma ou mais camadas finas (películas finas ou TF) de material fotovoltaico num substrato, como vidro, plástico ou metal. As células solares de película fina têm normalmente uma espessura de alguns nanómetros (nm) a alguns microns (pm) - muito mais finas do que as bolachas utilizadas nas células solares convencionais à base de silício cristalino (c-Si), que podem ter até 200 pm de espessura. As células solares de película fina são utilizadas comercialmente em várias tecnologias, incluindo o telureto de cádmio (CdTe), o disseleneto de cobre, índio e gálio (CIGS) e o silício amorfo de película fina (a-Si, TF-Si).

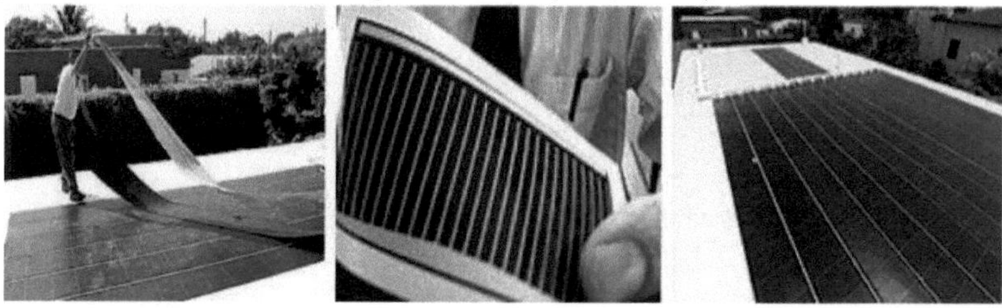

Células solares de película fina, uma segunda geração de células solares fotovoltaicas (PV):

- direita: laminados de silício de película fina a serem instalados num telhado.
- Meio: Célula solar CIGS num suporte de plástico flexível e painéis rígidos de CdTe montados numa estrutura de suporte
- Esquerda: laminados de película fina em telhados

As células solares são frequentemente classificadas nas chamadas gerações, com base nas camadas activas (que absorvem a luz solar) utilizadas para as produzir, sendo as células solares mais bem estabelecidas ou de primeira geração feitas de silício monocristalino ou multicristalino. Esta é a tecnologia dominante atualmente utilizada na maioria dos sistemas solares fotovoltaicos. A maior parte das células solares de película fina são classificadas como de segunda geração, fabricadas com camadas finas de materiais bem estudados, como o silício amorfo (a-Si), o telureto de cádmio (CdTe), o seleneto de cobre, índio e gálio (CIGS) ou o arsenieto de gálio (GaAs). As células solares fabricadas com materiais mais recentes e menos estabelecidos são classificadas como células solares de terceira geração ou emergentes.

Incluem-se aqui algumas tecnologias inovadoras de película fina, como as células solares de perovskite, sensibilizadas por corantes, de pontos quânticos, orgânicas e de película fina CZTS.

As células de película fina têm várias vantagens em relação às células solares de silício da primeira geração, incluindo o facto de serem mais leves e mais flexíveis devido à sua construção fina. Isto torna-as adequadas para utilização em sistemas fotovoltaicos integrados em edifícios e como material de vidro fotovoltaico semi-transparente que pode ser laminado em janelas. Outras aplicações comerciais utilizam painéis solares rígidos de película fina (intercalados entre dois painéis de vidro) em algumas das maiores centrais eléctricas fotovoltaicas do mundo. Além disso, os materiais utilizados nas células solares de película fina são normalmente produzidos através de métodos simples e moduláveis, mais rentáveis do que as células de primeira geração, o que conduz, em muitos casos, a menores impactos ambientais, como as emissões de gases com efeito de estufa (GEE). As células de película fina também superam normalmente as fontes renováveis e não renováveis de produção de eletricidade em termos de toxicidade humana e de emissões de metais pesados.

Apesar dos desafios iniciais com a conversão eficiente da luz, especialmente entre os materiais fotovoltaicos de terceira geração, a partir de 2023 algumas células solares de película fina atingiram eficiências de até 29,1% para células GaAs de película fina de junção única, excedendo o máximo de 26,1% de eficiência para células solares de primeira geração de junção única padrão. As células concentradoras de junção múltipla que incorporam tecnologias de película fina atingiram eficiências até 47,6% em 2023 [1].

Ainda assim, verificou-se que muitas tecnologias de película fina têm tempos de vida operacionais mais curtos e maiores taxas de degradação do que as células de primeira geração em testes de vida acelerados, o que contribuiu para a sua implantação algo limitada. A nível mundial, a quota de mercado das tecnologias de película fina no mercado fotovoltaico mantém-se em cerca de 5% em 2023 [2]. No entanto, a tecnologia de película fina tornou-se consideravelmente mais popular nos Estados Unidos, onde as células de CdTe representaram, por si só, quase 30% da nova implantação à escala da utilidade em 2022 [3].

5.2. História

Quota de mercado das tecnologias de película fina em termos de produção anual desde 1980 A investigação inicial sobre células solares de película fina começou na década de 1970. Em 1970, a equipa de Zhores Alferov no Instituto Ioffe criou as primeiras células solares de arsenieto de gálio (GaAs), tendo mais tarde ganho o Prémio Nobel da Física de 2000 por este e outros trabalhos [4, 5]. Dois anos mais tarde, em 1972, o Prof. Karl Boer fundou o Instituto de Conversão de Energia (IEC) na Universidade de Delaware para aprofundar a investigação solar em película fina. O instituto começou por se concentrar nas células de sulfureto de cobre/sulfureto de cádmio (Cu2S/CdS) e, mais tarde, em 1975, expandiu-se também para as películas finas de fosforeto de zinco (Zn3P2) e silício amorfo (a-Si) [6]. Em 1973, a IEC estreou uma casa alimentada a energia solar, a Solar One, no primeiro exemplo de energia fotovoltaica integrada num edifício residencial [7]. Na década seguinte, o interesse pela tecnologia de película fina para utilização comercial e aplicações aeroespaciais [8] aumentou significativamente, tendo várias empresas iniciado o desenvolvimento de dispositivos solares de película fina de silício amorfo [9]. As eficiências solares de película fina subiram para 10% para Cu2S/CdS em 1980 [10] e, em 1986, a ARCO Solar lançou a primeira célula solar de película fina disponível no mercado, a G-4000, feita de silício amorfo [11].

Nas décadas de 1990 e 2000, as células solares de película fina registaram aumentos significativos nas eficiências máximas e na expansão das tecnologias de película fina existentes para novos sectores. Em 1992, foi desenvolvida uma célula solar de película fina com uma eficiência superior a 15% na Universidade do Sul da Florida [12]. Apenas sete anos mais tarde, em 1999, o Laboratório Nacional de Energias Renováveis dos EUA (NREL) e a Spectrolab colaboraram numa célula solar de arsenieto de gálio de três junções que atingiu uma eficiência de 32% [13]. Nesse mesmo ano, a Kiss + Cathcart concebeu células solares transparentes de película fina para algumas das janelas de 4 Times Square, gerando eletricidade suficiente para alimentar 5-7 casas [14]. Em 2000, a BP Solar introduziu duas novas células solares comerciais baseadas na tecnologia de película fina [12]. Em 2001, as primeiras células solares orgânicas de película fina foram desenvolvidas na Universidade Johannes Kepler de Linz. Em 2005, as células solares de GaAs ficaram ainda mais finas com as primeiras células autónomas (sem substrato) introduzidas por investigadores da Universidade de Radboud [15].

Esta foi também uma época de avanços significativos na exploração de novos materiais solares de terceira geração - materiais com potencial para ultrapassar os limites teóricos de eficiência dos materiais tradicionais de estado sólido [16]. Em 1991, foi desenvolvida a primeira célula solar sensibilizada por corante de elevada eficiência, substituindo a camada semicondutora sólida normal (ativa) da célula por uma mistura de eletrólito líquido contendo corante que absorve a luz [17]. No início da década de

2000, iniciou-se o desenvolvimento de células solares de pontos quânticos [16], tecnologia posteriormente certificada pelo NREL em 2011 [18]. Em 2009, investigadores da Universidade de Tóquio relataram um novo tipo de célula solar utilizando perovskites como camada ativa e alcançando uma eficiência superior a 3% [19], com base no trabalho de Murase Chikao de 1999 que criou uma camada de perovskite capaz de absorver a luz [20].

Na década de 2010 e no início da década de 2020, a inovação na tecnologia solar de película fina incluiu esforços para alargar a tecnologia solar de terceira geração a novas aplicações e para diminuir os custos de produção, bem como melhorias significativas da eficiência dos materiais de segunda e terceira geração. Em 2015, a Kyung-In Synthetic lançou as primeiras células solares de jato de tinta, células solares flexíveis fabricadas com impressoras industriais [21]. Em 2016, o Laboratório de Eletrónica Orgânica e Nanoestruturada (ONE) de Vladimir Bulovic, do Instituto de Tecnologia de Massachusetts (MIT), criou células de película fina suficientemente leves para se colocarem em cima de bolhas de sabão [22]. Em 2022, o mesmo grupo introduziu células solares orgânicas flexíveis de película fina integradas num tecido [23, 24].

A tecnologia solar de película fina atingiu um pico de quota de mercado global de 32% da nova implantação fotovoltaica em 1988, antes de diminuir durante várias décadas e atingir outro pico, mais pequeno, de 17%, novamente em 2009 [25, 26]. A quota de mercado diminuiu então de forma constante para 5% em 2021 a nível mundial; no entanto, a tecnologia de película fina conquistou aproximadamente 19% da quota de mercado total dos EUA no mesmo ano, incluindo 30% da produção à escala dos serviços públicos [27].

5.3. Teoria de funcionamento

Numa célula solar típica, o efeito fotovoltaico é utilizado para gerar eletricidade a partir da luz solar. A camada absorvente de luz ou "camada ativa" da célula solar é tipicamente um material semicondutor, o que significa que existe um intervalo no seu espetro de energia entre a banda de valência dos electrões localizados em torno dos iões hospedeiros e a banda de condução dos electrões de maior energia, que são livres de se moverem por todo o material. Para a maioria dos materiais semicondutores à temperatura ambiente, os electrões que não ganharam energia extra de outra fonte existirão em grande parte na banda de valência, com poucos ou nenhuns electrões na banda de condução. Quando um fotão solar atinge a camada ativa semicondutora de uma célula solar, os electrões da banda de valência podem absorver a energia do fotão e ser excitados para a banda de condução, permitindo-lhes mover-se livremente pelo material. Quando isto acontece, um estado de eletrão vazio (ou buraco) é deixado para trás na banda de valência. Juntos, o eletrão da banda de condução e o buraco da banda de valência são designados por par eletrão-buraco. Tanto o eletrão como o buraco do par eletrão-buraco podem mover-se livremente através do material como eletricidade [28]. No entanto, se o par eletrão-buraco não for separado, o eletrão e o buraco podem recombinar-se no estado original de menor energia, libertando um fotão com a energia correspondente. No equilíbrio termodinâmico, o processo de avanço (absorção de um fotão para excitar um par eletrão-buraco) e o processo inverso (emissão de um fotão para destruir um par eletrão-buraco) devem ocorrer à mesma velocidade, de acordo com o princípio do equilíbrio detalhado. Por conseguinte, para construir uma célula solar a partir de um material semicondutor e extrair corrente durante o processo de excitação, o eletrão e o buraco do par eletrão-buraco devem ser separados. Isto pode ser conseguido de várias formas diferentes, mas a mais comum é com uma junção p-n, em que uma camada semicondutora positivamente dopada (tipo p) e uma camada semicondutora negativamente dopada (tipo n) se encontram, criando uma diferença de potencial químico que atrai os electrões numa direção e os buracos na outra, separando o par eletrão-buraco [29].

Numa célula solar de película fina, o processo é praticamente o mesmo, mas a camada semicondutora ativa é muito mais fina. Isto pode ser possível devido a uma propriedade intrínseca do material semicondutor utilizado que lhe permite converter um número particularmente elevado de fotões por espessura. Por exemplo, alguns materiais de película fina têm um intervalo de banda direto, o que significa que os estados dos electrões das bandas de condução e de valência têm o mesmo momento em vez de momentos diferentes, como no caso de um semicondutor de intervalo de banda indireto como o silício. A existência de um "bandgap" direto elimina a necessidade de uma fonte ou sumidouro de momento (normalmente uma vibração da rede, ou um fão), simplificando o processo de absorção de um fotão em duas etapas, transformando-o num processo de uma única etapa [30].

Noutras células solares de película fina, a camada semicondutora pode ser inteiramente substituída por outro material absorvente de luz, por exemplo, uma solução electrolítica e moléculas de corante foto-ativo numa célula solar sensibilizada por corante ou por pontos quânticos numa célula solar de pontos quânticos.

5.4. Materiais

As tecnologias de película fina reduzem a quantidade de material ativo numa célula. A camada ativa pode ser colocada num substrato rígido feito de vidro, plástico ou metal ou a célula pode ser feita com um substrato flexível como um tecido. As células solares de película fina tendem a ser mais baratas do que as células de silício cristalino e têm um impacto ecológico menor (determinado pela análise do ciclo de vida) [31]. A sua natureza fina e flexível torna-as também ideais para aplicações como a energia fotovoltaica integrada em edifícios. A maioria dos painéis de película fina tem eficiências de conversão 2-3 pontos percentuais inferiores às do silício cristalino [32], embora alguns materiais de película fina superem os painéis de silício cristalino em termos de eficiência. O telureto de cádmio (CdTe), o seleneto de cobre, índio e gálio (CIGS) e o silício amorfo (a-Si) são três das tecnologias de película fina mais proeminentes.

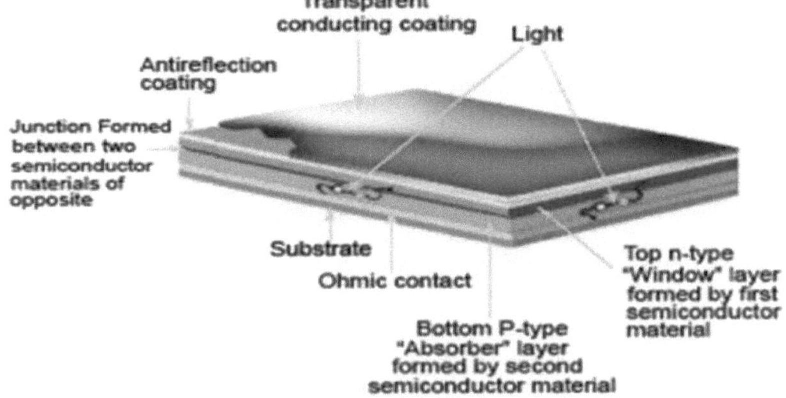

Secção transversal de uma célula solar de película fina.

5.4.1. Materiais de película fina de segunda geração

5.4.1.1.   Telureto de cádmio

O telureto de cádmio (CdTe) é um material calcogeneto que constitui a tecnologia de película fina predominante. Com cerca de 5% da produção fotovoltaica mundial, representa mais de metade do mercado de películas finas. A eficiência laboratorial da célula também aumentou significativamente nos últimos anos e está a par da película fina de CIGS e próxima da eficiência do silício multicristalino a partir de 2013 [33]. Além disso, o CdTe tem o tempo de retorno de energia mais baixo de todas as tecnologias fotovoltaicas produzidas em massa, e pode ser tão curto quanto oito meses em locais favoráveis [33]. O CdTe também tem um desempenho melhor do que a maioria dos outros materiais fotovoltaicos de película fina em muitos factores importantes de impacto ambiental, como o potencial de aquecimento global e as emissões de metais pesados [34]. Um fabricante proeminente é a empresa americana First Solar, sediada em Tempe, Arizona, que produz painéis de CdTe com uma eficiência de cerca de 18% [35].

Embora a toxicidade do cádmio possa não ser assim tão problemática e as preocupações ambientais fiquem completamente resolvidas com a reciclagem dos módulos de CdTe no fim do seu tempo de vida [36], existem ainda incertezas [37] e a opinião pública é cética em relação a esta tecnologia [38, 39]. A utilização de materiais raros pode também tornar-se um fator limitativo da escalabilidade industrial da tecnologia de película fina de CdTe. A raridade do telúrio - do qual o telureto é a forma aniónica - é comparável à da platina na crosta terrestre e contribui significativamente para o custo do módulo [40].

5.4.1.2. Seleneto de cobre, índio e gálio (CIGS)

Eficiências de registo laboratorial do CIGS (atualizado a 12/02/2024)		
	Célula	**Módulo**
Substrato de vidro	23.6 % [41]	20.3 % [42]
Substrato flexível	22.2 % [43]	18.6 % [44]

Tal como o CdTe, o seleneto de cobre, índio e gálio (CIGS) e as suas variações são semicondutores compostos de calco-geneto. As células solares CIGS atingiram uma eficiência laboratorial superior a 23% (ver quadro) e uma quota de 0,8% no mercado fotovoltaico global em 2021 [45]. Numerosas empresas produziram células e módulos solares CIGS, mas algumas delas reduziram significativamente ou cessaram a produção nos últimos anos.

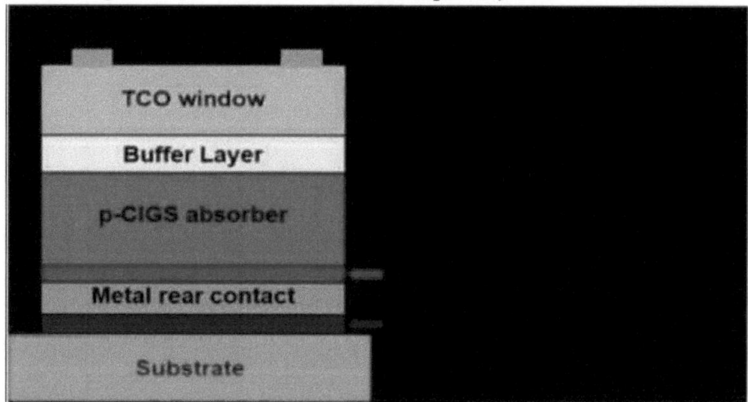

Configuração de uma célula solar CIGS típica numa imagem de secção transversal SEM.

A investigação atual visa melhorar as propriedades relacionadas com o fabrico e a funcionalidade, modificando ou substituindo as camadas

individuais, por exemplo:
-   Estão a ser estudados materiais alternativos para substituir o sulfureto de cádmio como camada tampão devido ao seu potencial de risco [46].
-   O molibdénio, como contacto posterior, é substituído por uma película condutora transparente, a fim de obter células solares bifaciais [47].
Célula solar CIGS flexível, produzida na Solarion AG (substrato: poliimida)
As células solares CIGS apresentam uma perda de eficiência particularmente baixa, quando depositadas num substrato flexível em vez de vidro (ver quadro), pelo que são consideradas candidatas promissoras para módulos solares flexíveis e leves [48].
Para além do potencial de desenvolvimento das outras camadas da célula solar, o material absorvente CIGS tem a propriedade notável de o seu intervalo de banda poder ser regulado ajustando a proporção de índio e gálio no composto. Ao ajustar o intervalo de banda, a fração do espetro solar que é absorvida pela célula solar pode ser alterada, tornando as células CIGS especialmente interessantes como componentes de células solares de junção múltipla [48].
Também é possível substituir parcialmente o cobre por prata e o selénio por enxofre, obtendo-se o composto (AgzCu1-z) (In1-xGax)(Se1-ySy)2. Para distinguir o composto sem enxofre, é por vezes abreviado CIGSe, enquanto o acrónimo CIGS pode referir-se tanto a compostos com enxofre como com selénio. O composto que contém prata é por vezes referido como ACIGS.

5.4.1.3. Silício

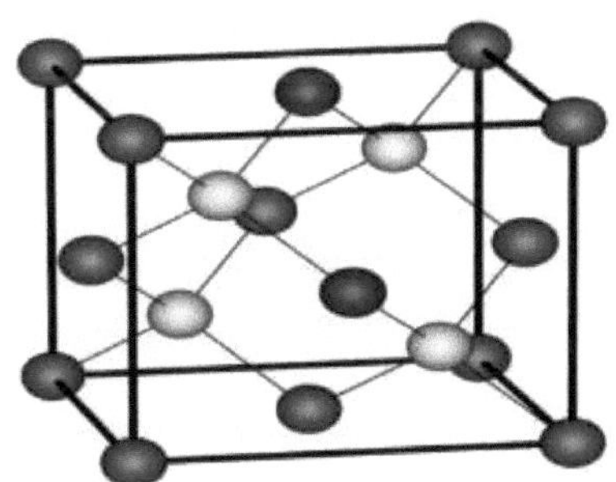

Estruturas cristalinas possíveis do silício.

Existem três arquitecturas proeminentes de película fina de silício:
-   Células de silício amorfo
-   Células em tandem amorfas / microcristalinas (micromorfo)
-   Silício policristalino de película fina sobre vidro [49].

5.4.1.4. Silício amorfo

O silício amorfo (a-Si) é uma forma alotrópica e não cristalina de silício e a tecnologia de película fina mais desenvolvida até à data. O silício de película fina é uma alternativa ao silício cristalino convencional em bolacha (ou a granel). Embora as células de película fina à base de calcogenetos CdTe e CIS tenham sido desenvolvidas em laboratório com grande sucesso, continua a haver interesse da indústria nas células de película fina à base de silício. Os dispositivos à base de silício apresentam menos problemas do que os seus homólogos de CdTe e CIS, tais como problemas de toxicidade e humidade nas células de CdTe e baixos rendimentos de fabrico de CIS devido à complexidade do material. Além disso, devido à resistência política à utilização de materiais não "verdes" na produção de energia solar, não existe qualquer estigma na utilização do silício normal.

Este tipo de célula de película fina é maioritariamente fabricado através de uma técnica designada por deposição de vapor químico melhorada por plasma. Utiliza uma mistura gasosa de silano (SiH4) e hidrogénio para depositar uma camada muito fina de apenas 1 micrómetro (gm) de silício num substrato, como o vidro, o plástico ou o metal, que já foi revestido com uma camada de óxido condutor transparente. Outros métodos utilizados para depositar silício amorfo num substrato incluem as técnicas de pulverização catódica e de deposição de vapor químico por fio quente [50].

O a-Si é atrativo como material para células solares porque é um material abundante e não tóxico. Requer uma temperatura de processamento baixa e permite uma produção escalável num substrato flexível e de baixo custo, com pouco material de silício necessário. Devido ao seu intervalo de 1,7 eV, o silício amorfo também absorve uma gama muito ampla do espetro de luz, que inclui infravermelhos e mesmo alguns ultravioletas, e tem um bom desempenho com luz fraca. Isto permite que a célula produza energia de manhã cedo ou ao fim da tarde e em dias nublados e chuvosos, ao contrário das células de silício cristalino, que são significativamente menos eficientes quando expostas à luz difusa e indireta do dia. No entanto, a eficiência de uma célula de a-Si sofre uma queda significativa de cerca de 10 a 30 por cento durante os primeiros seis meses de funcionamento. Este é o chamado efeito Staebler-Wronski (SWE) - uma perda típica na produção eléctrica devido a alterações na fotocondutividade e na condutividade escura causadas pela exposição prolongada à luz solar. Embora esta degradação seja perfeitamente reversível após recozimento a uma temperatura igual ou superior a 150 °C, as células solares c-Si convencionais não apresentam este efeito em primeiro lugar.

Produto aeroespacial com PV solar de película fina flexível da United Solar Ovonic A sua estrutura eletrónica básica é a junção p-i-n. A estrutura amorfa do a-Si implica uma elevada desordem inerente e ligações pendentes, tornando-o um mau condutor de portadores de carga. Estas ligações pendentes actuam como centros de recombinação que reduzem severamente o tempo de vida dos portadores. Normalmente, é utilizada uma estrutura p-i-n, por oposição a uma estrutura n-i-p. Isto deve-se ao facto de a mobilidade dos electrões no a-Si:H ser cerca de 1 ou 2 ordens de grandeza superior à dos buracos, pelo que a taxa de recolha dos electrões que se deslocam do contacto tipo n para o contacto tipo p é melhor do que a dos buracos que se deslocam do contacto tipo p para o contacto tipo n. Por conseguinte, a camada do tipo p deve ser colocada no topo, onde a intensidade da luz é mais forte, para que a maioria dos portadores de carga que atravessam a junção sejam electrões [51].

5.4.1.5. Célula em tandem utilizando a-Si/^c-Si

Uma camada de silício amorfo pode ser combinada com camadas de outras formas alotrópicas de silício para produzir uma célula solar de junção múltipla. Quando apenas duas camadas (duas junções p-n) são combinadas, dá-se o nome de célula tandem. Ao empilhar estas camadas umas sobre as outras, é absorvida uma gama mais vasta de espectros de luz, melhorando a eficiência global da célula.

No silício micromórfico, uma camada de silício microcristalino (gc-Si) é combinada com silício amorfo, criando uma célula em tandem. A camada superior de a-Si absorve a luz visível, deixando a parte infravermelha para a camada inferior de gc-Si. O conceito de célula empilhada micromórfica foi criado e patenteado pelo Instituto de Microtecnologia da Universidade de Neuchatel, na Suíça [52], e foi licenciado à TEL Solar. Um novo módulo fotovoltaico recorde mundial baseado no conceito micromorfo com uma eficiência de módulo de 12,24% foi certificado de forma independente em julho de 2014 [53].

Uma vez que todas as camadas são feitas de silício, podem ser fabricadas utilizando PECVD. O intervalo de banda do a-Si é de 1,7 eV e o do c-Si é de 1,1 eV. A camada de c-Si pode absorver luz vermelha e infravermelha. A melhor eficiência pode ser alcançada na transição entre a-Si e c-Si. Uma vez que o silício nanocristalino (nc-Si) tem aproximadamente o mesmo "bandgap" que o c-Si, o nc-Si pode substituir o c-Si [54].

5.4.1.6. Célula em tandem utilizando a-Si/pc-Si

O silício amorfo pode também ser combinado com silício protocristalino (pc-Si) numa célula em tandem. O silício protocristalino com uma baixa fração volumétrica de silício nanocristalino é ideal para uma elevada tensão de circuito aberto [55]. Estes tipos de silício apresentam ligações pendentes e torcidas, o que resulta em defeitos profundos (níveis de energia no intervalo de banda), bem como na deformação das bandas de valência e de condução (caudas de banda).

5.4.1.7.   Silício policristalino sobre vidro

Uma nova tentativa de fundir as vantagens do silício a granel com as dos dispositivos de película fina é a película fina de silício policristalino sobre vidro. Estes módulos são produzidos através da deposição de um revestimento antirreflexo e de silício dopado em substratos de vidro texturizado, utilizando a deposição de vapor químico enriquecido com plasma (PECVD). A textura do vidro aumenta a eficiência da célula em cerca de 3%, reduzindo a quantidade de luz incidente que se reflecte da célula solar e retendo a luz no interior da célula solar. A película de silício é cristalizada por uma etapa de recozimento, a temperaturas de 400-600 Celsius, resultando em silício policristalino.

Estes novos dispositivos apresentam eficiências de conversão de energia de 8% e elevados rendimentos de fabrico de >90%. O silício cristalino sobre vidro (CSG), em que o silício policristalino tem uma dimensão de 1-2 micrómetros, destaca-se pela sua estabilidade e durabilidade; a utilização de técnicas de película fina contribui igualmente para uma redução dos custos em relação à energia fotovoltaica a granel. Estes módulos não requerem a presença de uma camada de óxido condutor transparente. Isto simplifica duplamente o processo de produção: não só se pode saltar esta etapa, como a ausência desta camada torna o processo de construção de um esquema de contacto muito mais simples. Estas duas simplificações reduzem ainda mais o custo de produção. Apesar das numerosas vantagens em relação às concepções alternativas, as estimativas dos custos de produção por unidade de área mostram que o custo destes dispositivos é comparável ao das células de película fina amorfa de junção simples [49].

5.4.1.8.   Arsenieto de gálio

O arsenieto de gálio (GaAs) é um semicondutor III-V de bandgap direto e é um material muito comum utilizado em células solares de película fina monocristalinas. As células solares de GaAs têm continuado a ser uma das células solares de película fina com melhor desempenho devido às suas excepcionais propriedades de resistência ao calor e elevadas eficiências [56]. A partir de 2019, as células GaAs monocristalinas apresentaram a maior eficiência de célula solar de qualquer célula solar de junção única, com uma eficiência de 29,1% [57]. Esta célula recordista alcançou esta elevada eficiência através da implementação de um espelho traseiro na superfície traseira para aumentar a absorção de fotões, o que permitiu à célula atingir uma impressionante densidade de corrente de curto-circuito e um valor de tensão de circuito aberto próximo do limite de Shockley-Queisser [58]. Como resultado, as células solares de GaAs quase atingiram a sua eficiência máxima, embora possam ainda ser introduzidas melhorias através da utilização de estratégias de captura de luz [59].

As películas finas de GaAs são mais frequentemente fabricadas utilizando o crescimento epitaxial do semicondutor num material de substrato. A técnica de remoção epitaxial (ELO), demonstrada pela primeira vez em 1978, provou ser a mais promissora e eficaz. Neste método, a camada de película fina é removida do substrato através da gravação selectiva de uma camada de sacrifício colocada entre a película epitaxial e o substrato [60]. A película de GaAs e o substrato permanecem minimamente danificados durante o processo de separação, permitindo a reutilização do substrato hospedeiro [61]. Com a reutilização do substrato, os custos de fabrico podem ser reduzidos, mas não completamente eliminados, uma vez que o substrato só pode ser reutilizado um número limitado de vezes. Este processo ainda é relativamente dispendioso e continua a ser feita investigação para encontrar formas mais económicas de fazer crescer a camada de película epitaxial num substrato.

Apesar do elevado desempenho das células de película fina de GaAs, os custos elevados do material impedem a sua adoção em larga escala na indústria das células solares. O GaAs é mais frequentemente utilizado em células solares multijunção para painéis solares em naves espaciais, uma vez que a maior relação potência/peso reduz os custos de lançamento da energia solar espacial (células InGaP/(In)GaAs/Ge). São também utilizadas em células fotovoltaicas concentradoras, uma tecnologia emergente mais adequada para locais que recebem muita luz solar, utilizando lentes para focar a luz solar numa célula solar concentradora de GaAs muito mais pequena e, por conseguinte, menos dispendiosa.

5.5. Aplicações

5.5.1. Células solares transparentes

Em 2022, foram comunicadas células solares semitransparentes tão grandes como janelas [62], depois de os membros da equipa do estudo terem alcançado uma eficiência recorde com elevada transparência em 2020 [63, 64]. Também em 2022, outros investigadores relataram o fabrico de células solares com uma transparência visível média recorde de 79%, sendo quase invisíveis [65, 66].

5.5.2. Energia fotovoltaica integrada em edifícios

Os materiais fotovoltaicos de película fina tendem a ser leves e flexíveis por natureza, o que se presta naturalmente à fotovoltaica integrada em edifícios (BIPV) [67]. Exemplos comuns incluem a integração de módulos semi-transparentes em janelas [68] e a utilização de painéis rígidos de película fina para substituir o material de cobertura. O BIPV pode reduzir significativamente os impactos ambientais ao longo do tempo de vida (como a emissão de gases com efeito de estufa (GEE)) devido aos módulos de células solares, devido às emissões evitadas associadas à não utilização dos materiais de construção habituais [69].

5.6. Eficiências

Apesar das eficiências inicialmente mais baixas no momento da sua introdução, muitas tecnologias de película fina têm eficiências comparáveis às das células solares convencionais de silício cristalino não concentrador de junção única, que têm uma eficiência máxima de 26,1% em 2023. De facto, tanto as células de película fina de GaAs como as de cristal único de GaAs têm eficiências máximas superiores, de 29,1% e 27,4%, respetivamente. As eficiências máximas das células de película fina não concentradoras de junção única de vários materiais de película fina importantes são apresentadas no gráfico.

Melhor eficiência de células solares de película fina (atualizado a 27/03/2023)	
Tipo de célula solar	**Melhor eficiência (%)**
Película fina de GaAs	29.1
Cristal único de GaAs	27.8
Silício monocristalino*	26.1
Perovskitas	25.7
Silício multi-cristalino*	24.4
CIGS	23.6
CdTe	22.1
C-Si de película fina	21.7
Orgânico	18.2
Ponto quântico	18.1
Silício amorfo	14
Sensibilizado por corante	13
CZTSSe	13
***Não é de película fina, incluído apenas para comparação. Dados de Conjunto de dados NREL 2023 Best Research-Cell Efficiency.**	

5.6.1. Eficiências dos módulos comerciais

É importante notar que as eficiências máximas alcançadas num ambiente laboratorial são geralmente superiores às eficiências das células fabricadas, que muitas vezes têm eficiências 20-50% inferiores. Em 2021, a eficiência máxima das células solares fabricadas era de 24,4% para o silício monocristalino, 20,4% para o silício policristalino, 12,3% para o silício amorfo, 19,2% para o CIGS e 19% para os módulos de CdTe [70]. O protótipo de célula de película fina com a melhor eficiência rende 20,4% (First Solar), comparável à melhor eficiência do protótipo de célula solar convencional de 25,6% da Panasonic [71, 72].

O recorde anterior de eficiência das células solares de película fina, de 22,3%, foi alcançado pela Solar Frontier, o maior fornecedor de energia solar CIS (cobre, índio e selénio) do mundo. Numa investigação conjunta com a Organização para o Desenvolvimento de Novas Energias e Tecnologias Industriais (NEDO) do Japão, a Solar Frontier atingiu uma eficiência de conversão de 22,3% numa célula de 0,5 cm2 utilizando a sua tecnologia CIS. Este valor representa um aumento de 0,6 pontos percentuais em relação ao anterior recorde da indústria de película fina de 21,7% [73].

5.6.2. Cálculo da eficiência

A eficiência de uma célula solar quantifica a percentagem de luz incidente na célula solar que é convertida em eletricidade utilizável. Existem muitos factores que afectam a eficiência de uma célula solar, pelo que a eficiência pode ser ainda mais parametrizada por quantidades numéricas adicionais, incluindo a corrente de curto-circuito, a tensão de circuito aberto, o ponto de potência máxima, o fator de preenchimento e a eficiência quântica. A corrente de curto-circuito é a corrente máxima que a célula pode transmitir sem carga de tensão. Do mesmo modo, a tensão de circuito aberto é a tensão que atravessa o dispositivo sem corrente ou, em alternativa, a tensão necessária para que não flua corrente. Numa curva de corrente vs. tensão (IV), a tensão de circuito aberto é a interceção horizontal da curva com o eixo da tensão e a corrente de curto-circuito é a interceção vertical da curva com o eixo da corrente. O ponto de potência máxima é o ponto ao longo da curva onde se atinge a potência máxima de saída da célula solar e a área do retângulo com comprimentos laterais iguais às coordenadas da corrente e da tensão do ponto de potência máxima é designada por fator de preenchimento. O fator de enchimento é uma medida da potência que a célula solar atinge neste ponto de potência máxima. Intuitivamente, as curvas IV com uma forma mais quadrada e um topo e um lado mais planos terão um fator de preenchimento maior e, por conseguinte, uma eficiência mais elevada [74]. Enquanto estes parâmetros caracterizam a eficiência da célula solar com base sobretudo nas suas propriedades eléctricas macroscópicas, a eficiência quântica mede o rácio entre o número de fotões incidentes na célula e o número de portadores de carga extraídos (eficiência quântica externa) ou o rácio entre o número de fotões absorvidos pela célula e o número de portadores de carga extraídos (eficiência quântica interna). De qualquer modo, a eficiência quântica é uma sonda mais direta da estrutura microscópica da célula solar [75].

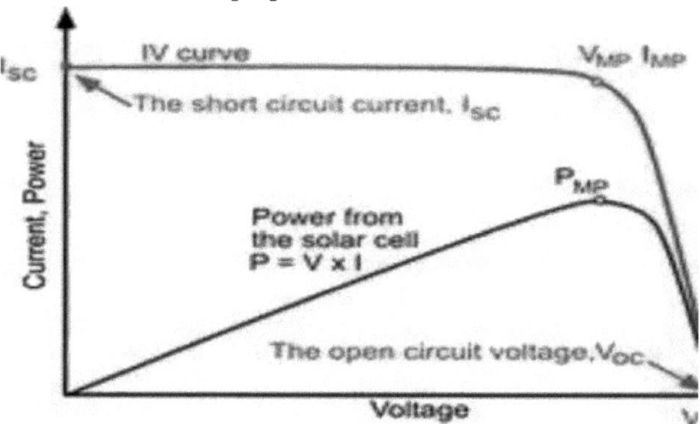

Esquema da curva I-V de uma célula solar.

5.6.3. Aumentar a eficiência

Algumas células solares de terceira geração aumentam a eficiência através da integração da geometria de dispositivos concentradores e/ou multijunções [63]. Isto pode levar a eficiências superiores ao limite de Shockley-Queisser de aproximadamente 42% de eficiência para uma célula solar semicondutora de junção única sob iluminação de um sol [76].

Uma célula de junção múltipla é uma célula que incorpora múltiplas camadas activas semicondutoras com diferentes bandgaps. Numa célula solar típica, é utilizado um único absorvente com um bandgap próximo do pico do espetro solar, e quaisquer fotões com energia superior ou igual ao bandgap podem excitar os electrões da banda de valência para a banda de condução, criando pares eletrão-buraco. No entanto, qualquer excesso de energia acima da energia de Fermi será rapidamente dissipado devido à termalização, levando a perdas de tensão devido à incapacidade de extrair eficazmente a energia dos fotões de alta energia. As células de junção múltipla conseguem recuperar alguma desta energia perdida devido à termização, empilhando várias camadas absorventes umas sobre as outras, com a camada superior a absorver os fotões de energia mais elevada e a deixar passar os fotões de energia mais baixa para as camadas inferiores com bandgaps mais pequenos, e assim sucessivamente. Isto não só permite que as células captem energia de fotões numa gama maior de energias, como também extrai mais energia por fotão dos fotões de energia mais elevada.

Os concentradores fotovoltaicos utilizam um sistema ótico de lentes que se situam no topo da célula para focar a luz de uma área maior no dispositivo, semelhante a um funil para a luz solar. Para além de criar mais pares eletrão-buraco, simplesmente aumentando o número de fotões disponíveis para absorção, uma maior concentração de portadores de carga pode aumentar a eficiência da célula solar, aumentando a condutividade. A adição de um concentrador a uma célula solar pode não só aumentar a eficiência, mas também reduzir o espaço, os materiais e o custo necessários para produzir a célula [77].

Ambas as técnicas são utilizadas na célula solar de maior eficiência em 2023, que é uma célula concentradora de quatro junções com 47,6% de eficiência [1].

Melhor eficiência das células solares multijunções e concentradoras	
Tipo de célula solar	Melhor eficiência (%)
Concentrador de junção 4+	47,6(GaInP/AlGaAs/GaInAsP/GaInAs)
Concentrador de 3 junções	44,4(GaInP/GaAs/GaInAs)
Não concentrador de 3 junções	39,46(GaInP/mQW-GaAs/GaInAs)
4+ junção não concentradora	39.2(AlGaInP/AlGaAs/GaAs/GaInAs)
Concentrador de 2 junções	35,5(GaInAsP/GaInAs)
Não concentrador de 2 junções	32,9 (GaInP/GaAs)
Perovskite/Si em tandem	32.5
Concentrador de GaAs	30.8
Concentrador monocristalino de Si	27.6
Si HIT	26.81
Perovskite/CIGS em tandem	24.2
Concentrador CIGS	23.3
Tandem orgânico	14.2(PDTB-EF-T/IT-4F)
Dados do conjunto de dados NREL 2023 Best Research-Cell Efficiency.	

5.7.Aumentar a absorção

Foram utilizadas várias técnicas para aumentar a quantidade de luz que entra na célula e reduzir a quantidade que escapa sem absorção. A técnica mais óbvia é minimizar a cobertura de contacto superior da superfície da célula, reduzindo a área que impede a luz de chegar à célula.

A luz de comprimento de onda longo fracamente absorvida pode ser acoplada obliquamente ao silício e atravessa a película várias vezes para aumentar a absorção [78, 79].

Foram desenvolvidos vários métodos para aumentar a absorção, reduzindo o número de fotões incidentes que são reflectidos para fora da superfície da célula. Um revestimento antirreflexo adicional pode causar interferência destrutiva dentro da célula, modulando o índice de refração do revestimento da superfície. A interferência destrutiva elimina a onda reflectora, fazendo com que toda a luz incidente entre na célula.

A texturização da superfície é outra opção para aumentar a absorção, mas aumenta os custos. Ao aplicar uma textura à superfície do material ativo, a luz reflectida pode ser refractada e atingir novamente a superfície, reduzindo assim a reflectância. Por exemplo, a texturização do silício preto por gravação iónica reactiva (RIE) é uma abordagem eficaz e económica para aumentar a absorção das células solares de silício de película fina [80]. Um refletor posterior texturizado pode impedir a fuga de luz através da parte posterior da célula. Em vez de aplicar a texturização nos materiais activos, os revestimentos microestruturados fotónicos aplicados no contacto frontal das células podem ser uma alternativa interessante para a captação de luz, uma vez que permitem tanto a anti-reflexão geométrica como a dispersão da luz, evitando ao mesmo tempo o encrespamento das camadas fotovoltaicas (impedindo assim o aumento da recombinação) [81, 82].

Para além da texturização da superfície, o esquema de captação de luz plasmónica atraiu muita atenção para ajudar a aumentar a fotocorrente em células solares de película fina [83, 84]. Este método utiliza a oscilação colectiva de electrões livres excitados em nanopartículas de metais nobres, que são influenciadas pela forma e dimensão das partículas e pelas propriedades dieléctricas do meio circundante. A aplicação de nanopartículas de metais nobres na parte posterior de células solares de película fina leva à formação de retro-reflectores plasmónicos, que permitem um aumento da fotocorrente em banda larga [85]. Isto resulta tanto da dispersão da luz dos fotões fracamente absorvidos pelas nanopartículas localizadas na retaguarda, como de um melhor acoplamento da luz (antirreflexo geométrico) causado pelas ondulações hemisféricas na superfície frontal das células, formadas a partir da deposição conforme dos materiais da célula sobre as partículas [86].

Para além de minimizar a perda por reflexão, o próprio material da célula solar pode ser optimizado para ter maior probabilidade de absorver um fotão que a atinge. As técnicas de processamento térmico podem melhorar significativamente a qualidade do cristal das células de silício, aumentando assim a eficiência [87]. Também é possível colocar células de película fina em camadas para criar uma célula solar multijunção. O intervalo de banda de cada camada pode ser concebido para absorver melhor uma gama diferente de comprimentos de onda, de modo a que, em conjunto, possam absorver um maior espetro de luz [88].

Outros avanços nas considerações geométricas podem explorar a dimensionalidade dos nanomateriais. As grandes matrizes paralelas de nanofios permitem longos comprimentos de absorção ao longo do comprimento do fio, mantendo simultaneamente curtos comprimentos de difusão de portadores minoritários ao longo da direção radial [89]. A adição de nanopartículas entre os nanofios permite a condução. A geometria natural destas matrizes forma uma superfície texturada que retém mais luz.

5.8. Referências

[1] . "Melhor Gráfico de Eficiência de Células de Pesquisa". www.nrel.gov. Recuperado em 5 de abril de 2023.

[2] . "RELATÓRIO FOTOVOLTAICO" (PDF). Instituto Fraunhofer de Sistemas de Energia Solar, ISE.

[3] . Feldman, David; Dummit, Krysta; Jarett, Zuboy; Margolis, Robert (12 de julho de 2022). "Atualização da indústria solar do verão de 2022" (PDF). Laboratório Nacional de Energias Renováveis.

[4] . Madou, Marc J. (2011). De MEMS a Bio-MEMS Bio-NEMS: Manufacturing Tech. and Appls. CRC Press. p. 246. ISBN 9781439895245.

[5] . "O Prémio Nobel da Física 2000". NobelPrize.org. Recuperado em 27 de março de 2023.

[6] . "História". Instituto de conversão de energia. Arquivado em 27 de março de 2023. Recuperado em 26 de março de 2023.

[7] . "Karl Wolfgang Boer | Manuscrito e ajudas de localização da coleção de arquivos". library.udel.edu. Recuperado em 27 de março de 2023.

[8] . Landis, G. A.; Bailey, Sheila G.; Flood, Dennis J. (5 de junho de 1989). "Avanços nas células solares de película fina para energia fotovoltaica espacial leve". Servidor de Relatórios Técnicos da NASA (NTRS). Administração Nacional da Aeronáutica e do Espaço (NASA), Centro de Investigação de Lewis.

[9] . Wallace, W. L.; Sabisky, E. S. (agosto de 1986). (P. Laboratório Nacional de Energia Renovável (NREL).

[10] . "A História da Energia Solar". Escritório de Eficiência Energética e Energia Renovável do Departamento de Energia dos EUA. Arquivado em 11 de setembro de 2021. Recuperado em 26 de março de 2023.

[11] . Watts, R. L.; Smith, S. A.; Dirks, J. A. (abril de 1985).

"Progresso da Indústria Fotovoltaica até 1984". Gabinete de Informação Científica e Técnica do Departamento de Energia dos EUA. Recuperado em 26 de março de 2023.

[12]   . "A História da Energia Solar". Escritório de Eficiência Energética e Energia Renovável do Departamento de Energia dos EUA. Arquivado em 11 de setembro de 2021. Recuperado em 26 de março de 2023.

[13]   . "A célula solar mais eficiente do mundo". www.nrel.gov. Recuperado em março 27, 2023.

[14]   . "Edifício 4 times square - sistema fotovoltaico integrado". Kiss + Cathcart, Arquitectos. Recuperado em 26 de março de 2023.

[15]   . Bauhuis, G. J.; et al. (2005). "PV de GaAs de película fina de alta eficiência. PV de GaAs de película fina com dureza de radiação melhorada". 20ª Conferência Europeia sobre Energia Solar Fotovoltaica: 468-471.

[16]   . Kamat, Prashant V. (18 de outubro de 2008). "Pontos Quânticos PV. Semiconductor Nanocrystals as Light Harvesters". Journal of Physical Chemistry C. 112 (48): 18737-18753.

[17]   . O'Regan, Brian; Gratzel, Michael (outubro de 1991). "películas de TiO_2 coloidal sensibilizadas por corantes, de baixo custo e elevada eficiência". Nature. 353 (6346): 737-740.

[18]   . "Os pontos quânticos prometem aumentar significativamente a eficiência das células solares". Laboratório Nacional de Energia Renovável (NREL). agosto de 2013.

[19]   . Kojima, A.; Teshima, K.; Shirai, Y.; Miyasaka, T. (6 de maio de 2009). "Perovskites de halogenetos organometálicos como sensibilizadores de luz visível para células fotovoltaicas". Journal of the American Chemical Society. 131 (17): 6050-6051.

[20]   . Editorial, BCC Research. "Uma história das células solares de perovskita". blog.bccresearch.com. Recuperado em 28 de março de 2023.

[21]   . Lee, Brendon (10 de junho de 2015). "Células solares impressas são promissoras para áreas rurais sem iluminação - Ásia e Pacífico". SciDevNet. Arquivado do original em 1 de abril de 2022.

[22]   . "Células solares tão leves como uma bolha de sabão". MIT News | Instituto de Tecnologia de Massachusetts. 26 de fevereiro de 2016. Recuperado em 27 de março de 2023.

[23]   . "Célula solar fina como papel pode transformar qualquer superfície numa fonte de energia". MIT News | Instituto de Tecnologia de Massachusetts. 9 de dezembro de 2022. Recuperado em 27 de março de

2023.

[24] . Saravanapavanantham, Mayuran; et al. (9 de dezembro de 2022). "Módulos fotovoltaicos orgânicos impressos em fontes de energia aditivas". Pequenos Métodos. 7 (1): 2200940.

[25] . "RELATÓRIO FOTOVOLTAICO" (PDF). Instituto Fraunhofer de Sistemas de Energia Solar, ISE.

[26] . "photovoltaics-report-slides.pdf". INSTITUTO FRAUNHOFER PARA SISTEMAS DE ENERGIA SOLAR ISE. 7 de novembro de 2013. Arquivado em 25 de julho de 2014.

[27] . Feldman, David; et al. (12 de julho de 2022). "Atualização da indústria solar do verão de 2022". Laboratório Nacional de Energias Renováveis.

[28] . "Células fotovoltaicas 101, Parte 2: Direcções de investigação de células solares fotovoltaicas". Energy.gov. Recuperado em 5 de abril de 2023.

[29] . "O efeito fotovoltaico | PVEducation". www.pveducation.org. Recuperado em 5 de abril de 2023.

[30] . Kangsabanik, Jiban; et al. (2 de novembro de 2022). "Semicondutores de absorção assistida por fões com intervalo de banda indireto ". Journal of the American Chemical Society. 144 (43): 19872-19883.

[31] . Pearce, J.; Lau, A. (2002). "Análise de energia líquida Produção de energia sustentável a partir de PV à base de Si". Energia Solar. pp. 181-186.

[32] . Fichas técnicas dos líderes de mercado: First Solar para película fina, Suntech e SunPower para silício cristalino

[33] . "Relatório Fotovoltaico". Fraunhofer ISE. 28 de julho de 2014. Arquivado em 9 de agosto de 2014. Recuperado em 31 de agosto de 2014.

[34] . Şengul, Hatice; Theis, Thomas L. (1 de janeiro de 2011). "Uma avaliação do impacto ambiental da aquisição através da utilização". Journal of Cleaner Production. 19 (1): 21-31.

[35] . Folha de dados da First Solar Seriers 6, 5 de março de 2021

[36] . Fthenakis, Vasilis M. (2004). "Análise do impacto do ciclo de vida do cádmio na produção de CdTe PV". Renewable and Sustainable Energy Reviews. 8 (4): 303-334. Arquivado em 8 de maio de 2014.

[37] . Werner, Jurgen H. (2 de novembro de 2011). "SUBSTÂNCIAS TÓXICAS NOS MÓDULOS FOTOVOLTAICOS". Post-freemarket.net. Instituto de Fotovoltaica, Universidade de Stuttgart,

Alemanha - A 21ª Conferência Internacional de Ciência e Engenharia Fotovoltaica 2011 Fukuoka, Japão. p. 2. Arquivado em 21 de dezembro de 2014. Recuperado em 23 de setembro de 2014.

[38]   . "A informação sobre a segurança da película fina de CdTe da First Solar". www.greentechmedia.com.

[39]   . "Cádmio: O lado negro da película fina? - Old GigaOm". old.gigaom.com.

[40]   . "Análise das restrições de fornecimento, Laboratório Nacional de Energias Renováveis".

[41]   . Green, M. A.; et al. (2023). "Tabelas de eficiência de células solares (versão 62)".

Progresso em Fotovoltaica. 31 (7): 651-663.

[42]   . "Comunicado de imprensa" (PDF). AVANCIS GmbH.

[43]   . "Flexible Solarzellen mit Rekordwirkungsgrad von 22,2%". Empa.

[44]   . "Os módulos fotovoltaicos flexíveis de grande área apresentam um desempenho equivalente ao do c-Si". MiaSole.

[45]   . "Relatório fotovoltaico". Instituto Fraunhofer de Sistemas de Energia Solar (ISE).

[46]   . Witte, W.; et al. (2014).

"Substituição da camada tampão de CdS em células solares de película fina de CIGS".

Vakuum in Forschung und Praxis. 26: 23-27. doi:10.1002/vipr.201400546.

[47]   . Shin, M. J.; et al. (2021).

"Desempenho fotovoltaico bifacial de células solares ultrafinas semitransparentes de Cu(In,Ga)Se2 com óxido condutor transparente à frente e atrás

contactos". Applied Surface Science. 535: 147732.

[48]   . "Livro Branco sobre o CIGS" (PDF). Zentrum fur Sonnenenergie- und Wasserstoff- Forschung Baden-Wurttemberg (ZSW).

[49]   . Green, M. A. (2003), "Crystalline and thin-film silicon solar cells: state of the art and future potential", Solar Energy, 74 (3): 181-192.

[50]   . Fotovoltaica. Engineering.Com (9 de julho de 2007). Recuperado em 19 de janeiro de 2011.

[51]   . "Amorphes Silizium fur Solarzellen" (PDF) (em alemão).

[52]   . Arvind Shah et al. (2003): Microcrystalline silicon and micromorph tandem solar cells. In: Solar Energy Materials and Solar Cells, 78, pp. 469-491

[53]   . "Foi atingido um novo recorde de eficiência do módulo fotovoltaico". Site da TEL Solar. TEL Solar. Recuperado em 14 de julho de 2014.

[54] . J. M. Pearce; et al. (2007). Journal of Applied Physics. 101 (11): 114301114301-7. Arquivado em 14 de junho de 2011. Recuperado em 12 de junho de 2009.

[55] . Pearce, J. M.; et al. (2007). Journal of Applied Physics. 101 (11): 114301114301-7. Arquivado em 14 de junho de 2011. Recuperado em 12 de junho de 2009.

[56] . "Células solares GaAs". sinovoltaics.com. Recuperado em 18 de novembro de 2020.

[57] . Green, Martin A.; et al. (2019). "Tabelas de eficiência de células solares (Versão
53)". Progresso em Fotovoltaica: Investigação e Aplicações. 27 (1): 3-12.

[58] . Nayak, Pabitra K.; et sl. (2019).
"Tecnologias de células solares fotovoltaicas: análise do estado da arte". Nature Reviews Materials. 4 (4): 269-285.

[59] . Massiot, Ines; Cattoni, Andrea; Collin, Stephane (2 de novembro de 2020). "Progresso e perspectivas para células solares ultrafinas" (PDF). Natureza Energia. 5 (12): 959-972.

[60] . Konagai, M.; Sugimoto, M.; Takahashi, Kiyoshi (1 de dezembro de 1978). "Células solares de película fina de GaAs de alta eficiência por tecnologia de película descascada". Journal of Crystal Growth. 45: 277-280.

[61] . Cheng, Cheng-Wei; et al. Shiu, (12 de março de 2013).
"Processo de descolagem epitaxial para eletrónica flexível de reutilização do substrato de GaAs". Nature Communications. 4 (1): 1577.

[62] . Huang, Xinjing; Fan, Dejiu; Li, Yongxi; Forrest, Stephen R. (2022). "Padronização peel-off multinível de um módulo fotovoltaico orgânico semitransparente". Joule. 6 (7): 1581-1589.

[63] . Resumo da redação:
"Para o fabrico de células solares semitransparentes do tamanho de janelas". Universidade de Michigan. Recuperado em 31 de agosto de 2022.

[64] . "Painéis solares transparentes para janelas atingem um recorde de 8% de eficiência".
Notícias da Universidade de Michigan. 17 de agosto de 2020. Recuperado em 23 de agosto de 2022.

[65] . Li, Yongxi; et al. (setembro de 2020).
"PV orgânico semitransparente e de cor neutra para aplicação em janelas eléctricas".
Actas da Academia Nacional de Ciências. 117 (35): 21147-21154.

[66] . "Investigadores fabricam célula solar altamente transparente com folha atómica 2D". Universidade de Tohoku. Recuperado em 23 de agosto de

2022.

[67]   . He, Xing; Iwamoto, Yuta; Kaneko, Toshiro; Kato, Toshiaki (4 de julho de 2022). "Fabricação de célula solar quase invisível com monocamada WS2". Relatórios científicos. 12 (1): 11315. ISSN 2045-2322.

[68]   . Chatzisideris, Marios D.; et al. (2016). Materiais de energia solar e células solares. Análise do ciclo de vida, do ambiente, da ecologia e do impacto da tecnologia solar. 156: 2-10. ISSN 0927-0248. S2CID 99033877.

[69]   . "Edifício 4 times square - sistema fotovoltaico integrado" (PDF). Kiss + Cathcart, Arquitectos. Recuperado em 26 de março de 2023.

[70]   . Kittner, Noah; Gheewala, Shabbir H.; Kamens, Richard M. (1 de dezembro de 2013). "Uma comparação do ciclo de vida ambiental de sistemas fotovoltaicos de filme fino de silício amorfo e monocristalino na Tailândia". Energia para o Desenvolvimento Sustentável. 17 (6): 605-614.

[71]   . Efaz, Erteza Tawsif; et al. (1 de setembro de 2021). "Uma revisão das tecnologias primárias das células solares de película fina". Engineering Research Express. 3 (3): 032001.

[72]   . Casey, Tina (27 de fevereiro de 2014). "Novo recorde de eficiência de células solares de película fina para a First Solar". CleanTechnica.

[73]   . "Célula solar Panasonic HIT estabelece recorde mundial de eficiência -". 19 de abril de 2014.

[74]   . www.renewindians.com. Recuperado em 14 de dezembro de 2015.

[75]   . Lindholm; Fossum, J. G.; Burgess, E. L. (1979). "Aplicação do princípio da sobreposição à análise de células solares". IEEE Transactions on Electron Devices. 26 (3): 165-171.

[76]   . "Eficiência Quântica | PVEducação". www.pveducation.org. Recuperado em 5 de abril de 2023.

[77]   . Xu, Yunlu; Gong, Tao; Munday, Jeremy N. (2 de setembro de 2015). "O limite de Shockley-Queisser generalizado para células solares nanoestruturadas". Relatórios Científicos. 5 (1): 13536. arXiv:1412.1136.

[78]   . Laboratório Nacional de Energias Renováveis (NREL) (fevereiro de 2005). "FAQs sobre PV. O que há de novo na concentração de energia fotovoltaica?" (PDF). Laboratório Nacional de Energias Renováveis (NREL).

[79]   . Widenborg, Per I.; Aberle, Armin G. (2007). "Células de película fina de Si policristalino em superestratos de vidro texturizados com AIT". Avanços em OptoElectrónica. 2007: 1-7. doi:10.1155/2007/24584.

[80]   . "Fontes Renováveis". www.customwritingtips.com. Arquivado em 23

de fevereiro de 2013.

[81]   . Xu, Zhida; et al. (2014). "Microcélulas solares de película fina de silício preto que integram estruturas de nanocones superiores para captação de luz omnidirecional e de banda larga". Nanotecnologia. 25 (30).

[82]   . Mendes, Manuel J.; et al. (1 de janeiro de 2020), Enrichi, Francesco; Righini, Giancarlo C. (eds.). Solar Cells and Light Management, Elsevier, pp. 315354, ISBN 978-0-08-102762-2, recuperado em 10 de março de 2023.

[83]   . Schuster, Christian Stefano; et al. (2022). "Empowering Photovoltaics with Smart Light Management Technologies". Handbook of Climate Change Mitigation and Adaptation, Cham: Springer International Publishing, pp. 1165-1248. Recuperado em 10 de março de 2023.

[84]   . Wu, Jiang; et al. (1 de abril de 2015). "Aumento da eficiência de banda larga em células solares de pontos quânticos acopladas a nanoestrelas plasmônicas multispiked". Nano Energy. 13: 827-835.

[85]   . Yu, Peng; Yao, Yisen; et al. (9 de agosto de 2017). Relatórios Científicos. 7 (1): 7696. Bibcode:2017NatSR...7.7696Y. ISSN 2045 2322. PMC 5550503. PMID 28794487.

[86]   . Morawiec, Seweryn; et al. (30 de junho de 2014). "Melhoria da fotocorrente de banda larga em reflectores fotovoltaicos a-Si:H". Optics Express. 22 (S4): A1059-70.

[87]   . Mendes, Manuel J.; et al. (11 de março de 2015). "Película fina de PV auto-organizada com captura de luz de banda larga". Nanotecnologia. 26 (13): 135202.

[88]   . Terry, M. L.; Straub, Axel; Inns, D.; Song, D.; Aberle, Armin G. (2005). "Grande melhoria da tensão de circuito aberto por recozimento térmico rápido de células solares de silício de filme fino cristalizado em fase sólida evaporada em vidro". Applied Physics Letters. 86 (17): 172108.

[89]   . Yan, Baojie; et al. (2011). "Camada inovadora de dupla função nc-SiOx:H que conduz a uma célula solar de silício de película fina multijunção com eficiência >16%". Applied Physics Letters. 99 (11): 11351.

[90]   . Yu, Peng; et al. (1 de dezembro de 2016). "Conceção e fabrico de nanofios de silício para células solares eficientes". Nano Today. 11 (6): 704-737.

Capítulo 6

Célula fotovoltaica de terceira geração

6.4.Prefácio

As células fotovoltaicas de terceira geração são células solares potencialmente capazes de ultrapassar o limite de Shockley-Queisser de 31-41% de eficiência energética para células solares de banda única. Isto inclui uma gama de alternativas às células feitas de junções p-n semicondutoras ("primeira geração") e células de película fina ("segunda geração"). Os sistemas comuns de terceira geração incluem células multicamadas ("tandem") feitas de silício amorfo ou arsenieto de gálio, enquanto os desenvolvimentos mais teóricos incluem a conversão de frequências (ou seja, a alteração das frequências de luz que a célula não pode utilizar para frequências de luz que a célula pode utilizar - produzindo assim mais energia), efeitos de portadoras quentes e outras técnicas de ejeção de portadoras múltiplas [1-5].

Os sistemas fotovoltaicos emergentes incluem:

- Célula solar de sulfureto de cobre, zinco e estanho (CZTS) e seus derivados CZTSe e CZTSSe

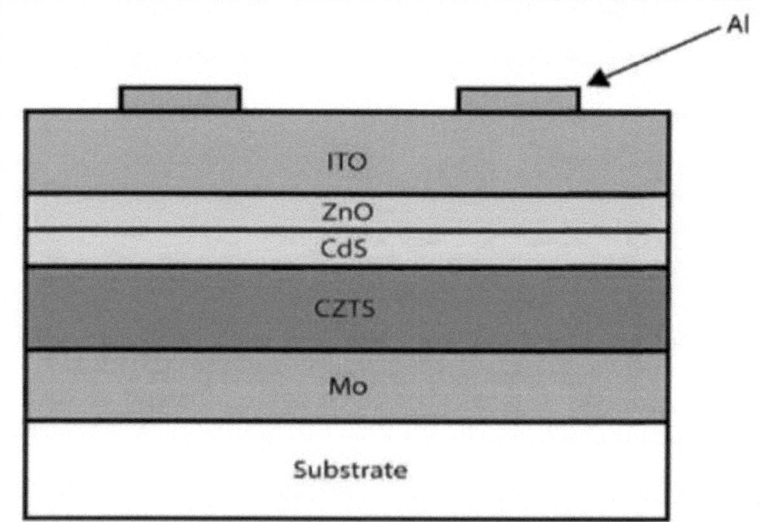

Célula solar sensibilizada por corante, também conhecida como "célula de Gratzel

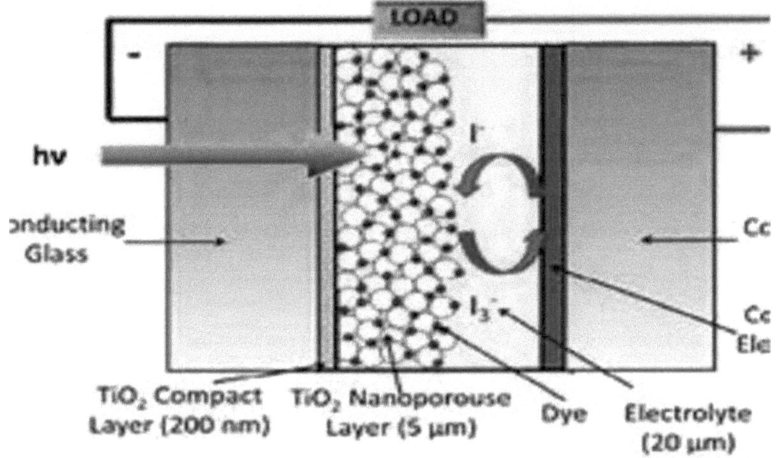

- Célula solar orgânica

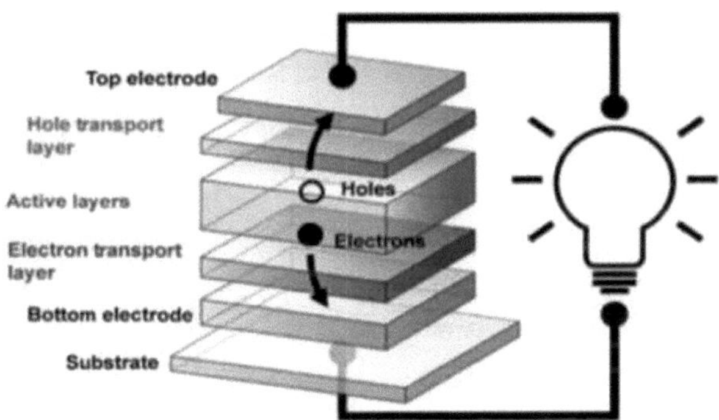

Célula solar de perovskite

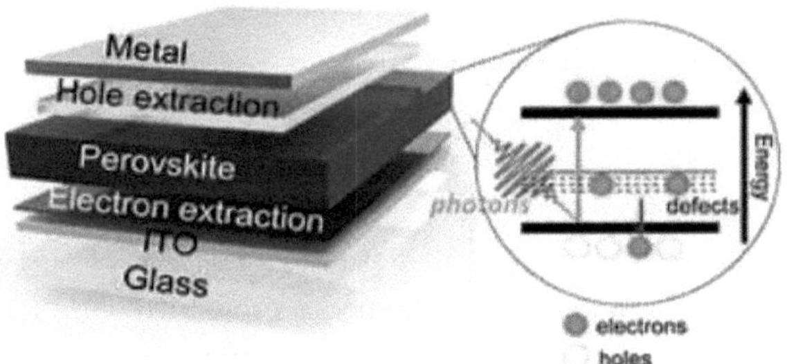

- Célula solar de pontos quânticos

Quantum dot solar cell?

Au
HTM
QDs
ETM
ITO glass

As realizações na investigação das células de perovskite, em especial, têm recebido uma enorme atenção do público, uma vez que as suas eficiências de investigação ultrapassaram recentemente os 20%. Oferecem também um vasto espetro de aplicações de baixo custo [68]. Além disso, uma outra tecnologia emergente, a fotovoltaica de concentração (CPV), utiliza células solares multijunções de elevada eficiência em combinação com lentes ópticas e um sistema de rastreio.

6.5. Tecnologias

As células solares podem ser consideradas como equivalentes de luz visível aos receptores de rádio. Um recetor é composto por três partes básicas: uma antena que converte as ondas de rádio (luz) em movimentos ondulatórios dos electrões no material da antena, uma válvula eletrónica que retém os electrões à medida que estes saem da extremidade da antena e um sintonizador que amplifica os electrões de uma frequência selecionada. É possível construir uma célula solar idêntica a um rádio, um sistema conhecido como rectena ótica, mas até à data ainda não é possível utilizá-la na prática.

A maior parte do mercado da energia solar é constituída por dispositivos à base de silício. Nas células de silício, o silício actua tanto como antena (ou, tecnicamente, como dador de electrões) como como válvula de electrões. O silício está amplamente disponível, é relativamente barato e tem um intervalo de banda ideal para a captação de energia solar. Em contrapartida, é energética e economicamente dispendioso produzir silício a granel, tendo sido feitos grandes esforços para reduzir a quantidade necessária. Além disso, é mecanicamente frágil, o que normalmente requer a utilização de uma folha de vidro resistente como suporte mecânico e proteção contra os elementos. Só o vidro representa uma parte significativa do custo de um módulo solar típico.

De acordo com o limite de Shockley-Queisser, a maior parte da eficiência teórica de uma célula deve-se à diferença de energia entre o "bandgap" e o fotão solar. Qualquer fotão com mais energia do que o bandgap pode causar fotoexcitação, mas qualquer energia acima da energia do bandgap é perdida. Considere-se o espetro solar; apenas uma pequena parte da luz que atinge o solo é azul, mas esses fotões têm três vezes a energia da luz vermelha. O intervalo de energia do silício é de 1,1 eV, aproximadamente o da luz vermelha, pelo que, neste caso, a energia da luz azul perde-se numa célula de silício. Se o bandgap for ajustado mais alto, digamos para azul, essa energia é agora captada, mas apenas à custa da rejeição de fotões de energia inferior.

É possível melhorar consideravelmente uma célula de junção única empilhando finas camadas de material com diferentes bandgaps umas sobre as outras - a abordagem "célula em tandem" ou "multi-junção". Os métodos tradicionais de preparação do silício não se prestam a esta abordagem. Em vez disso, têm sido utilizadas películas finas de silício amorfo, nomeadamente os produtos da Uni-Solar, mas outros problemas têm impedido que estas tenham um desempenho equivalente ao das células tradicionais. A maioria das estruturas de células em tandem baseia-se em semicondutores de melhor desempenho, nomeadamente o arsenieto de gálio (GaAs). As células de GaAs de três camadas atingiram uma eficiência de 41,6% em exemplos experimentais [9]. Em setembro de 2013, uma célula de quatro camadas atingiu 44,7% de eficiência [10].

A análise numérica mostra que a célula solar "perfeita" de camada única deve ter um intervalo de 1,13 eV, quase exatamente o do silício. Uma célula deste tipo pode ter uma eficiência teórica máxima de conversão de energia de 33,7% - a energia solar abaixo do vermelho (no infravermelho) perde-se, e a energia extra das cores mais altas também se perde. Para uma célula de duas camadas, uma camada deve ser sintonizada para 1,64 eV e a outra para 0,94 eV, com um rendimento teórico de 44%. Uma célula de três camadas deve ser sintonizada para 1,83, 1,16 e 0,71 eV, com uma eficiência de 48%. Uma célula teórica de "camadas infinitas" teria uma eficiência teórica de 68,2% para a luz difusa [11].

Embora as novas tecnologias solares que foram descobertas se centrem na nanotecnologia, existem vários métodos de materiais diferentes atualmente utilizados.

O rótulo de terceira geração engloba várias tecnologias, embora inclua:
- tecnologias não semicondutoras, incluindo polímeros e biomimética,
- ponto quântico,
- células tandem/multijunção,
- células solares de banda intermédia [12,13] células de portadores quentes,
- tecnologias de conversão ascendente e descendente de fotões, e
- tecnologias solares térmicas, como a termofotónica, que é uma tecnologia

identificada por Green como sendo de terceira geração [14].

Além disso, inclui [15]:

- Nanoestruturas de silício

- Modificação do espetro incidente (fotovoltaicos concentradores), para atingir 300-500 sóis e eficiências de 32% (já atingidas nas células Sol3g [16]) a +50%.

- Utilização da geração térmica excessiva (causada pela luz UV) para aumentar as tensões ou a recolha de portadores.

- Utilização do espetro infravermelho para produzir eletricidade durante a noite.

6.6.Referências

[1] . Shockley, W.; Queisser, H. J. (1961). "Limite de equilíbrio detalhado da eficiência das células solares de junção p-n". Journal of Applied Physics. 32 (3):510.

Bibcode: 1961JAP32..510S. doi:10.1063/1.1736034.

[2] . Luque, Antonio; Lopez Araujo, Gerardo (1990).

Physical Limitations to Photovoltaic Energy Conversion (Limitações físicas da conversão de energia fotovoltaica). Bristol: Adam Hilger. ISBN 0-7503-0030-2.

[3] . Green, M. A. (2001). "Fotovoltaicos de terceira geração: eficiência de conversão ultra-alta a baixo custo". Progress in Photovoltaics: Investigação e Aplicações. 9 (2): 123-135. doi:10.1002/pip.360.

[4] . C Marti, A.; Luque, A. (1 de setembro de 2003).

Next Generation Photovoltaics: High Efficiency Full Spectrum Utilization (Fotovoltaicos de Nova Geração: Utilização de Espectro Completo de Alta Eficiência). CRC Press. ISBN 978-1-4200-3386-1.

[5] . Conibeer, G. (2007). "Fotovoltaicos de terceira geração". Materials Today. 10 (11): 42-50. doi:10.1016/S1369-7021(07)70278-X.

[6] . "Um novo tipo estável e económico de célula solar de perovskite". PHYS.org. 17 de julho de 2014. Recuperado em 4 de agosto de 2015.

[7] . "A deposição por pulverização orienta as células solares de perovskite para a comercialização". ChemistryWorld. 29 de julho de 2014. Recuperado em 4 de agosto de 2015.

[8] . "Células solares de perovskite". Ossila. Recuperado em 4 de agosto de 2015.

[9] . David Biello, "New solar-cell efficiency record set", Scientific American, 27 de agosto de 2009

[10] . "Célula solar atinge novo recorde mundial com eficiência de 44,7 por cento". Recuperado em 26 de setembro de 2013.

[11]   . Green, Martin (2006). Third generation photovoltaics. Nova Iorque: Springer. p. 66.

[12]   . Luque, Antonio; Marti, Antonio (1997). "Aumentar a eficiência da energia fotovoltaica ideal através de níveis fotónicos intermédios   ". Physical Review Letters. 78 (26): 5014-5017.

[13]   . Weiming Wang; Albert S. Lin; Jamie D. Phillips (2009). "Célula solar fotovoltaica de banda intermédia baseada em ZnTe:O". Appl. Phys. Lett. 95 (1):011103.

[14]   . Green, Martin (2003). Third Generation Photovoltaics: Advanced Solar Energy Conversion. Springer Science+Business Media. ISBN 978-3-540-40137-7.

[15]   . Escola de Engenharia Fotovoltaica da UNSW. "Fotovoltaicos de 3ª geração". Recuperado em 20 de junho de 2008.

[16]   . Sol3g obtém células solares de junção tripla da Azur Space

Capítulo 7

Células solares de quarta geração

7.1.Prefácio

As células solares proporcionaram uma solução para a crise energética e a contaminação ambiental prevalecentes na atual era da energia, devido ao seu potencial de utilização da energia solar. Os esforços iniciais dedicados a este objetivo durante o século passado envolveram a utilização de junções p-n de semicondutores III-V (arsenieto de gálio, nitreto de gálio), o que resultou apenas em células solares de baixa eficiência. As fontes de energia convencionais, através das emissões de dióxido de carbono, contaminam o ambiente e agravam o efeito de estufa. Em contrapartida, a tecnologia solar, como forma sustentável de energia, tem ajudado a mitigar estes desafios, e a procura de designs eficientes e sofisticados levou à descoberta de uma variedade de estruturas de células solares. No entanto, a sua comercialização em grande escala tem sido limitada devido a muitos factores, que incluem a vasta área de instalação necessária, o custo dispendioso, a durabilidade limitada e as perdas associadas que conduzem a uma menor eficiência de funcionamento, tendo todos eles aberto várias vias de investigação para ultrapassar estas deficiências. As tentativas diligentes dos investigadores convergiram para melhorias de geração em geração neste domínio. Neste trabalho, discutimos o seguinte:

- princípios de conceção e de funcionamento,
- fabrico,
- simulação e modelação matemática das células solares de quarta geração mais avançadas, que consistem principalmente em
- Células solares baseadas em materiais 2D,
- células solares baseadas em pontos quânticos (QDSCs),
- células solares de perovskite (PSC),
- células solares orgânicas (OSC) e
- células solares sensibilizadas por corantes (DSSCs).

A revisão exaustiva da literatura apresentada neste documento pode ajudar a comunidade das células solares a investigar e a familiarizar-se com as oportunidades de conceção e as variações existentes na tecnologia em estudo.

7.2.Introdução

Um dos maiores desafios enfrentados pelas nações de todo o mundo é a crise energética. A escassez de recursos energéticos pode levar a uma economia mais pobre e a um aumento da inflação, o que acaba por desestabilizar um Estado. Por isso, os investigadores de todo o mundo estão a tentar descobrir novos recursos que possam contribuir para reduzir a escassez de energia e, simultaneamente, manter o ambiente limpo. Ao contrário dos recursos energéticos convencionais, que estão a esgotar exponencialmente os recursos naturais da Terra e a produzir subprodutos nocivos, os cientistas têm procurado alternativas amigas do ambiente. As células solares (CS) são uma tecnologia promissora que pode ultrapassar o desafio da escassez de energia e, ao mesmo tempo, satisfazer a necessidade de sustentabilidade ambiental. A luz solar actua como uma fonte de energia e é uma dádiva da natureza que está disponível em abundância em todo o mundo. O processo de foto-excitação nas células solares produz electrões fotogerados que, por sua vez, geram eletricidade. No entanto, existe uma limitação inequívoca que está relacionada com as perdas associadas, tais como perdas de transmissão, termalização e perdas de recombinação [1], o que diminui a eficiência global da célula [2]. Investigadores de todo o mundo têm trabalhado na tecnologia de células solares para otimizar o desempenho das células; isto é conseguido eliminando as causas da baixa produção, o que é conseguido através da engenharia dos materiais e das estruturas de design.

A história das células solares remonta a quase cinco décadas. Os avanços registados na tecnologia das células solares conduziram à formação de muitas gerações de CS. As CS de primeira geração incluem células solares de silício mono e policristalino [3]. Foram descobertas pela primeira vez em 1954, quando os Laboratórios Bell anunciaram a invenção de células solares de silício com uma eficiência de 8% [4], que foram consideradas as células solares mais eficientes da altura. Embora as células solares de silício alcançassem as eficiências mais elevadas, eram muito caras devido ao seu custo de fabrico, o que impedia a sua utilização em grande escala. Este facto inspirou a procura de materiais alternativos que fossem simultaneamente económicos e possuíssem as excelentes propriedades do silício. Este facto levou à introdução das células solares de segunda geração, que, em geral, são também designadas por células solares de película fina. Estas células solares são constituídas principalmente por silício amorfo (a-Si), seleneto de cobre, índio e gálio (CIGS) e telureto de cádmio (CdTe) [5], devido à sua grande largura de banda que permite a absorção da radiação solar [6].

O bandgap de um material afecta a gama de comprimentos de onda solares que pode absorver, o que, por sua vez, provoca um transporte eficiente de cargas e a recolha de cargas dentro de uma determinada gama de energia (também conhecida como largura de banda), sendo, por isso, considerado crucial para maximizar a fotocorrente e, consequentemente, o PCE de uma célula solar [7, 8]. Embora os materiais pertencentes às SCs de segunda geração tenham demonstrado uma boa relação custo-eficácia, apresentam inconvenientes significativos de toxicidade, instabilidade e baixa eficiência [9]. Consequentemente, as células solares de película fina também não foram utilizadas para aplicações em grande escala. Com o passar do tempo, foram feitos avanços na tecnologia fotovoltaica, o que levou a outra evolução neste domínio e resultou na descoberta das células solares de terceira geração. As células solares de terceira geração oferecem uma série de variações de design, incluindo células solares sensibilizadas por corantes (DSSC), células solares sensibilizadas por pontos quânticos (QDSC), células solares orgânicas (OSC) e células solares de perovskite (PSC) [10]. A sua aplicabilidade num determinado cenário é avaliada com base nos seus méritos e deméritos associados; por exemplo, uma DSSC tem a capacidade de funcionar com pouca luz, mas o eletrólito na DSSC é de natureza orgânica, que é volátil e pode evaporar-se se não for devidamente selado. Do mesmo modo, as PSC são mais baratas de fabricar [11], uma vez que podem ser produzidas utilizando técnicas de fabrico fáceis e materiais pouco dispendiosos [12]. Oferecem também a maior eficiência de conversão de energia, embora sejam propensas à degradação ambiental, uma vez que as perovskitas são sensíveis ao calor e à humidade, o que dificulta a sua produção em grande escala [13]. Do mesmo modo, as OSC são amigas do ambiente, leves e semitransparentes [14], para além de serem uma das fontes de eletricidade mais baratas [15]; no entanto, carecem de estabilidade e têm um tempo de vida relativamente curto [16], tal como apresentado por Gevorgyan et al [17]. As células solares baseadas em pontos quânticos são duráveis, têm eficiências elevadas e permitem a sua afinação. No entanto, alguns tipos de QDSSC, como os pontos quânticos de seleneto de cádmio (CdSe), são altamente tóxicos [18] e representam uma ameaça para o ecossistema. A procura de células solares cada vez mais eficientes e estáveis levou ao desenvolvimento de células solares de quarta geração, que é a mais recente tecnologia nesta área de investigação.

As células solares de quarta geração combinam todos os benefícios exibidos pelas células solares das gerações anteriores, porque são mais baratas, têm estruturas flexíveis e oferecem também a elevada estabilidade dos nanomateriais [19]. São também chamadas células solares híbridas devido à sua capacidade de incorporar materiais inorgânicos com materiais orgânicos [20]. São normalmente constituídas por óxidos metálicos e nano-partículas metálicas, nanotubos de carbono, grafeno e seus derivados [21]. A figura apresenta uma análise pormenorizada das eficiências das diferentes gerações de células solares, juntamente com a sua cronologia histórica.

As tentativas contínuas de melhorar o desempenho das células baseiam-se em diferentes métricas de conceção, que incluem a seleção do material e da estrutura adequados, bem como o princípio de funcionamento de acordo com uma determinada configuração. Uma vez que todas as células solares seguem o mesmo princípio de funcionamento para a conversão da energia solar em energia eléctrica, começaremos por descrever o processo de fotogeração que é igualmente válido para todos os tipos de células solares.

7.3.Fotogeração

Quando um fotão atinge uma peça de semicondutor, pode acontecer uma de três coisas:

- O fotão pode atravessar diretamente o semicondutor - isto acontece (geralmente) com os fotões de menor energia.

- O fotão pode refletir-se na superfície.

- O fotão pode ser absorvido pelo semicondutor se a energia do fotão for superior ao valor do intervalo de bandas. Isto gera um par eletrão-buraco e, por vezes, calor, dependendo da estrutura da banda.

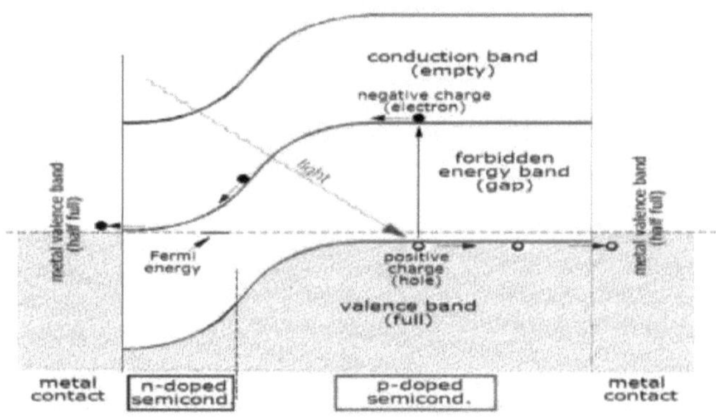

Quando um fotão é absorvido, a sua energia é atribuída a um eletrão na rede cristalina. Normalmente, este eletrão encontra-se na banda de valência. A energia fornecida ao eletrão pelo fotão "excita-o" para a banda de condução, onde é livre de se mover dentro do semicondutor. A rede de ligações covalentes de que o eletrão fazia parte tem agora menos um eletrão. Este é conhecido como um buraco e tem carga positiva. A presença de uma ligação covalente em falta permite que os electrões ligados de átomos vizinhos se desloquem para o "buraco", deixando outro buraco para trás, propagando assim buracos por toda a rede na direção oposta ao movimento dos electrões negativos. Pode dizer-se que os fotões absorvidos no semicondutor criam pares eletrão-buraco.

Um fotão só precisa de ter uma energia superior à do intervalo de bandas para excitar um eletrão da banda de valência para a banda de condução. No entanto, o espetro de frequência solar aproxima-se de um espetro de corpo negro a cerca de 5 800 K e, como tal, grande parte da radiação solar que atinge a Terra é composta por fotões com energias superiores ao intervalo de banda do silício (1,12eV), que está próximo do valor ideal para uma célula solar terrestre (1,4eV). Estes fotões de energia mais elevada serão absorvidos por uma célula solar de silício, mas a diferença de energia entre estes fotões e o intervalo de banda do silício será convertida em calor (através das vibrações da rede - chamadas fónons) e não em energia eléctrica utilizável. A célula solar mais conhecida é configurada como uma junção p-n de grande área feita de silício. Como simplificação, pode imaginar-se colocar uma camada de silício de tipo n em contacto direto com uma camada de silício de tipo p. A dopagem de tipo n produz electrões móveis (deixando para trás dadores com carga positiva), enquanto a dopagem de tipo p produz buracos móveis (e aceitadores com carga negativa).

Se um pedaço de silício do tipo p for colocado em contacto próximo com um pedaço de silício do tipo n, ocorre uma difusão de electrões da região de elevada concentração de electrões (o lado do tipo n da junção) para a região de baixa concentração de electrões (o lado do tipo p da junção). Quando os electrões se difundem para o lado do tipo p, cada um deles aniquila um buraco, tornando esse lado negativamente carregado (porque agora o número de buracos positivos móveis é menor do que o número de aceitadores negativos). Da mesma forma, os buracos que se difundem para o lado do tipo n tornam-no mais carregado positivamente. No entanto (na ausência de um circuito externo), esta corrente de difusão de portadores não se prolonga indefinidamente porque a carga acumulada em ambos os lados da junção produz um campo elétrico que se opõe à difusão de mais cargas. Eventualmente, atinge-se um equilíbrio em que a corrente líquida é zero, deixando uma região de cada lado da junção em que os electrões e os buracos se difundiram através da junção e se aniquilaram mutuamente, designada por região de depleção porque praticamente não contém portadores de carga móveis. É também conhecida como região de carga espacial, embora a carga espacial se estenda um pouco mais em ambas as direcções do que a região de depleção.

7.4.Células solares bidimensionais (2D) baseadas em materiais

Os materiais 2D, como o bissulfureto de molibdénio (MoS2), o grafeno, o dissulfureto de tungsténio (WS2) e o disseleneto de tungsténio (WSe2), ganharam imenso interesse na tecnologia fotovoltaica de quarta geração devido às suas propriedades ópticas excepcionais, às suas dimensões reduzidas e à sua leveza [23]. O MoS2, o WS2 e o WSe2 pertencem à família dos dicalcogenetos de metais de transição (TMDC), enquanto o grafeno é um alótropo do carbono. Estes materiais 2D são bem conhecidos pela sua flexibilidade, resistência mecânica, transparência, hiato de banda ajustável, elevada mobilidade dos portadores e boa condução de calor e eletricidade, efeito Hall quântico e anisotropia magnética [24-29]. Estas propriedades são atribuídas ao seu confinamento quântico [30]. Devido a estas propriedades excepcionais, os materiais 2D, em particular o grafeno e as suas nanoestruturas, têm mostrado até agora aplicações potenciais em muitos domínios, que incluem a eletrónica biomédica [31, 32], a fotónica [33], a fotónica [34], a tecnologia de membranas [35], o sector [36, 37] e a conceção de sensores [38], para citar apenas alguns. Diferentes tipos de materiais 2D têm sido utilizados na conceção de uma variedade de células solares, porque têm a capacidade de ser utilizados como elétrodo transparente, material de transporte de electrões, material de transporte de buracos, camada ativa, camada tampão e barreira de difusão ultrafina e transparente [23, 39]. O grafeno é utilizado em dispositivos fotovoltaicos principalmente devido à sua estrutura bidimensional em forma de favo de mel (Fig. (a)) [40], e desempenha um papel especial na proteção dos dispositivos fotovoltaicos contra a degradação ambiental [41].

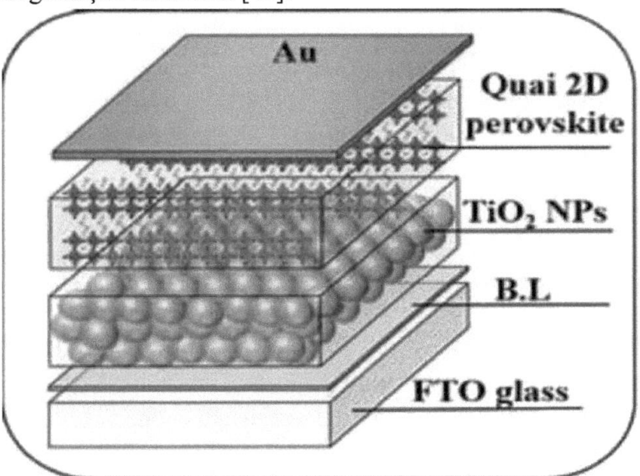

Da mesma forma, a estrutura prismática trigonal dos materiais 2D é mostrada na Fig. (b). Em comparação com os absorventes solares mais utilizados, GaAs e Si, os materiais 2D TMDC conseguiram uma melhoria de uma ordem de grandeza na absorção da luz solar e, nomeadamente, são capazes de absorver entre 5 e 10% da luz solar incidente para uma espessura de material inferior a 1 nm [42]. O MoS2 de camada única pode ser utilizado em conjunto com o p-Si para fabricar células solares de hetero-junção [43].

O MoS2 tem também tendência para formar uma heteroestrutura com WSe2 para utilização como contra-eléctrodos em DSSCs [44]. Do mesmo modo, o grafeno também tem sido utilizado nas suas várias formas; por exemplo, os seus pontos quânticos fluorescentes [45], nanotubos [46], fulerenos [47] e nanofitas [48] têm sido amplamente utilizados na tecnologia das células solares. Além disso, podem ser seguidos diferentes protocolos de funcionalização química para melhorar as propriedades eléctricas e ópticas dos materiais 2D, e pode ser efectuada a dopagem para melhorar estas propriedades [49]. Estes materiais 2D têm um potencial aparentemente infinito para melhorar as tecnologias existentes de SCs. As diferentes técnicas de fabrico também afectam a morfologia do material [50].

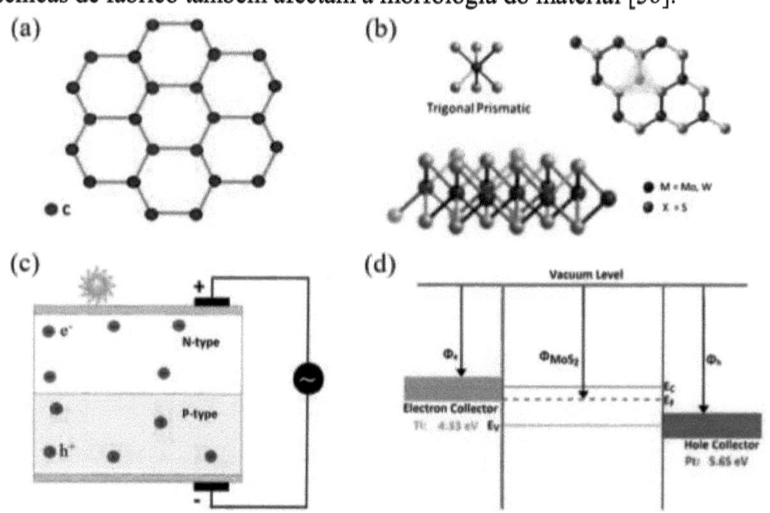

(a) Estrutura hexagonal em favo de mel do grafeno.

(b) Estrutura dos materiais 2D em termos de coordenação metálica (em cima) e sequência de empilhamento (em baixo) de 2H MoS2 e WS2.

(c) Princípio de funcionamento de uma célula fotovoltaica (reimpresso em acesso livre51).

(d) Diagrama esquemático em termos da estrutura de bandas de uma célula solar de junção Schottky Ti- MoS2-Pt [52].

1.1.1. Conceção e princípio de funcionamento das células solares baseadas em materiais 2D

As células são construídas utilizando camadas semicondutoras do tipo n, ou seja, a camada emissora, e do tipo p, ou seja, a camada de base, desenvolvendo assim uma junção p-n, como se mostra na figura (c). Os reflexos são reduzidos através da utilização de uma camada de revestimento antirreflexo. As células solares, também identificadas como células fotovoltaicas, foram concebidas para a conversão direta da luz (foto) em eletricidade (voltaica), ou seja, "energia da luz". A luz é uma radiação electromagnética composta por fotões, que são basicamente quanta de energia. A energia do fotão E é dada na equação (1):

$$E = hv \qquad (1)$$

Onde [53]:

h é a constante de Planck, e v é a velocidade da luz.

Quando a luz incide sobre uma superfície, os electrões fracamente ligados absorvem-na e são promovidos aos seus estados excitados, deixando para trás espaços vazios chamados buracos, em que o buraco é uma entidade carregada positivamente. Existe uma força de atração coulombiana entre os electrões de carga negativa e os buracos de carga positiva, formando pares que são conhecidos como excitões [54].

A energia intrínseca dos electrões na banda de valência (VB) é Ei, e após a excitação a energia é elevada para Ef na banda de condução (CB) apenas se o fotão incidente tiver uma energia igual ou superior à do "band gap" [55] (i.e., Ei - Ef > hv), em que o "band gap" é uma região proibida entre a CB e a VB. A migração de electrões resulta no fluxo de corrente [56].

1.1.2. Células solares 2D baseadas na junção Schottky

Uma junção Schottky aparece quando surge um intervalo entre os níveis de Fermi das funções de trabalho (WFs) do semicondutor e do metal, provocando a acumulação de fotocorrente. Enquanto os metais com WFs simétricas não geram qualquer fotocorrente, as estruturas metálicas assimétricas com WFs diferentes geram-na. Islam et al. fabricaram células solares de junção Schottky utilizando MoS2 em monocamada, cultivado através da técnica de deposição química em fase vapor (CVD). Os dispositivos consistiam em contactos metálicos de platina (Pt) e titânio (Ti) com WFs assimétricas para permitir a formação de portadores de carga. Foi introduzida uma camada absorvente de MoS2 monocamada (0,65 nm de espessura) para aumentar a eficiência deste modelo - o MoS2 monocamada é bem conhecido pela sua forte interação luz-matéria, levando a uma elevada absorção e fotogeração nos dispositivos fotovoltaicos. Os contactos metálicos foram selecionados de forma a que o WF do metal ficasse alinhado com o CB ou com o VB do semicondutor MoS2, a fim de apoiar a separação dos portadores de carga. Um metal com uma WF elevada recolhe os buracos, enquanto um metal com uma WF pequena recolhe os electrões.

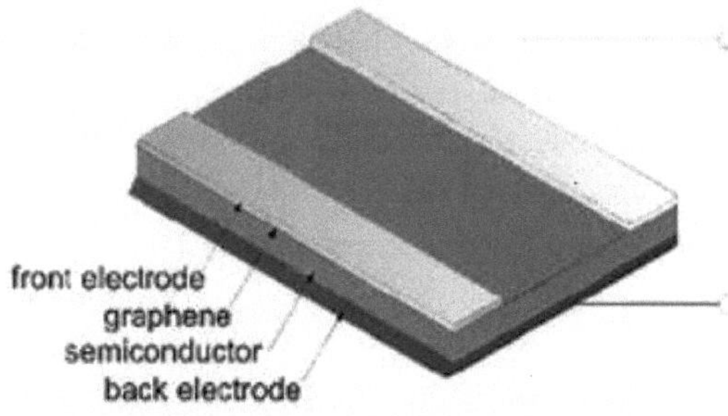

1.1.3. Técnicas de fabrico de células solares baseadas em materiais 2D

As multicamadas de materiais 2D podem ser preparadas utilizando o método da fita adesiva [57], a técnica CVD (deposição química em fase vapor) [58, 59] e outros métodos electroquímicos [60, 61]. Cai et al. apresentaram informações pormenorizadas sobre a síntese de materiais 2D utilizando técnicas de esfoliação top-down [62]. Na subsecção seguinte, descrevem-se os métodos de fabrico do grafeno e podem ser utilizadas técnicas semelhantes para sintetizar outros materiais 2D.

1.1.4. Esfoliação

O grafeno foi descoberto em 2004 por Geim, Novoselov e colaboradores, tendo-lhes sido atribuído um prémio Nobel [63]. Estes autores esfoliaram mecanicamente camadas de grafeno utilizando um método simples de fita adesiva Scotch, estimulando assim o interesse de investigadores de todo o mundo na exploração da rica física do grafeno [64]. Utilizando o método da fita adesiva, os flocos esfoliados podem ser subsequentemente transferidos para um substrato de silício e observados ao microscópio para determinar o número exato de camadas, como se mostra na Figura. As camadas obtidas desta forma têm dimensões mais pequenas (entre 0,3 gm65 e 0,50 nm66) e estão todas isentas de impurezas, embora a uniformidade das espessuras fique comprometida quando utilizadas para a preparação em grande escala. Por isso, os cientistas começaram a procurar outras técnicas para sintetizar películas de grafeno que fossem simultaneamente maiores em tamanho e uniformes em termos de espessura.

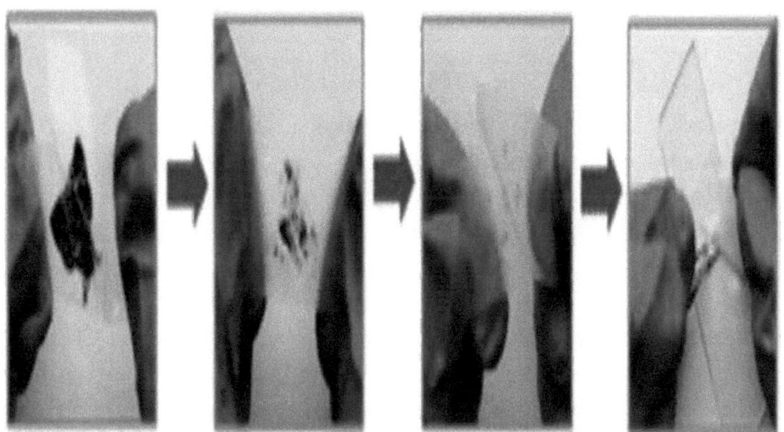
Esfoliação mecânica ou método da fita adesiva.

1.1.5. Deposição química de vapor (CVD).

Devido à irregularidade do tamanho dos flocos esfoliados, foi necessário investigar métodos alternativos, para além da abordagem simples com fita adesiva, para o fabrico de folhas de grafeno de grandes dimensões. Um desses métodos é a deposição química de vapor (CVD), que é efectuada numa câmara de vácuo onde os materiais vaporizados são condensados para os levar ao seu estado sólido [67]. A Figura (a) apresenta um esquema do processo CVD, em que o metano e o hidrogénio são utilizados para a produção de grafeno. O mecanismo começa com o movimento dos reagentes por convecção na presença de um fluxo de gás, em que o calor na câmara os ativa simultaneamente (etapas 1 e 2). Subsequentemente, os reagentes são transportados sob a influência da difusão através da corrente de gás principal que passa da camada limite estacionária (etapa 3). Em seguida, os reagentes difundem-se na superfície do substrato (etapas 4 e 5). A fim de evitar a produção de grafeno multicamadas, é mantido um arrefecimento rápido, uma vez que este regula a solubilidade dos substratos de carbono. Durante o mecanismo de superfície (etapa 6), ocorre a decomposição catalítica dos reagentes, juntamente com a migração da superfície para os locais de fixação e outras reacções heterogéneas. Após o crescimento da película de grafeno, os subprodutos são sucessivamente dessorvidos do substrato (etapa 7). No final, ocorre a difusão dos subprodutos para a corrente principal de gás (etapa 8) através da camada limite e os subprodutos são depois transportados para o sistema de exaustão por convecção (etapa 9) [68]. A CVD é um método amplamente utilizado para preparar películas finas e revestimentos de alta qualidade de diferentes materiais [69]. Li et al. utilizaram substratos de cobre para depositar camadas de grafeno utilizando a técnica CVD.70 Este método também altera as caraterísticas mecânicas, ópticas e eléctricas do material.

1.1.6. Métodos químicos

Os métodos químicos são também amplamente utilizados para sintetizar nanopartículas, pontos quânticos, películas finas, materiais quânticos, etc. [72]. Trata-se de processos de custo relativamente baixo, que podem ser efectuados em laboratórios que dispõem apenas de equipamento químico básico. Stankovich et al. sintetizaram nanoplaquetas de grafite utilizando um método químico, em que a redução química baseada numa solução de óxido de grafite esfoliado resultou na formação de folhas de grafeno. O polímero aniónico poli (4-estirenossulfonato de sódio) foi utilizado para a preparação de uma dispersão aquosa estável de nanoplaquetas de grafite [73]. Si et al. produziram grafeno solúvel em água através da sonicação de 75 g de óxido de grafite em 75 g de água durante uma hora. Após a sonicação, foi obtida uma dispersão de cor castanha de óxido de grafeno. O passo seguinte foi a pré-redução do óxido de grafeno utilizando borohidreto de sódio, fazendo com que a dispersão se tornasse preta. Em seguida, procedeu-se à sulfonação do óxido de grafeno, adicionando o sal de aril diazónio do ácido sulfanílico, mantendo a solução num banho de gelo. Em seguida, a dispersão foi centrifugada e lavada com água.

Após a etapa de pós-redução, foi preparada uma solução de 2 g de hidrazina com 5 g de água e adicionada à dispersão, o que resultou na precipitação bem sucedida das camadas de grafeno sulfonado [74]. Li et al. fabricaram folhas de grafeno utilizando grafite esfoliada re-intercalada com ácido sulfúrico. Misturaram hidróxido de tetrabutilamónio (TBA; uma solução a 40% em água) com esta solução. Esta mistura foi então sonicada com N, N-dimetilformamida (DMF) durante uma hora para formar uma suspensão homogénea. O método aplicado resultou na formação de grandes folhas de grafeno. Uma ilustração esquemática desta técnica é apresentada na Figura (b) [75].

1.1.7. Métodos electroquímicos

Os métodos electroquímicos são amplamente utilizados para fabricar diferentes materiais porque permitem que a composição da superfície e as propriedades cristalinas permaneçam inalteradas. Além disso, os métodos electroquímicos permitem que as amostras fabricadas sejam protegidas de quaisquer efeitos térmicos [76]. A síntese de grafeno de alta qualidade em grandes áreas foi realizada através da intercalação eletroquímica de flocos de grafite. O grafeno obtido por este método tinha um tamanho na ordem dos 0,4-1,5 gm, tendo sido obtido um grande número de flocos com quatro a seis camadas uniformes de grafeno. Os autores deste trabalho utilizaram tetra-fluoro-borato de tetrabutilamónio (Bu4NBF4) 1 mM em N-metil-2-pirrolidona (NMP) com flocos de grafite. Dois eléctrodos de alimentação (FEs) de aço colocados a 1 cm de distância foram mergulhados na solução, como se mostra na figura. Foi aplicada uma tensão de 1100 V entre os eléctrodos durante uma hora, enquanto a solução era agitada vigorosamente. O grafeno foi então esfoliado durante uma hora a uma taxa de cisalhamento de 33 000 s-1. A mistura foi então centrifugada para remover quaisquer partículas grandes de grafite remanescentes e o líquido residual foi extraído. Ao filtrar uma quantidade específica da suspensão com filtros de membrana de poli (tetrafluo-roetileno) (PTFE), calculou-se a produção de grafeno em cada suspensão. As folhas de grafeno obtidas por esta técnica apresentavam-se estruturalmente intactas.

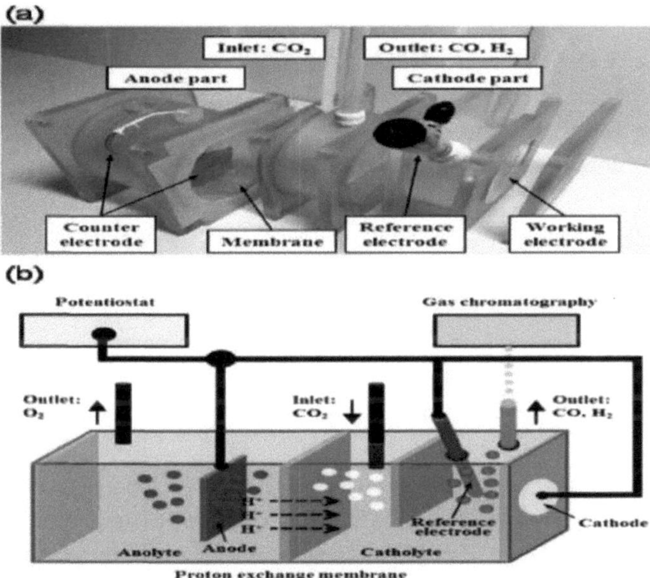

1.1.8. Simulação e modelação matemática de células solares baseadas em materiais 2D

A simulação e a modelação matemática de diferentes células solares estão, de facto, inter-relacionadas. Ambas as abordagens são habitualmente utilizadas no domínio da investigação sobre células solares e foram desenvolvidas para compreender o comportamento, o desempenho e a eficiência das células solares. Estes métodos referem-se à utilização de modelos e algoritmos baseados em computador para imitar e analisar as caraterísticas físicas e eléctricas das células solares, em que se resolvem equações matemáticas complexas e se incorporam vários parâmetros, como as propriedades dos materiais, a geometria do dispositivo e as condições ambientais. A modelação matemática envolve a formulação de equações matemáticas e quadros analíticos que descrevem o comportamento e o desempenho das células solares. Estes modelos baseiam-se em princípios físicos fundamentais e são utilizados para prever e analisar vários aspectos do funcionamento de uma célula solar, como a eficiência da conversão de energia, as caraterísticas corrente-tensão e a resposta espetral. Esta modelização fornece uma compreensão teórica de uma célula solar para servir de base a análises e optimizações posteriores. Nas ref's. [77 e 78] os autores verificaram que os valores simulados e experimentais para as caraterísticas da célula solar são aproximadamente os mesmos.

Os autores simularam e fabricaram aSi:H do tipo SHJ-p e mediram a tensão de circuito aberto, a corrente de curto-circuito, o fator de enchimento e a eficiência. Isto permite estabelecer uma relação entre a teoria e as ideias experimentais para analisar as caraterísticas ópticas e eléctricas de uma célula solar, confirmando que a conceção básica proposta para as simulações está correta. Várias plataformas de software têm sido usadas até agora para realizar as simulações para células solares baseadas em grafeno, e incluem Ansys [79] COMSOL [80], AFORS-HET [81] CST-MWS [82] e SILVACO (TCAD) [83] para descrever os mecanismos físicos que ocorrem dentro do dispositivo. O WF (Φ (eV)), as espessuras das camadas, a densidade de estados de interface, a perda de absorção, o intervalo de banda, Voc (V), Jsc (mA cm-2), PCE e FF são os elementos de design da célula solar que precisam de ser avaliados. Uma vez que é possível realizar uma miríade de topologias para células baseadas em grafeno, torna-se essencial efetuar uma investigação inicial da influência dos parâmetros supramencionados no desempenho do dispositivo através de simulações para poupar tempo e custos. O software AFORS-HET é frequentemente utilizado para modelizar hetero-junções com células solares de camada fina intrínseca (HIT), bem como células solares de hetero-junção (HJ). Por exemplo, Yu et al.81 utilizaram esta ferramenta para analisar a eficiência da célula à base de grafeno/GaAs antes de realizarem experiências reais para determinar o efeito da adição de uma camada de transporte de buracos ou de bloqueio de electrões.

A integração de materiais bidimensionais (2D) em células solares de perovskite é uma fronteira de investigação excitante. Neste estudo, utilizamos os materiais 2D SnS$_2$ e MoS2 como camada de transporte de electrões (ETL) e camada de transporte de buracos (HTL), respetivamente, devido às suas excepcionais propriedades fotovoltaicas. O principal objetivo do nosso trabalho é melhorar o desempenho da configuração de células solares proposta, ITO/SnS /MAPbI /MoS$_{232}$ /Au, optimizando a espessura de cada camada através de simulações numéricas. Além disso, efectuámos uma avaliação exaustiva dos efeitos da espessura das camadas, da intensidade da luz e da temperatura de funcionamento no desempenho fotovoltaico destas células solares. Os nossos resultados indicam que a eficiência teórica das células solares pode ser aumentada de 15,76% para 16,95%, determinando as espessuras óptimas das camadas: ITO (100 nm), SnS$_2$ (10 nm), MAPbI$_3$ (300 nm), MoS$_2$ (20 nm) e Au (100 nm).

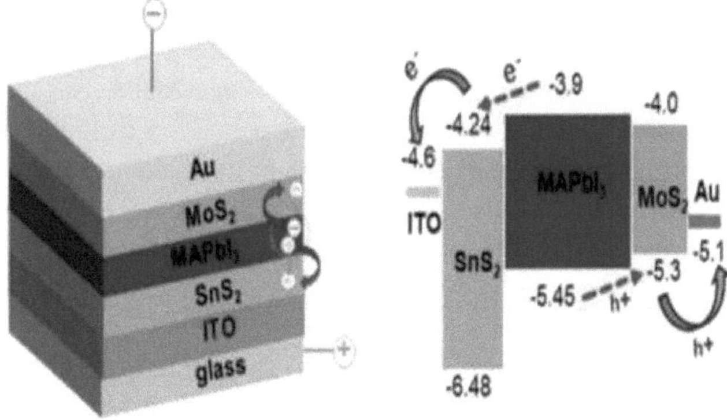

As células solares de perovskita redesenhadas (PSCs), com a estrutura proposta e espessuras de camada optimizadas, exibem um desempenho superior em comparação com as células solares tradicionais que utilizam a configuração ITO/SnO2/MAPbI3/Spiro-OmeTAD/Au. Consequentemente, esta investigação sugere que os materiais 2D SnS2 e MoS$_2$ são alternativas promissoras aos materiais convencionais SnO$_2$ e Spiro- OMcTAD, respetivamente. Este estudo oferece informações valiosas que podem facilitar o avanço de células solares altamente eficientes que incorporam materiais 2D como camadas de transporte.

A modelação matemática e a simulação são duas abordagens diferentes, mas não completamente dependentes, utilizadas no estudo da energia fotovoltaica. A modelação matemática envolve a utilização de equações matemáticas para representar o comportamento de um sistema fotovoltaico; envolve o desenvolvimento de modelos que descrevem a física do sistema, como o movimento de electrões e buracos nas células solares, ou modelos que descrevem o comportamento elétrico do sistema, como a tensão e a corrente produzidas pelas células. As simulações baseiam-se em modelos matemáticos, mas podem também incluir outros factores, como os efeitos da temperatura e do sombreamento. Em geral, a modelação matemática destina-se a desenvolver um conceito fundamental relacionado com o comportamento de um sistema fotovoltaico; assim, ambas as abordagens são ferramentas importantes para investigadores e engenheiros e são frequentemente utilizadas em combinação para desenvolver e otimizar sistemas de energia solar.

Na ref. [85], os autores apresentam o modelo teórico de um dispositivo fotovoltaico baseado na arquitetura Pt/grafeno/AlGaAs/n-GaAs/Al. A simulação orientada por modelos matemáticos é efectuada utilizando o software SILVACO TCAD. A modelação do grafeno é efectuada utilizando o material 4H-SiC, cujas propriedades são reformuladas para contribuir para os valores metálicos fornecidos por Nair et al. [86]. Três modelos físicos, i.e., recombinação Shockley-Read-Hall (SHR), recombinação Auger e recombinação ótica (OPTR), são incorporados para a formação do projeto do dispositivo FV. O modelo de emissão termiónica utilizado para representar as caraterísticas J-V das células solares de heterojunção. O parâmetro de desempenho para desenvolver matematicamente a célula solar pode ser expresso da seguinte forma na Eqn (2):

$$I_L = I_o \exp\left(\frac{q(V - IR_S)}{nKT}\right)\left[1 - \exp\left(-\frac{q(V - IR_S)}{KT}\right)\right] \tag{2}$$

Em que a corrente iluminada é IL, a tensão fornecida é V, o fator de idealidade é n, a corrente de saturação inversa é expressa por I0 e RS representa a resistência em série. Matematicamente, a corrente de saturação inversa é dada pela Eqn (3):

$$I_0 = \alpha A^{**} T^2 \exp\left(\frac{-q\phi_{Bn}}{KT}\right) \tag{3}$$

Onde, a representa a área da célula, A** = 8,16 x 10-4 A m-2 K-2 (que é a constante efetiva de Richardson do GaAs tipo n) [87], ΦBπ é a altura de barreira do metal-semicondutor (usando um semicondutor tipo n), T é a temperatura absoluta e K representa a constante de Boltzmann. A tensão incorporada e a altura da barreira metal-semicondutor num contacto Schottky têm a seguinte relação, que é mostrada através das equações (4)-(6):

$$VBi = (\phi Bn - \phi n) \tag{4}$$

$$\phi Bn = \phi G - \chi \ (\text{n-type-semiconductor}) \tag{5}$$

$$\phi Bp = Eg - \phi g + \chi \ (\text{p-type-semiconductor}) \tag{6}$$

Em que, ϕ_{ni} é a banda de condução (CB), Eg é a energia do intervalo de bandas, ϕG é a WF do grafeno e χ é a afinidade eletrónica do semicondutor.

Voc pode ser calculado utilizando a equação (7) como:

$$V_{oc} = \frac{nKT}{q} \ln\left(\frac{I_L}{I_0} + 1\right). \qquad (7)$$

O parâmetro Isc, que pode ser utilizado para obter a maior potência das células solares, é um parâmetro crucial. As expressões para o fator de enchimento (FF) e a eficiência (n) da célula são dadas nas Eqn (8) e (9), respetivamente:

$$FF = \frac{V_{oc} - \ln(V_{oc} - 0.72)}{V_{oc} + 1} \qquad (8)$$

$$\eta = \frac{V_{oc} I_{sc} FF}{P_{in}}. \qquad (9)$$

As fórmulas matemáticas e as técnicas de simulação acima mencionadas são igualmente válidas para outros materiais 2D, como MoS2, WS2 e WSe2.

7.5. Células solares baseadas em pontos quânticos

Os pontos quânticos (QDs) são cristais semicondutores à escala nanométrica que se têm revelado materiais fascinantes em várias áreas da ciência, por exemplo, na bioimagem, na inovação dos díodos emissores de luz, nos lasers e nas células solares.88 Em geral, estes materiais são formados a partir de elementos II-VI ou III-V da tabela periódica e caracterizam-se por serem partículas com tamanhos reais inferiores ao raio de Bohr do excitão [88]. Os QDs foram descobertos pela primeira vez na década de 1980 pelo físico russo Alexei Ekimov [89]. Desde então, têm suscitado grande interesse na investigação [90]. Possuem propriedades eléctricas e fluorescentes únicas, que incluem espectros de emissão estreitos, fotoluminescência sintonizável (PL), elevada estabilidade fotoquímica e espectros de absorção contínuos [90], para destacar apenas algumas. O seu conjunto único de caraterísticas permitiu-lhes ser utilizados em muitas aplicações, que incluem díodos emissores de luz, energia fotovoltaica, fotocondutores, fotodetectores, biossensores, etc.

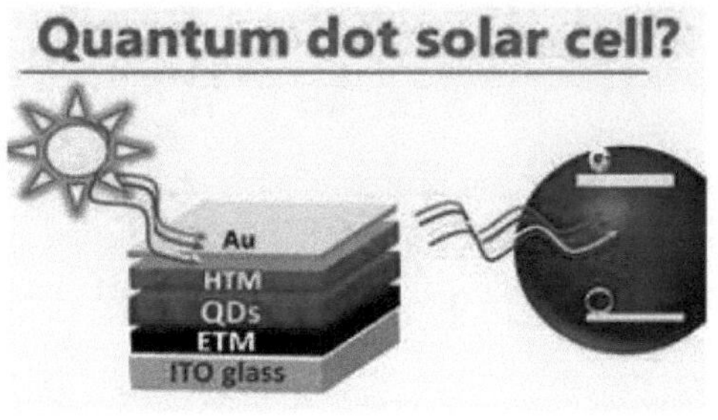

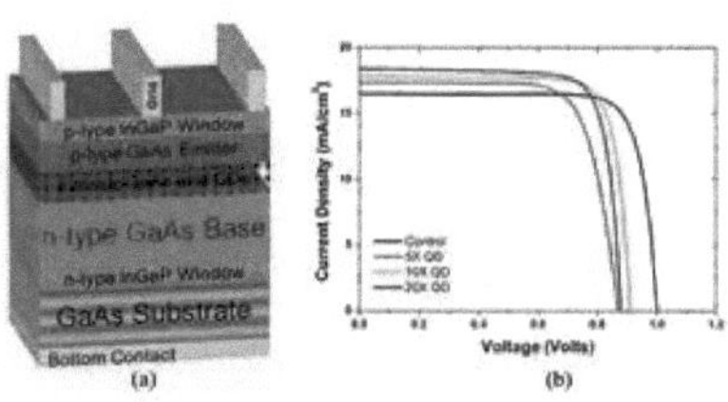

Em comparação com os corantes moleculares, os pontos quânticos são melhores em termos da sua fotorresposta sintonizável e de coeficientes de extinção molar mais elevados, permitindo um aumento notável do PCE de 5% para 13% [91]. Desde a sua descoberta, há mais de vinte anos, a sua utilização expandiu-se rapidamente devido à sua disponibilidade abundante e excelentes propriedades ópticas. Para além disso, apresentam outras vantagens consideráveis, tais como pequenas dimensões (2-12 nm de diâmetro), fotoluminescência regulável em função do tamanho [92], rendimentos quânticos de fluorescência elevados, elevada solidez contra o branqueamento e descontinuidade da fluorescência (cintilação) [93]. Os QDs ou nanocristais mais frequentemente utilizados são o seleneto de cádmio (CdSe), o seleneto de chumbo (PbSe), o sulfureto de cádmio (CdS), o sulfureto de chumbo (PbS) e o telureto de cádmio (CdTe) [94, 95]. O controlo do tamanho dos pontos quânticos permite ajustar o intervalo de banda, o que constitui uma vantagem distinta em relação a outros materiais quânticos. Além disso, devido à deslocação dos níveis de energia das bandas CB e VB para valores mais negativos ou positivos, o efeito de confinamento quântico altera as propriedades electrónicas [96].

7.5.1. Conceção e princípio de funcionamento das células solares baseadas em pontos quânticos

Em princípio, o objetivo da conceção de uma célula solar de pontos quânticos (QDSC) é novamente a conversão da energia solar numa corrente eléctrica, em que os QDs se comportam principalmente como absorvedores de luz. A eficiência do transporte de separação, bem como a taxa de recombinação dos portadores fotogerados, têm um impacto significativo no desempenho da QDSC. Um QDSC protótipico é constituído por um fotoanodo que inclui um semicondutor mesoporoso de grande intervalo de banda sensibilizado por QDs (como os QDs de TiO2), um eletrólito e um contra-electrodo [97-101]. Quando iluminados com luz, ocorre a absorção de fotões nos QDs, e os electrões no VB dos QDs são excitados para o CB. Devido ao intervalo de energia favorável entre os CBs dos QDs e do TiO2, ocorre a transferência de electrões excitados do CB dos QDs para o CB do TiO2, de onde são transportados para um substrato de vidro de óxido condutor transparente e depois para o circuito externo. Um eletrólito redox é utilizado para regenerar os QDs oxidados, enquanto a atração de electrões do circuito externo na interface eletrólito/contra-electrodo é utilizada para regenerar o eletrólito oxidado [102-104].

7.5.2. Técnicas de fabrico de células solares baseadas em pontos quânticos

Até à data, foram explorados vários métodos sofisticados para a síntese ou o fabrico de células solares de pontos quânticos, tais como a síntese coloidal, a automontagem, a passagem eléctrica, a pirólise química, a síntese aquosa tradicional, a técnica de crescimento MOCVD [107], a epitaxia por feixe molecular (MBE) [108], etc.

No processo de deposição da camada de QD são normalmente utilizados vários ciclos de revestimento por rotação ou por imersão. A espessura da película de QD é determinada pela concentração de QD e pelo número de ciclos de centrifugação ou de imersão. Ambas as abordagens produzem células solares com um desempenho comparável e altamente sintonizáveis em termos de espessura da camada e de troca de ligandos. Ambos os métodos de deposição têm as suas próprias vantagens e desvantagens. O revestimento por imersão necessita de um volume global suficiente para submergir completamente o substrato. Por conseguinte, a concentração da solução de QD utilizada durante o revestimento por imersão (por exemplo, 10-20 mg mL-1) é normalmente inferior à utilizada para o revestimento por rotação (30 mg mL-1). Devido às películas muito finas de QD depositadas durante cada ciclo, o revestimento por imersão é utilizado para um controlo mais preciso e é capaz de depositar mais células solares a partir de uma única síntese de QD. No entanto, este método de deposição requer normalmente mais tempo, porque cada ciclo deposita um número limitado de QDs. A deposição de camadas mais espessas por ciclo exigirá uma concentração de solução de QD mais elevada, resultando num fabrico de película mais rápido e vice-versa para camadas mais finas [109].

7.5.3. Simulação e modelação matemática de células solares baseadas em pontos quânticos

Os métodos de simulação desempenham um papel crucial no desenvolvimento de células solares de quarta geração. As células solares de quarta geração referem-se a uma nova geração de dispositivos fotovoltaicos que têm como objetivo ultrapassar as limitações das células solares convencionais e oferecer uma maior eficiência, um custo mais baixo e uma funcionalidade melhorada. Os métodos de simulação incluem vários factores, como a física do dispositivo, a otimização do desempenho, a redução dos custos através da iteração do projeto e a análise da sensibilidade dos materiais e dos parâmetros. Nas ref. [110 e 111], os autores efectuaram a análise de vários parâmetros antes do fabrico da célula solar. Como já foi referido, foram desenvolvidos muitos pacotes de software para a conceção e simulação de células solares. A física subjacente às células solares de pontos quânticos pode ser melhor compreendida através da simulação e da modelação matemática, que podem ser utilizadas para melhorar o projeto com vista a uma maior eficiência.

Estas simulações permitiram uma compreensão aprofundada dos vários tipos e localizações de recombinação a obter em diferentes configurações de dispositivos. Além disso, estes métodos de simulação são capazes de fornecer informações sobre as densidades do dopante e do estado de armadilha das camadas de nanocristais, de modo que a seleção e a otimização adequadas dos contactos de bloqueio foram efectuadas para melhorar ainda mais o desempenho do dispositivo [112]. Estas novas células solares sensibilizadas por pontos quânticos (QDSSC) de elevada eficiência de conversão de energia fotovoltaica baseiam-se em materiais semicondutores II-VI, como o CdS. O CdS é um semicondutor do tipo n que tem um intervalo de energia direto de 2,42 eV [113]. Mehrabian et al. utilizaram o software SILVACO TCAD [114] para modelar e simular a estrutura ITO/TiO2/CdS/P3HT/PCBM/Ag para um dispositivo fotovoltaico [115].

Outro exemplo de simulação de um QDSC é apresentado na ref. [106], em que a conceção contém uma camada HJ empobrecida (uma camada de janela do tipo n), QDs de PbS a granel com ligandos PbI2 (uma camada absorvente do tipo i), QDs de PbS a granel com ligandos de etanoditiol (EDT) (uma camada do tipo p) e Au (contacto com a parte posterior). Uma matriz de QDs compactados firmemente juntos actuou como a "camada de QDs a granel". A figura (f) mostra como um conjunto de nano cilindros de pontos quânticos de

PbS forma uma camada sobre uma camada residual de pontos quânticos de PbS e é coberto por ZnO. Tanto os contactos frontais como os posteriores, para além da camada de tipo p, formam camadas planas, pelo que o nanopadrão se limita à junção i-n da célula solar. Uma camada de QDs do tipo i e uma fina camada de QDs do tipo p constituem a camada residual de QDs, que serve de barreira eletrónica entre o contacto posterior de Au e a camada de ZnO do tipo n. As dimensões dos pilares foram escolhidas de modo a apresentarem fortes ressonâncias ópticas locais, bem como modos guiados (plasmónicos). Os pilares estão dispostos numa rede quadrada e são colocados a uma distância fixa no desenho. Os caminhos dos portadores produzidos na parte de trás da célula são significativamente mais curtos devido à sua nano geometria e estrutura, que foi criada através de orifícios nanopadronizados na camada de ZnO-NP (azul claro) na superfície de ITO, preenchendo-os depois com QDs (vermelho). Para criar os padrões, utilizaram a litografia de impressão suave conformada ao substrato (SCIL116), que imprime desenhos num sol-gel líquido utilizando um carimbo de PDMS nanoestruturado que é uma réplica de uma pastilha de Si nanoestruturada. Até agora, as camadas de sílica opticamente funcionais tinham sido modeladas utilizando a SCIL, e uma camada opticamente e eletronicamente funcional foi formada por estes autores utilizando ZnO-NPs e carimbos SCIL de alta resolução.

Este tipo de camada de ZnO modelada pode ser visto na imagem SEM (Figura (f), meio). Tem orifícios de 400 nm de diâmetro e está disposta sob a forma de uma rede quadrada com um tamanho de passo de 513 nm. A profundidade das caraterísticas do carimbo PDMS elimina a diferença de altura de cerca de 100 nm entre as paredes do padrão e a camada residual de ZnO. Quando comparada com outras técnicas convencionais de modelação que incluem a gravação húmida reactiva e/ou a gravação iónica, é importante notar que esta transferência de nanopadrões para a camada de ZnO-NP a partir do carimbo é um método simples e é altamente improvável que resulte numa degradação indesejável das propriedades ópticas ou electrónicas da camada de ZnO. Além disso, a solução de ZnO-NP utilizada para fazer a camada ETL é compatível com as actuais células solares QD de última geração [117]. Por conseguinte, não foi necessário comprometer a qualidade da camada ETL e a compatibilidade SCIL da sua solução precursora. A duração da centrifugação foi o único parâmetro ajustado para a modelação do ZnO, de modo a garantir que a camada permaneça num estado líquido que permita a sua modelação. O butanol, um solvente com um elevado ponto de ebulição, pode ser utilizado para diluir a solução.

Foi depositada uma camada plana de PbS QD-EDT de 30 nm e uma camada de Au de 100 nm de espessura. O material do tipo i tem uma morfologia de superfície plana porque o nanopadrão está limitado à interface entre os QDs e o ZnO. Como resultado, a camada de Au e os QDs do tipo p podem ser depositados de forma conformada da mesma maneira que uma célula planar. Após a implementação bem sucedida de pilares de QDs embebidos em ZnO, Tabernig et al. analisaram as dimensões específicas necessárias para maximizar o desempenho. Para o efeito, estudaram as propriedades ópticas das camadas de QD de PbS a granel para obter a maior absorção por unidade de volume no absorvedor modelado através de simulações no domínio do tempo com diferenças finitas (FDTD) utilizando o Lumerical CHARGE, um solucionador de equações de difusão. A geometria nanoestruturada da célula foi analisada eletronicamente sob um espetro solar AM1,5G com parâmetros de conceção que incluem a recombinação e a densidade de dopagem, bem como propriedades específicas dos QD a granel, tais como o seu "hopping", ou seja, o processo de transferência de carga e a diminuição da tensão devido aos defeitos que formam uma CB efectiva.

As simulações ópticas efectuadas na ref. 106 revelaram um aumento de 19,5% na absorção por unidade de volume da camada absorvente de QDs cilíndricos. As simulações electrónicas demonstraram que a modelização conduz a um ganho de corrente de 3,2 mA cm-2 e a um pequeno ganho de tensão, resultando num ganho de eficiência de 0,4%. Isto foi conseguido para nanopilares de QD numa matriz quadrada com um passo de 500 nm numa camada residual de QD de 70 nm, rodeada por ZnO. Além disso, as simulações demonstram que a estrutura modelada tem um impacto significativo no fator de preenchimento devido à variação significativa da intensidade do campo elétrico através do absorvedor modelado.

Devido a uma resposta por infravermelhos significativamente melhorada (tal como previsto pelas simulações), Tabernig et al. demonstraram um ganho de corrente de 0,74 mA cm-2 para uma célula com padrão em comparação com uma célula plana em resultados experimentais, como se mostra na Figura (106}.

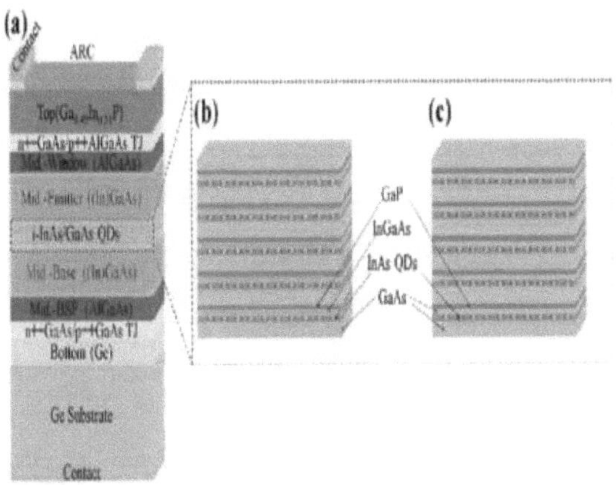

Estrutura de um QDSSC e seu princípio de funcionamento e respetivo diagrama esquemático.

7.6. Células solares de perovskite

O cientista alemão Gustav Rose descobriu o mineral perovskite em 1839 [119], embora a exploração significativa sobre estes tenha sido efectuada pelo mineralogista russo Lev Perovski, daí o seu nome perovskite [120]. A perovskite é um composto químico do mineral óxido de cálcio e titânio, que é constituído por titanato de cálcio (CaTiO3) [121] e está abundantemente disponível na natureza [122,123]. Posteriormente, todos os compostos com estruturas cristalinas semelhantes (forma ortorrômbica) foram classificados como perovskitas [124]. Os perovskitos têm uma estrutura cristalina com a fórmula A(n-1)BnX(3n+1) (em que X = halogéneo, oxigénio, azoto ou carbono).

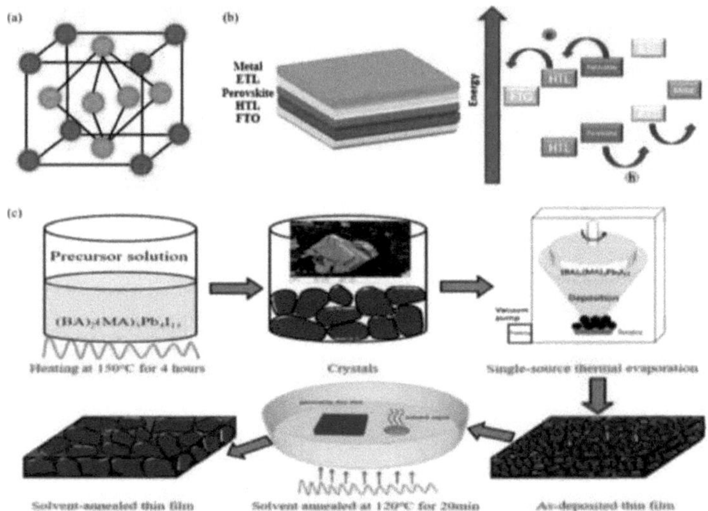

(a) Célula unitária de um perovskite.
(b) Princípio de funcionamento do CPS.
(c) Diagrama esquemático do processo de fabrico, que inclui a preparação do cristal, a evaporação térmica de fonte única e o recozimento com solvente [132].

O maior catião "A" partilha uma localização cuboctaédrica com doze aniões X e o menor catião "B" partilha uma localização octaédrica com seis aniões "X" [125]. A sua célula unitária cúbica é mostrada na Figura (a). As perovskitas apresentam uma capacidade excecional de absorção de luz porque transportam a carga eléctrica quando a luz incide sobre elas, o que resulta num aumento da mobilidade dos electrões [126].

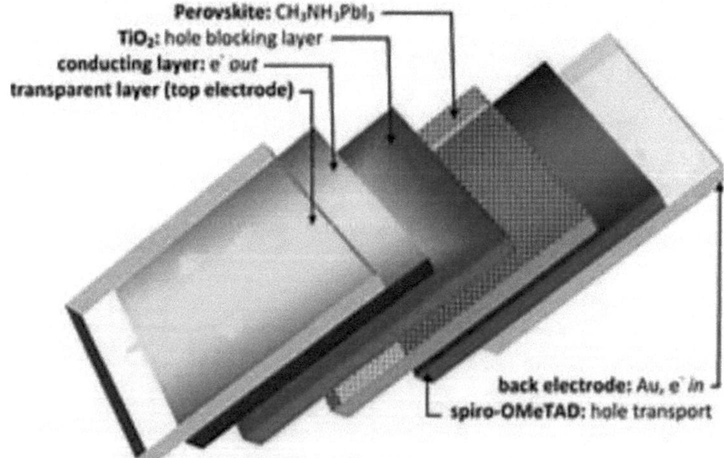

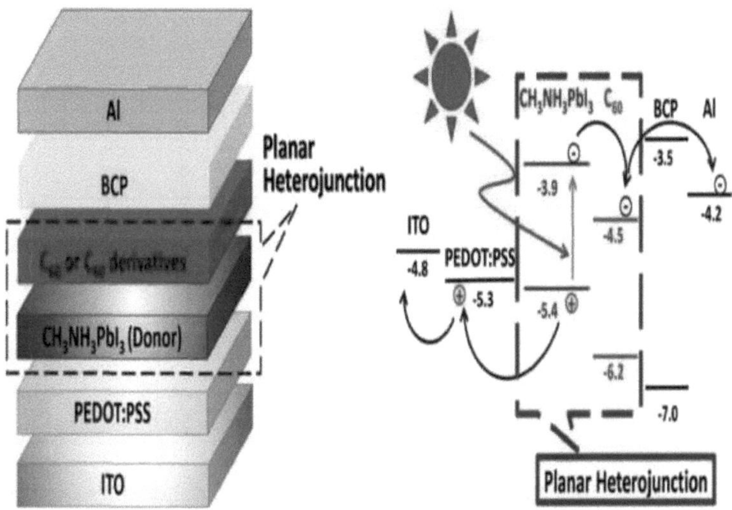

Devido ao seu transporte ambipolar de cargas a longa distância12 , à elevada constante dieléctrica, ao elevado coeficiente de absorção [127], à baixa energia de ligação dos excitões [128], às caraterísticas ferroeléctricas [129, 130] e a outras propriedades físicas únicas, os materiais perovskíticos suscitaram grande interesse pela sua utilização em dispositivos fotovoltaicos e optoelectrónicos. Uma vez que a eficiência das células solares baseadas em materiais perovskíticos aumentou de 3,8% para mais de 25%, o interesse da investigação nestes materiais cresceu dramaticamente [131].

7.6.1. Conceção e princípio de funcionamento das células solares de perovskite 1

A disposição básica de uma célula solar de perovskite (PSC) é mostrada na figura (b). Tem geralmente cinco camadas: uma camada de perovskite é colocada entre a HTL e a ETL, que são colocadas entre a camada superior do elétrodo posterior metálico (Au, Ag, Al) e a camada inferior do fotoanodo (normalmente ITO ou vidro). Em suma, a camada ativa de perovskite é colocada no centro da célula solar [133], actuando como um absorvedor de luz. A transparência, a espessura e a morfologia destas camadas podem ser alteradas para otimizar o PCE da PSC. Quando a luz interage com a camada de perovskite, desencadeia a emissão de electrões fotogerados que conduzem à formação de excitões. Devido à pequena energia de ligação dos excitões dos materiais de perovskite, os excitões separam-se em electrões e buracos, que são portadores de carga livre [134].

7.6.2. Técnicas de fabrico de células solares de perovskite

semelhança do desenvolvimento de técnicas de fabrico para outros tipos de células solares, existem vários métodos elegantes para o fabrico de PSC. Para o fabrico de películas de perovskite de grandes dimensões, são utilizadas diferentes técnicas de revestimento, como o revestimento de matrizes, o revestimento de lâminas, o revestimento por pulverização e outros métodos, incluindo o tratamento com gás metilamina, a impressão assistida por andaimes, a impressão a jato de tinta, a serigrafia [135], o revestimento assistido por pressão sem solventes, a deposição em vácuo e a CVD híbrida [136]. A técnica de revestimento por rotação [137] é também utilizada para sintetizar cristais de perovskite, embora as películas produzidas não sejam uniformes. Casaluci et al. sintetizaram PSCs usando o processamento de solução assistida por vapor de vácuo como um método simples e barato sem usar uma caixa de luvas. Não foi utilizada uma atmosfera inerte nem um vácuo elevado para preparar os dispositivos [138]. Li et al. sintetizaram perovskitas híbridas monocristalinas utilizando um método de crescimento epitaxial assistido por litografia baseado numa solução [139]. As películas de perovskite produzidas por Zhang et al., utilizando a técnica de gotejamento de solvente no ar atmosférico, eram inadequadas para a criação de células solares altamente eficientes, em comparação com as películas espelhadas e pretas brilhantes criadas numa caixa de luvas de ar seco. Uma vez que a humidade não é favorável às perovskitas de halogenetos, é normalmente evitada durante o fabrico.

Os avanços no fabrico de perovskitas em ambiente ambiente são dificultados pela ausência de conhecimentos fundamentais sobre as reacções químicas entre a água e os precursores [140]. Por exemplo, Zhang et al. demonstraram com sucesso a supressão dos defeitos na formação de PSCs de halogenetos orgânicos-inorgânicos, introduzindo uma modificação bilateral da interface através da dopagem das perovskitas com nanocristais de CH3NH3PbI3 à temperatura ambiente, resultando num PSC planar à base de CsPbBr3 que exibe um PCE de 20%.141 PSC com a estrutura ITO/PEDOT: PSS/(BA)2(MA)3Pb4I13/PC61BM/

Ag foram fabricados através de revestimento por centrifugação de uma solução de PEDOT:PSS (CLEVIOS PVP AI4083) num substrato de vidro de ITO. Para obter uma película de 50 nm, os parâmetros de revestimento por centrifugação foram ajustados para 4500 rpm durante 40 segundos. A película de PEDOT:PSS resultante foi aquecida a 160 °C durante 20 minutos; em seguida, foi transferida para um sistema de deposição por evaporação de fonte única. A camada absorvente BA2MA3Pb4I13 foi então depositada utilizando evaporação térmica de fonte única e o recozimento com solvente foi efectuado numa caixa de luvas cheia de azoto durante 20 minutos a 120 °C. A solução de PC61BM (20 mg mL em clorobenzeno) foi revestida por centrifugação sobre a película fina de (BA)2(MA)3Pb4I13 a 3000 rpm durante 30 s. Finalmente, foi preparado um cátodo de Ag de 90 nm por evaporação térmica sob vácuo de 3,0 x 10-4 Pa, como se mostra na Figura (c).

7.6.3. Simulação e modelação matemática de células solares de perovskite

Como já foi referido, estão atualmente disponíveis várias ferramentas de conceção de células solares para uma análise aprofundada antes do fabrico. Na ref. [142], um PSC foi modelado e analisado quanto às suas caraterísticas de saída sob luz AM1.5G utilizando o SCAPS (o simulador de capacitância de células solares). As caraterísticas PV do SC foram simuladas com ênfase na profundidade da camada absorvente, na percentagem de recipiente e na densidade de defeitos. Além disso, foram examinados os efeitos de vários WFs de contacto metálico.

Os parâmetros óptimos para cada caraterística foram anotados para a implementação prática de PSCs, no interesse de contrastar os resultados com um dispositivo preparado experimentalmente. O SCAPS resolve três equações fundamentais para um dispositivo, incluindo a equação de Poisson (10), que é entendida como a equação da continuidade dos portadores de carga, ou seja, electrões (eqn (11)) e buracos (eqn (12)), para obter os detalhes de desempenho, tais como as caraterísticas da densidade tensão-corrente (J-V), a eficiência quântica (QE) e as bandas de energia. Estas curvas são utilizadas para calcular os parâmetros de desempenho do dispositivo de célula solar Jsc, Voc, FF (%) e PCE (%).

$$\frac{\mathrm{d}}{\mathrm{d}t}\left(-\varepsilon(t)\frac{\mathrm{d}\psi}{\mathrm{d}t}\right) = q[p(t) + N_{\mathrm{D}}^{+}(t) + p_t(t) - \{n(t) + N_{\mathrm{A}}^{-}(t) + n_t(t)\}] \tag{10}$$

$$\frac{\mathrm{d}p_n}{\mathrm{d}t} = G_p - \frac{p_n - p_{n0}}{\tau_p} + p_n\mu_p\frac{\mathrm{d}\xi}{\mathrm{d}t} + \mu_p\xi\frac{\mathrm{d}p_n}{\mathrm{d}t} + D_p\frac{\mathrm{d}^2 p_n}{\mathrm{d}t^2} \tag{11}$$

$$\frac{\mathrm{d}n_p}{\mathrm{d}t} = G_n + n_p\mu_n\frac{\mathrm{d}\xi}{\mathrm{d}t} + \mu_n\xi\frac{\mathrm{d}n_p}{\mathrm{d}t} + D_n\frac{\mathrm{d}^2 n_p}{\mathrm{d}t^2} - \frac{n_p - n_{p0}}{\tau_n} \tag{12}$$

Aqui, G, q, D, τп, Tp, y, gn, gp, n(t), p(t), N-A(t)e N+D(t), pt(t), nt(t) denotam a taxa de geração, a carga eletrónica, o coeficiente de difusão, o tempo de vida dos electrões, o tempo de vida dos buracos, o potencial eletrostático, a mobilidade dos electrões, a mobilidade dos buracos, concentração de electrões livres, concentração de buracos livres, concentração de aceitadores e dadores ionizados, concentração de buracos presos e concentração de electrões presos, em que 't' indica a espessura do dispositivo e £ é o campo elétrico [142-145].

A figura mostra a estrutura do dispositivo PSC, e quando o dispositivo é iluminado, desenvolvem-se excitões na camada absorvente. Os portadores de carga deslocam-se em direção à ETL e HTL devido ao campo de junção e, em seguida, migram para o cátodo e o ânodo e são recolhidos nos respectivos eléctrodos para produzir corrente. O diagrama de bandas de energia da célula em causa é apresentado na figura. As caraterísticas de desempenho do dispositivo são representadas em termos da altura do absorvedor. O Jsc mostra uma tendência crescente até 400 nm, que subsequentemente satura para um valor de 24,59 mA cm-2. O Voc também aumenta até 500 nm e depois sofre um decréscimo lento à medida que a espessura é aumentada. Observa-se uma diminuição monotónica do valor FF com a espessura da camada absorvente.

Obtém-se um máximo de PCE = 20,96% a 500 nm; por conseguinte, a espessura óptima do absorvente é de 500 nm. Na ref. 146, utilizando o SCAPS-1D, os autores modelaram um PSC à base de carbono que não tem uma camada de transporte de orifícios. O objetivo deste estudo foi procurar um material alternativo adequado para a ETL em comparação com o TiO2 porque, quando este é utilizado como ETL, a célula torna-se instável a altas temperaturas e à exposição à luz UV. Por conseguinte, foram investigadas as opções ZnO, CdZnS, WS2, ZnOS, WO3 e ZnSe, tendo o ZnSe apresentado o melhor desempenho com uma eficiência de 26,76%.

É apresentada uma análise exaustiva utilizando o simulador e variando muitos parâmetros de conceção diferentes das camadas. A arquitetura da célula é apresentada na figura, juntamente com o diagrama de bandas de energia que inclui todos os materiais ETL. A alteração dos parâmetros de desempenho da célula à base de ZnSe com a espessura do absorvedor é apresentada na Figura. Jsc aumenta com a altura do absorvedor até ~1000 nm, atingindo a saturação a 26,84 mA cm-2. Voc também aumenta com a espessura e tem um valor ótimo de 0,93 V. O FF apresenta uma tendência decrescente e, na espessura óptima, tem um valor de 78,35%, sendo o PCE ótimo de 19,74%.

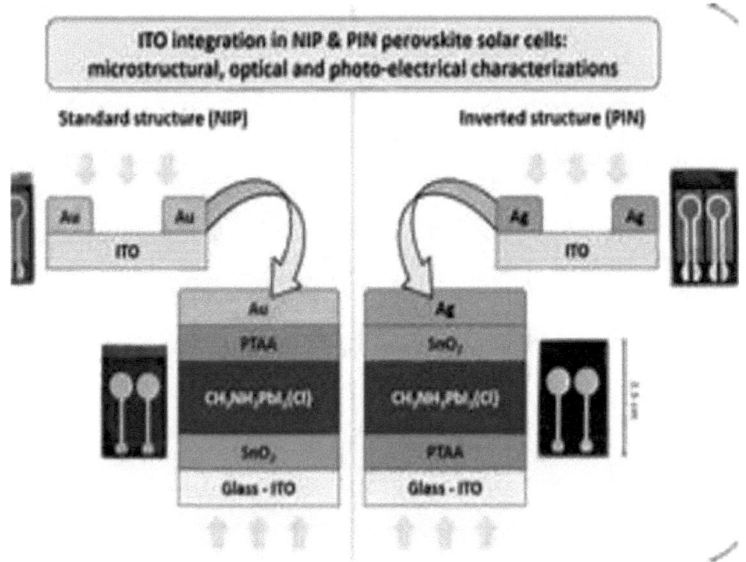

Os autores na ref. [147] também simularam a célula solar n-i-p baseada na perovskita CH3NH3Pb(I1-xBx)3 utilizando o simulador SCAPS. Aplicaram a engenharia de compensação da banda portadora (CBO) para encontrar o melhor desempenho utilizando diferentes materiais ETL. O dispositivo assume o ITO/TiO2/CH3NH3Pb(I1-xBx)3/Spiro OMeTAD/ Au, com os diagramas de banda de energia apresentados na Figura (h). Avaliaram o desempenho do dispositivo com e sem a inclusão de uma camada de defeitos (DL1 e DL2) entre a ETL e a perovskite e entre a perovskite e a HTL, respetivamente, para compensar a diferença entre o dispositivo experimental e o simulado, uma vez que o SCAPS-1D não pode calcular estruturas 3D. A figura mostra como o dispositivo se comporta quando a espessura da camada absorvente é alterada de 100 nm para 1000 nm, e mostra que Jsc aumenta com a espessura; Voc tem um aumento lento no início que satura e depois diminui.

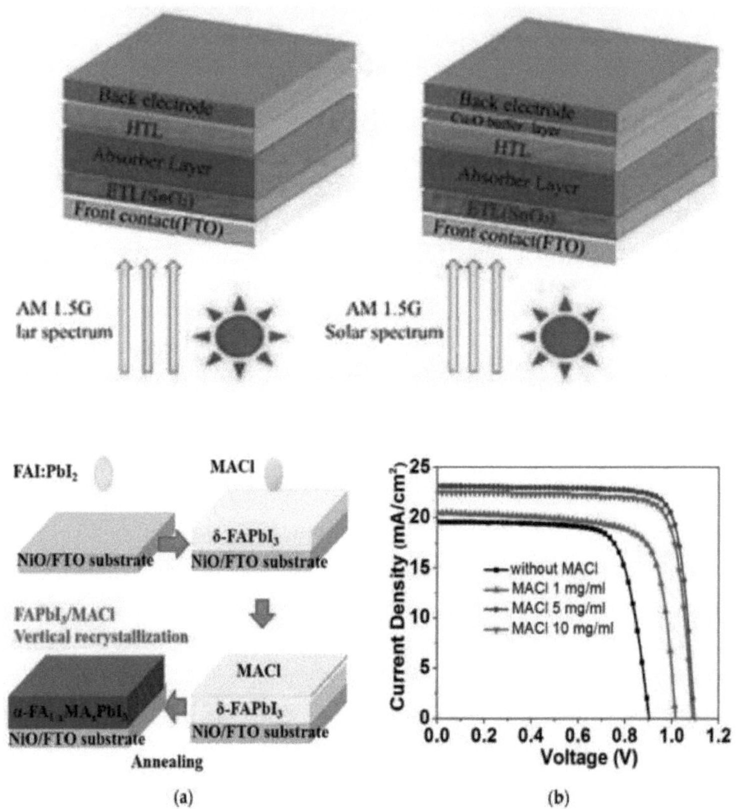

(a) (b)

Os resultados mostram claramente que o desempenho mais elevado é alcançado quando o CdZnS é utilizado como ETL. Os valores de Jsc, Voc, FF (%) e PCE (%) são, respetivamente, 23,35 mA cm-2, 1,24 V, 86,29% e 25,20%. Foi simulado e caracterizado um dispositivo de célula solar de heterojunção plana sem chumbo baseado em CH3NH3SnI3 utilizando SCAPS na ref. [148]. O ponto de trabalho para a simulação do dispositivo foi fixado em 300 K, e AM1,5G sob iluminação de 1 Sol. A região ativa do dispositivo era de 1 cm2. O esquema do dispositivo está incluído na Figura (j), em que o CuO2 é utilizado como material HTL e o TiO2 como ETL. A Figura (k) mostra o diagrama de níveis de energia dos materiais utilizados no dispositivo, e o efeito da alteração da espessura da camada absorvente (entre 100 e 1000 nm) nos parâmetros de desempenho do dispositivo é mostrado na Figura (l). Verifica-se que Jsc aumenta até 700 nm, enquanto Voc diminui devido à recombinação de portadores livres em camadas absorventes mais espessas. À medida que a espessura do absorvente aumenta, FF diminui monotonicamente devido à resistência em série e o PCE atinge um valor máximo de 18,36% a 500 nm. A mobilidade, a espessura, o coeficiente de absorção da camada de perovskite e a densidade de defeitos, por exemplo, têm um impacto direto no desempenho do dispositivo. Os autores realizaram a otimização global do dispositivo apresentado com parâmetros como Jsc = 40,14 mA cm-2, Voc = 0,93 V, FF = 75,78% e PCE = 28,39%.

O FF do dispositivo diminui quando a espessura do absorvente é superior a 300 nm e o PCE atinge o valor mais elevado para 600 nm. Os parâmetros de saída do dispositivo para os diferentes materiais ETL estão resumidos na Tabela.

Parâmetros de saída do dispositivo para diferentes materiais ETL utilizados no PSC (fonte:

Ahmed et al. [147]; copyright 2020 licenciado sob Copyright Clearance Center,

Inc.). Os parâmetros para CdZnS, CdS, PCBM e SnO2 [149 e 150].

Material ETL	V oc (mV)	J sc (mA cm-2)	FF (%)	PCE (%)
TiO2	1.1696	20.6580	83.15	20.09
ZnO	1.1695	20.6530	83.12	20.90
ZnSe	1.1681	20.6173	82.76	19.93
ZnOS	1.2061	20.7057	88.28	22.05
CdS	1.1546	20.5167	80.87	19.16
CdZnS	1.2436	23.3594	86.29	25.20
PCBM	1.2043	20.3143	87.93	21.51
SnO2	1.1861	20.6541	86.56	21.21

7.7. Células solares orgânicas (OSCs)

As OSC com moléculas de polímeros orgânicos são um substituto inovador das tecnologias fotovoltaicas inorgânicas tradicionais que oferecem o potencial para aplicações em grandes áreas e para a produção flexível de energia. Estas moléculas orgânicas têm como objetivo melhorar o transporte de cargas e a absorção de luz nas células solares [151]. As OSC ganharam importância pelo facto de poderem tornar-se uma alternativa às suas contrapartes inorgânicas nas células solares convencionais, devido à sua natureza rentável, ecológica, leve e abundante. O fabrico a baixa temperatura, a afinação da cor, a flexibilidade e a deposição em vários substratos são caraterísticas adicionais oferecidas pelas OSCs.152 Estas células atingiram com êxito um PCE superior a 1,8% na última década [22,153,154], abrindo assim caminho para a sua comercialização. O seu desempenho pode ser melhorado com uma compreensão clara da morfologia da nanoestrutura, da estrutura do dispositivo e da otimização do material.

7.7.1. Conceção e princípio de funcionamento dos OSC

Por analogia com as células solares convencionais, a arquitetura dos OSC é também constituída por diferentes camadas empilhadas umas sobre as outras, tendo cada camada uma função específica. A figura (a) apresenta uma comparação das concepções avançadas de OSC, em que a OSC mais simples é constituída por uma única camada ativa entre as camadas de captação de buracos e de electrões (ou seja, cátodo e ânodo). Numa tentativa de melhorar o PCE e de reduzir as perdas, ou seja, a difusão de electrões e a perda de portadores de carga por recombinação, foram introduzidas várias modificações da camada ativa, conduzindo a OSC de heterojunção bicamada (BHJ) e ao desafio seguinte, ou seja, a produção de uma área de interface aumentada entre as camadas aceitadora e doadora, uma vez que reduzem a difusão de excitões e ajudam a superar as perdas por recombinação. Isto foi conseguido através da incorporação de materiais doadores e aceitadores, que actuam como camadas activas. Estes avanços conduziram a um avanço no PCE dos OSCs [155]. Para aumentar a estabilidade dos OSC BHJ, devem ser explorados em pormenor factores como a engenharia interfacial das camadas tampão, o encapsulamento do dispositivo, materiais alternativos para os eléctrodos e a morfologia das camadas activas [156].

Nos OSCs, a absorção de fotões tem lugar em camadas orgânicas foto-activas, levando à excitação de electrões da orbital molecular mais alta ocupada (HOMO) para a orbital molecular mais baixa desocupada (LUMO), formando sucessivamente excitões. Posteriormente, estes excitões difundem-se lentamente em portadores de carga separados, onde os electrões são recolhidos pelo ânodo enquanto os buracos permanecem na molécula orgânica. A diferença de WF entre o ânodo e o cátodo torna possível o transporte dos portadores de carga. Os buracos movem-se em direção ao elétrodo com uma grande WF positiva, e os electrões movem-se em direção ao elétrodo com uma pequena WF negativa. Se for aplicada uma diferença de potencial externa, a carga começa a fluir entre estes dois eléctrodos, resultando no fluxo de uma corrente eléctrica. Para o funcionamento bem sucedido de um OSC, as principais considerações incluem a otimização da geração de excitões, a absorção de luz, a difusão do par eletrão-buraco em direção à interface ativa, o transporte de carga, a separação de carga e, eventualmente, a recolha de carga [160].

7.7.2. Técnicas de fabrico de OSCs

Os OSC são fabricados por evaporação térmica ou por processamento húmido [161]. Alguns outros métodos comuns incluem a impressão a jato de tinta [162], a pulverização catódica por magnetrão [160], o fabrico à base de solventes [163, 164], a deposição sequencial ou a técnica de camada por camada [165], podendo o método de camada por camada ser também utilizado para fabricar OSC de heterojunção de duas camadas (Figura (b)) [157]. Essencialmente, são preparadas misturas diluídas de materiais aceitadores e dadores de electrões, dissolvendo-as num solvente volátil, e são produzidas películas finas através do revestimento destas misturas sobre um substrato. Quando o solvente se evapora, forma-se uma camada ativa de duas regiões uniformes de acetor e dador de electrões. Esta camada ativa é então colocada entre um cátodo e um ânodo. Podem formar-se diferentes morfologias na camada ativa utilizando várias condições de processamento, métodos de revestimento e tipos de substrato. A morfologia tem um efeito direto no PCE dos OSCs.166 Na ref. 158, utilizou-se a microscopia de força atómica (AFM), a espetroscopia ultravioleta-visível (UV-vis) e uma sonda Kelvin para examinar as caraterísticas morfológicas, ópticas, eléctricas e químicas das camadas intermédias colectoras de electrões (ECI).

Os ECIs foram utilizados para criar OPVs invertidos de poli(3-hexiltiofeno-2,5-diil): bis-aduto de indeno-C60 (P3HT:ICBA). Utilizando poli(etilenoimina)-etoxilado (PEIE) para reduzir o WF do ECI, os OPVs com a modificação PEIE demonstraram um desempenho notável em interiores. Em particular, as OPVs contendo NPs de ZnO/PEIE ECI produziram a eficiência máxima, que foi de cerca de 14,1% sob uma lâmpada de díodo emissor de luz de 1000 lx.

7.7.3. Simulação e Modelação Matemática de Células Solares Orgânicas

Neste artigo, estabelecemos o facto de que a simulação e a modelação matemática têm sido cruciais para a conceção e otimização de OSCs sem a necessidade de estudos experimentais dispendiosos e demorados. Em geral, a falta de uma compreensão completa das suas propriedades optoelectrónicas complexas limita o desempenho do projeto. Estas técnicas computacionais permitem aos investigadores prever o funcionamento dos dispositivos sob vários parâmetros de funcionamento, ao mesmo tempo que identificam formas de melhorar os PCE. Proporcionam um meio de obter informações sobre a física subjacente às células solares orgânicas e de otimizar a sua conceção para melhorar a eficiência.

No âmbito das OSC, as simulações são utilizadas para modelar uma série de fenómenos, principalmente o transporte e a recombinação de cargas, a absorção e a dispersão da luz e o impacto de factores externos, como a temperatura e a intensidade da iluminação, no desempenho da célula. Existem vários métodos de simulação que têm sido utilizados até à data para estudar as OSC e que têm ajudado a explorar novos materiais e arquitecturas de dispositivos para as OSC, a fim de melhorar a sua eficiência. O modelo de difusão por deriva descreve o movimento dos portadores de carga dentro da célula e as suas interações com o material, e tem sido aplicado para prever as caraterísticas de corrente e tensão da célula, identificando os factores que limitam a sua eficiência [167]. Do mesmo modo, o método de Monte Carlo descreve o movimento aleatório dos portadores de carga no interior da célula e tem sido aplicado para prever o impacto dos defeitos e das impurezas no desempenho da célula, bem como para identificar estratégias para reduzir a pegada do dispositivo [168].

Para além dos métodos de simulação, vários modelos matemáticos ajudam a descrever as propriedades optoelectrónicas das OSC. A resposta da célula solar é analisada previamente, em função das variações das propriedades eléctricas e ópticas ou de alguns estímulos externos ao sistema. Alguns modelos matemáticos comuns utilizados no estudo das OSC incluem o modelo de Shockley-Read-Hall [169, 170], que descreve a recombinação dos portadores de carga no interior da célula, e a teoria de Marcus, que descreve a transferência de energia de excitação eletrónica no interior da célula [171].

Como o campo das células solares orgânicas tem continuado a crescer e a evoluir, é muito provável que estes métodos venham a desempenhar um papel cada vez mais importante na conceção e otimização destes dispositivos. A avaliação de desempenho baseada em Lumerical-FDTD de uma célula orgânica de interior é apresentada na ref. [158]. As nanopartículas (NPs) de poli(etileno-mina)-etoxilado (PEIE) e de óxido de zinco (ZnO) foram utilizadas como camadas separadas de recolha de electrões (ECIs), e o desempenho foi insatisfatório quando analisado, mas quando as NPs de ZnO e o PEIE foram combinados como ECI, o desempenho foi melhorado. A célula apresentada que contém o ECI ZnO NPs/PEIE produziu uma eficiência máxima de 14,1% sob uma luminosidade com uma lâmpada de 1000 lx. Os autores utilizaram a célula numa configuração invertida para obter uma maior estabilidade no ar, evitando simultaneamente a utilização de componentes reactivos e ácidos. Esquema do dispositivo, incluindo a composição química das diferentes camadas.

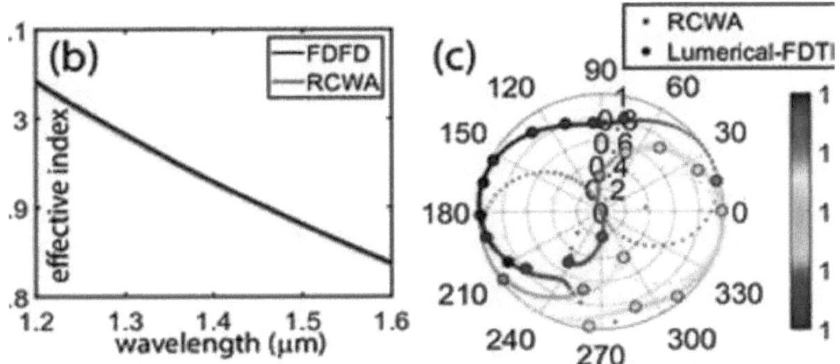

O diagrama de bandas que contém os diferentes componentes do OSC pode ser visto. As caraterísticas J-V do OSC são mostradas na Figura (e) sob iluminação de 1-sol, onde o dispositivo se aproxima de um PCE de 4,3 ± 0,1% quando o material ECI é PEIE, é 4,6 ± 0,2% quando as NPs de ZnO são usadas como ECI, e melhorou para 5,2 ± 0,1% quando as NPs combinadas PEIE/ZnO foram usadas como material ECI. As caraterísticas J-V do dispositivo proposto em condições de iluminação interior de 1000 lx são apresentadas na Figura (f). A célula solar tem um PCE de 12,4 ± 0,2% quando o material ECI é PEIE, é de 5,6 ± 0,1% quando as NPs de ZnO são utilizadas como ECI, e melhorou para 14,1 ± 0,3% quando as NPs combinadas PEIE/ZnO foram utilizadas como material ECI.

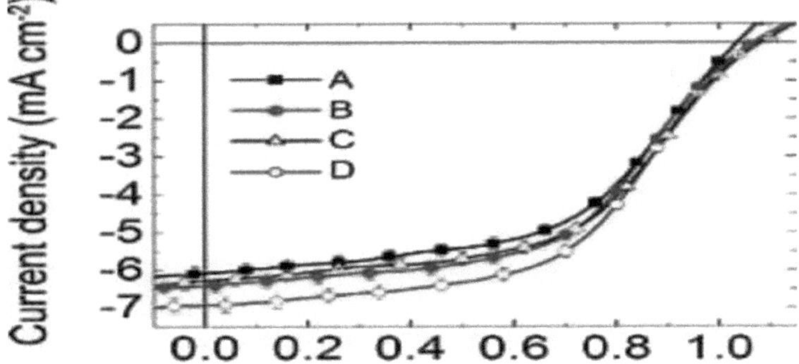

Tensão (V)

Na ref. 159 para avaliar as propriedades fotovoltaicas em ambientes interiores, alterando a espessura da camada de WO3. Foram concebidos OSCs com uma composição de ITO/WO3/P3HT:ICBA/Ca/Al, como se mostra na Figura. O desempenho destes OPVs foi comparado com o funcionamento do OPV de base que tem uma camada de PEDOT: PSS. O diagrama do nível de energia do OPV padrão está representado na Figura (h).

As curvas J-V da amostra foram adquiridas no escuro e sob iluminação de 1-Sol (IL = 100 mW cm-2) para os HCIs de PEDOT:PSS e WO3 em várias espessuras, e os resultados são apresentados na Figura (i).

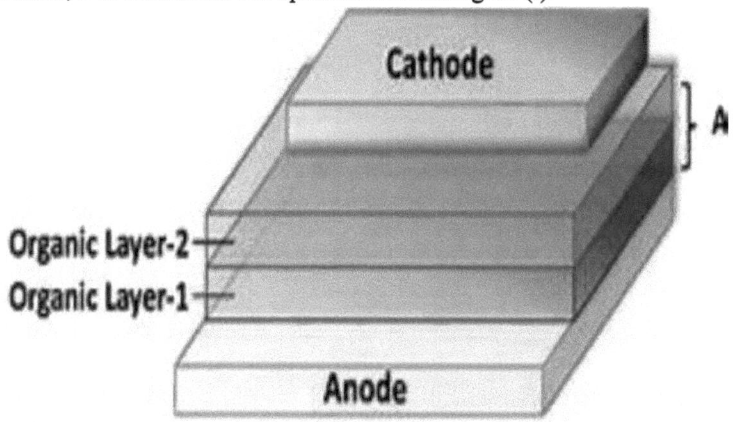

As caraterísticas fotovoltaicas de cada dispositivo estão resumidas na tabela. Os dispositivos OPV com HCIs de WO3 de 6, 28 e 44 nm de espessura demonstraram um desempenho comparável sob iluminação de um sol. Sob a iluminação de um sol, as HCIs de WO3 com 6 e 28 nm de espessura produziram células solares OPV que demonstraram um desempenho comparável. Para os dispositivos com HCIs WO3 de 6, 28 e 44 nm de espessura, os valores de Voc foram 0,781 ± 0,014, 0,789 ± 0,016 e 0,789 ± 0,79 V, enquanto os valores de Jsc (gA cm-2) foram 8,3 ± 0,5, 8,29 ± 0,2 e 7,39 ± 0,2 mA cm-2, respetivamente. O dispositivo fotovoltaico (OPV) com um WO3 HCI de 28 nm de espessura demonstrou a eficiência de conversão mais significativa de 3,90 ± 0,30%. Em contrapartida, o dispositivo OPV com a HCI WO3 de 44 nm de espessura demonstrou o Jsc mais baixo de 7,40 ± 0,20 mA cm-2, um fator de preenchimento (FF) de 57,0% ± 2,6% e um PCE de 3,30% ± 0,10%. Os parâmetros fotovoltaicos inferiores observados na segunda configuração podem ser atribuídos à sua maior espessura, levando a uma menor eficiência de recolha de carga e a uma maior recombinação de carga.

Tabela: Resumo dos parâmetros de desempenho fotovoltaico dos dispositivos sob
iluminação de 1 sol (fonte: Kim et al. [159]; copyright 2019 licenciado sob Copyright Clearance Center, Inc.)

HCL	Espessura do	V oc (V)	J sc (mA	FF (%)	PCE

	HCL (nm)		cm-2)		(%)
WO3	44	784 ± 8	7.4 ± 0.2	57.0 ± 2.6	3.3 ± 0.1
	28	790 ± 7	8.3 ± 0.2	59.0 ± 1.5	3.9 ± 0.3
	6	781 ±	8.3 ± 0.5	55.2 ± 1.7	
		14			3.6 ± 0.2
PEDOT:PSS	25	837 ± 3	8.3 ± 0.5	68.1 ± 1.7	
(4083)					4.9 ± 0.2

Por outro lado, o OSC com o PEDOT:PSS HCI como referência apresentou um desempenho marginalmente melhor. Registou um Voc, Jsc, FF e PCE de 837 ± 3 V, 8,3 ± 0,5 mA cm-2, 68,10 ± 1,70% e 4,90 ± 0,20%, respetivamente. É possível que tal se deva à condutividade eléctrica superior do PEDOT:PSS HCI.172 A figura mostra a análise corrente-tensão da célula iluminada com uma fonte de díodos emissores de luz de 1000 lx (0,280 mW cm-2), e os parâmetros fotovoltaicos médios de 10 OSCs utilizando a fonte de díodos emissores de luz são apresentados na tabela. Sob as mesmas condições, o OSC com o PEDOT:PSS HCI mostrou um desempenho razoável que foi comparável ao outro dispositivo. Os seus valores de Voc e Jsc foram de 702 ± 4 V e 74,6 ± 1,7 mA cm-2, respetivamente, mas teve um valor de FF ligeiramente inferior de 67,7 ± 1,3%.

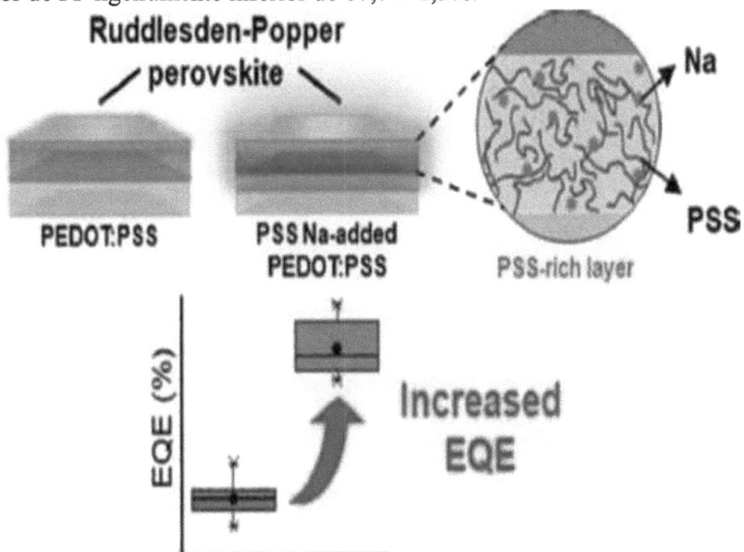

Consequentemente, isto resultou no PCE mais elevado de 12,7 ± 0,2%. A mudança nos valores de Jsc entre os dispositivos foi apenas pequena, indicando que Jsc não é muito influenciado por Rs em condições de pouca luz, como explicado na ref. [159]. Uma vez que existe uma relação direta entre a intensidade da luz e Jsc, e a luz do díodo emissor de luz de 1000 lx utilizado é significativamente mais baixa em potência em comparação com a da iluminação padrão de 1 sol, o valor de Jsc caiu de aproximadamente 8,40 mA cm-2 sob iluminação de díodo emissor de luz para 70 mA cm-2. Os valores de Voc para os OSCs foram afectados pelas diferentes fontes de luz utilizadas (iluminação de 1-Sol e de díodos emissores de luz), como indicado na ref. [159]. Uma vez que Voc está logaritmicamente relacionado com Jsc, foi registada uma diminuição de aproximadamente 100 a 200 mV ao reduzir a intensidade da luz de 100 para 0,28 mW cm-2.

Tabela: Resumo da análise do desempenho fotovoltaico em interiores dos dispositivos que utilizam uma fonte de díodo emissor de luz (1000 lx). (Fonte: Kim et al. [159]; copyright 2019 licenciado sob Copyright Clearance Center, Inc.)

HCL	Espessura do HCL (nm)	V oc (V)	J sc (mA cm-2)	FF (%)	PCE (%)
WO3	44	712 ± 9	63.1 ± 2.3	74.4 ± 0.4	11.9 ± 0.2
	28	713 ± 3	68.2 ± 1.6	774.9 ± 0.4	13.0 ± 0.3
	6	711 ± 4	66.7 ± 2.1	73.7 ± 0.8	12.5 ± 0.4
PEDOT:PSS (4083)	25	702 ± 4	74.6 ± 1.7	67.7 ± 1.3	12.7 ± 40.2

Foi utilizada uma simulação no domínio do tempo com diferença finita (FDTD) para identificar a alteração dependente da ECI (Jsc) sob iluminação de díodos emissores de luz. Embora a medição da EQE seja um método adequado para estimar os valores de Jsc, este estudo não a investigou sob iluminação fraca de díodos emissores de luz. Na Figura (a), sob iluminação de díodos emissores de luz, utilizando simulações FDTD, as proporções de absorção de energia foram examinadas para todos os dispositivos. Abaixo dos comprimentos de onda de 550 nm, o dispositivo que utiliza a PEIE ECI apresentou uma taxa de absorção de energia marginalmente superior, enquanto não se registou uma variação significativa entre as duas células alternativas que utilizam NPs de óxido de zinco. Os resultados simulados obtidos a partir de FDTD consistem essencialmente num cálculo centrado nos efeitos ópticos que ignora outros efeitos eléctricos, como a presença de resistência eléctrica nas junções e na forma de massa [173, 174]. A construção da célula solar foi submetida a simulações 2D utilizando o Lumerical, um programa de solução FDTD. A distribuição do campo eletromagnético normatizado causado pela luz no interior da estrutura da célula solar foi calculada utilizando simulações FDTD.

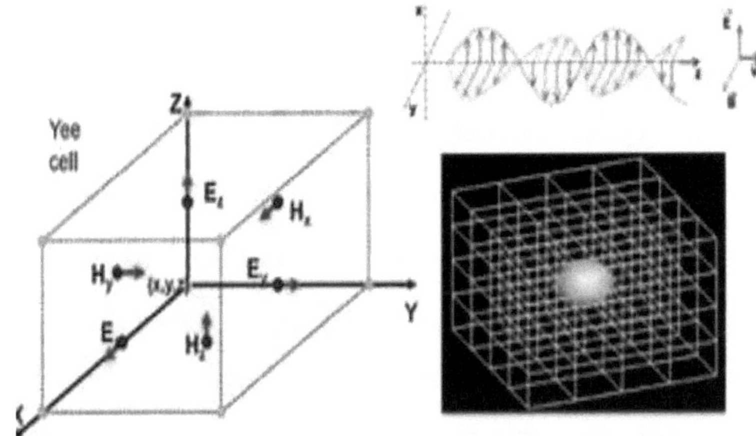

Uma simulação no domínio do tempo com diferenças finitas (FDTD)

7.8.Células solares sensibilizadas por corantes (DSSCs)

As DSSC são células solares de película fina que consistem essencialmente numa camada de filme de TiO2 coberta por um corante de transferência de carga, cuja fotossensibilidade estimula a absorção de energia solar [177]. Há cerca de duas décadas que se tem vindo a realizar uma investigação aprofundada sobre as DSSC, porque são baratas, fáceis de produzir, têm baixa toxicidade e um desempenho eficaz [178]. Têm também a capacidade de funcionar em condições de fraca luminosidade [179, 180]. As suas eficiências aumentaram de 5% para 15% com a inclusão de avanços nas células solares mesoporosas à base de perovskite [181]. Além disso, existem diferentes tipos de DSSC, como as DSSC à base de electrólitos líquidos [182], as DSSC de estado quase sólido [183, 184], as células solares sensibilizadas por pontos quânticos [185] e as DSSC flexíveis [186]. As DSSC têm também a capacidade de serem impressas em substratos flexíveis, podem funcionar com luz difusa e luz fluorescente, o que significa que podem também ser utilizadas em interiores [187].

As tentativas de melhorar a eficiência da conversão resultaram numa variedade de concepções de DSSC. Neste contexto, os sistemas em tandem contribuíram para aumentar a eficiência global das DSSC, por exemplo, as DSSC em tandem n-n, as DSSC em tandem p-n e as DSSC em tandem com outras células solares são variantes possíveis desses sistemas em tandem

[188]. O objetivo dos sistemas em tandem é melhorar a capacidade de absorção, de modo a cobrir todo o espetro solar. Lu et al. formaram um sistema GaInP/GaAs/InGaAs/

Ge 4-J em tandem, e registaram um PCE de 33,9% sob iluminação AM0 [189].

7.8.1. Conceção e princípio de funcionamento das DSSCs

O objetivo das DSSC, à semelhança de todas as SC anteriormente descritas, é transformar a energia solar em corrente eléctrica. A figura (a) mostra o mecanismo de funcionamento passo a passo de uma DSSC. É utilizado um vidro condutor como substrato, que é principalmente ITO ou FTO. Uma camada fina (5-30 microns) de TiO2 nanocristalino revestido no substrato de vidro actua como elétrodo. O elétrodo é ainda revestido com uma camada de corante de transferência de carga. Quando a luz incidente incide sobre as moléculas de corante, estas absorvem-na e os seus electrões passam a estados excitados. Estes portadores de carga negativa excitados vão para a película mesoporosa de TiO2, que actua como ânodo e promove a condução. Quando o corante perde um eletrão, o eletrólito restaura-o doando um. Este eletrólito actua como um mediador redox, que é um material orgânico que contém principalmente iodeto e tri-iodeto.

A doação de electrões leva outro eletrão a deslocar-se para a película de óxido. Durante esta ação, o iodeto é regenerado pelo tri-iodeto através da sua redução no outro elétrodo por meio de uma carga externa. Em suma, a energia eléctrica é gerada sem transformação química completa [190]. A seleção do corante depende principalmente do tipo de DSSC. As DSSC baseadas em electrólitos líquidos utilizam corantes de iodeto/tri-iodeto, enquanto as DSSC de estado quase-sólido utilizam um material de transporte de buracos e corantes de gel de polímero. Um corante razoável requer uma boa absorção para corresponder à gama do espetro solar, uma boa estabilidade e a capacidade de ser depositado uniformemente no elétrodo semicondutor. Além disso, o seu potencial redox deve suportar a reação de regeneração com um mediador redox [191].

7.8.2. Técnicas de fabrico de DSSCs

O crescimento térmico CVD de nanoestruturas de óxido de zinco (ZnO) pode ser utilizado para fabricar DSSCs [192]. O'Regan et al. sintetizaram DSSCs de ZnO do tipo n utilizando a deposição eletroquímica [193]. As DSSCs de CuSCN também podem ser fabricadas utilizando o método de solução química [194]. As DSSCs de ZnO dopadas com Cd foram sintetizadas utilizando o método solvotérmico [195]. A montagem camada a camada também pode ser utilizada para fabricar DSSCs [196]. Noutra via, as DSSCs foram fabricadas utilizando nanotubos de carbono de paredes múltiplas (CNTs) revestidos com TiO2 devido à sua estabilidade química e excelentes caraterísticas de condutividade eléctrica. Os CNTs nas DSSCs reduzem a resistência em série e melhoram o desempenho da célula solar [197].

Roy et al. fabricaram DSSCs alterando a espessura do TiO2, em que os principais factores para determinar o conforto cromático são o índice de restituição de cor (CRI) e a temperatura de cor correlacionada (CCT), que foram medidos utilizando a transmitância visível observada. Foi formada uma célula tipo sanduíche juntando o elétrodo revestido de TiO2 e um contra-elétrodo revestido de Pt (CE). Uma junta quadrada de fusão a quente feita de selante termoplástico Surlyn com uma espessura de 30 gm foi ajustada de modo a que o seu tamanho interno fosse consistente com a região da célula ativa do elétrodo de trabalho. Enquanto o óxido metálico sensibilizado por corante e o lado condutor revestido de Pt permaneceram numa disposição lado a lado, a EC foi colocada no elétrodo de trabalho (WE). Para criar o dispositivo DSSC selado final, o eletrólito foi cuidadosamente vertido através do orifício do EC. Utilizando várias camadas da pasta de TiO2, foram revestidas películas transparentes de TiO2 com espessuras de 3,5, 6 e 10 gm sobre vidro FTO. A ilustração por etapas da configuração da célula fabricada é apresentada na Figura (b). A célula solar fabricada apresentou valores de PCE de 2,51, 4,49 e 5,93% sob iluminação de 1 Sum AM 1,5G.

7.8.3. Simulação e modelação matemática de DSSCs

A simulação e a modelação matemática das DSSC envolvem normalmente a utilização de várias ferramentas de software, como o MATLAB, COMSOL ou SCAPS-DSSC, que podem simular os diferentes mecanismos que ocorrem durante o funcionamento da célula, incluindo a absorção de luz pelo corante, os portadores de carga e o movimento dos electrões através da célula. A simulação de DSSCs começa normalmente pela criação de um modelo matemático dos eléctrodos, do eletrólito e do corante que são utilizados para o fabrico da célula. Estes modelos são depois utilizados para simular o comportamento da célula em diferentes condições de funcionamento, incluindo diferentes intensidades e temperaturas da luz solar. A simulação pode também ser utilizada para otimizar a conceção da célula, por exemplo, ajustando a espessura dos eléctrodos ou a concentração do corante, para melhorar a sua eficiência. Numa DSSC, os sensibilizadores convertem os fotões em excitões, actuando como componentes absorventes, quer se trate de pontos quânticos ou de corantes de ruténio. Devido à disparidade de afinidades electrónicas, os excitões deslocam-se para a interface entre o corante e o semicondutor, onde se separam em electrões e buracos independentes. Para que este processo ocorra, a energia da banda de condução do semicondutor deve ser superior ao nível de energia do LUMO do corante.

Na ref. [176], foram realizadas simulações para substituir o eletrólito líquido por uma camada sólida semicondutora. As figuras (c e f) mostram o diagrama esquemático e o diagrama de bandas de uma DSSC, respetivamente. O software SILVACO TCAD foi utilizado para simular uma DSSC com uma estrutura FTO/TiO2-Corante/Eletrólito/Pt dopada com FTO. Subsequentemente, o mecanismo de transferência de carga interfacial foi melhorado através da substituição da camada de TiO2 por uma camada de TiO2 dopada com alumínio. A utilização de um eletrólito líquido contendo pares redox iodeto/tri-iodeto e solventes orgânicos com compostos voláteis pode conduzir a problemas significativos, que incluem fugas de eletrólito, corrosão do elétrodo, degradação do desempenho da célula ao longo do tempo e dificuldades de vedação.

A figura (d) mostra o desempenho da densidade de fotocorrente e da tensão da DSSC simulada com a estrutura FTO/TiO2, sujeita a iluminação solar AM 1,5G a 100 mW cm-2. Para ultrapassar as deficiências impostas pela utilização de electrólitos líquidos, foi realizado um estudo de simulação de uma célula solar de estado sólido sensibilizada por corantes (SS-DSSC). A SS-DSSC utiliza uma camada de P3HT como coletor de orifícios em vez de um eletrólito líquido. Os resultados foram promissores, com um Voc recorde de 0,67 V e um Jsc de 12,70 mA cm-2. A fuga de eletrólito líquido foi resolvida através da introdução de electrólitos sólidos. Os SS-DSSCs são muito promissores para aplicações práticas. O semicondutor do tipo p poli (3-hexiltiofeno) (P3HT) apresenta uma mobilidade de buracos relativamente elevada (10-4 a 10-3 m2 V-1 s-1) [198] e tem um intervalo de energia de cerca de 2 eV. Tanto o HOMO como o LUMO podem ser encontrados na gama de energia de 5 e 3 electrões-volt (eV) abaixo do vácuo.

Poder-se-ia modelar uma SS-DSSC com uma estrutura composta por um substrato de FTO, uma camada de TiO2 e corante, uma camada de polímero do tipo p (P3HT) e uma camada de FTO revestida a platina. Esta simulação poderia demonstrar o potencial do P3HT para servir como HTL em vez de um eletrólito.

As camadas correspondentes tinham 200 nm, 100 nm e 80 nm de espessura. A disposição deste modelo pode ser vista na Figura (e). A Figura (h) mostra a análise J-V desta SS-DSSC simulada com a estrutura FTO/TiO2-Dye/P3HT/Pt:FTO sob iluminação solar AM 1,5G. Os parâmetros PV desta configuração são Jsc de 0,73 mA cm-2, uma corrente de curto-circuito de 14,74 mA, um FF de 67,69% e o PCE desta célula é de 6,70%.

Numa SS-DSSC, o intervalo de energia entre o estado singleto excitado do polímero semicondutor do tipo p (P3HT) e o seu HOMO é inferior à diferença de energia entre o potencial de oxidação do estado excitado (ESOP) do corante e o LUMO do eletrólito, como se mostra em comparação com uma DSSC tradicional na Figura (f e g). A taxa de recombinação de foto-electrões aumenta quando o P3HT é utilizado em vez do eletrólito líquido. Isto mostra que, nas SS-DSSC, os electrões ESOP do corante não foram capazes de se injetar totalmente na banda de condução do TiO2. Por outras palavras, em vez de produzirem a fotocorrente, os buracos no HOMO do P3HT recombinam-se com os electrões quando viajam do corante para o TiO2. Consequentemente, o Jsc caiu de 14,74 para 12,70 mA cm-2. Para responder às preocupações relativas à utilização de electrólitos líquidos, foi simulada uma SS-DSSC com uma HTL de P3HT utilizando o modelo sugerido. A camada de P3HT ligou partículas de corante que estão unidas ao TiO2, mais à CE. Os resultados revelaram que, em comparação com uma DSSC que utiliza electrólitos líquidos, a SS-DSSC tinha uma eficiência ligeiramente inferior. A diferença entre o corante, o ESOP, o HOMO do P3HT e o eletrólito resultou numa taxa elevada de recombinação de portadores, o que provoca uma diminuição da eficiência da conversão de energia. Para módulos solares de heterojunção SS-DSSC adicionais, estes resultados de simulação podem oferecer algum encorajamento.

Todos os tipos de células fotovoltaicas que diferem entre si com base na camada ativa são discutidos em pormenor neste documento de revisão e estão resumidos na Tabela 4, com exemplos específicos. A tabela inclui os tipos de células, os materiais utilizados na conceção de um determinado tipo com as suas configurações e as técnicas de fabrico utilizadas no seu fabrico. São também apresentados os parâmetros de avaliação do desempenho para cada um dos exemplos. É de salientar que as células solares de perovskite são dispositivos de elevado desempenho.

Quadro 4 Resumo dos parâmetros de desempenho fotovoltaico de diferentes células solares

Tipo de célula	Material	Estrutura celular	V oc (mV)	J sc (mA cm-2)	FF (%)	Técnica de fabrico
Material 2D	PFN/PTB 7:WSe2:P CBM199	Vidro/ITO/PFN/PTB7: WSe2:PCBM/MoO3:A	0.731	17.69	71.7	Processo de limpeza em três etapas
	AgNW-MoS2/n-MoS2200	Vidro/AgNW-MoS2/n-MoS2/PBDTTT-CT: PCBM/p-MoS2/Ag	0.76	15.66	67	Método Sol-gel
	Grafeno/	Vidro/grafeno/PEDOT:	1.56	8.45	64.32	Litografia por

Categoria	Material	Estrutura	Voc	Jsc	FF	Método
	PEDOT:PSS201	PSS/WO3/SMPV1: PC71BM/ZnO/PEDOT: PSS/PTTBDT-FTT: PC71 BM/Ca/Al				feixe de electrões
Pontos quânticos	CdS202	FTO/TiO2/CdS/ZnS/S2- -Sn2- /FGO Cu2S/FTO	0.496	7.2	46	SILAR processo
	CdS- Mn202	FTO/TiO2/CdS-Mn/ZnS/ S2-- Sn2 -/FGO-Cu2S/FTO	0.583	8.9	49	SILAR processo
	CdSe203	TiO2/CdSe-MPA/ZnS/S2--Sn2 -/Cu2S/ Latão	0.561	16.96	56	Uma abordagem de montagem pós-síntese
	CdTe/CdSe204	TiO2/CdS/CdSe/ZnS/S2--Sn2 -/Pt/FTO	0.606	19.59	56	Não injeção alta
rota de pirólise por temperatura						
Perovskitas	MAPbI3205	TiO2/ZrO2/(5-AVA)x(MA) 1-xPbI3/C (não selado)	1.07	21.6 0	76.8	Síntese de soluções
	CH3NH3 PbI3206	Vidro/ITO/CH3NH3PbI3	0.86	19.4 6	67	Eletrodeposição
	CH3NH3 PbI3207	ITO/Cu:NiOx/CH3NH3PbI3/Ag	1.05	20.6 0	77	Método de combustão
Orgânico	q-BHJ em tolueno14	ITO/ZnO/camada ativa/ PFN-Br/Ag	0.86	21.6 8	70	Fabrico verde
	PTVT-T:ITCC20 8	ITO/PTVT-T:ITCC/Ag	1.08	14.3 0	62.06	ITCC como aceitador
	PEDOT:PSS159	ITO/WO3/P3HT: ICBA/Ca/Al	0.71	68.1	75	Evaporação térmica
Sensibilização por corante	TiO2209	TiO2/TCO/C4H10O	0.74	20.9	72	Serigrafia
	ZnO210	SnO2:F-revestido (FTO)/ZnO/N719	0.62	18.1 1	59	Método do rodo
	MgO/SnO2211	hITO/SnO2/MgO/FTO	0.75	14.2 1	67	Pulverização da superfície

7.9.Perspectivas futuras

Os investigadores estão a explorar as propriedades excepcionais de todas as variantes da tecnologia de células solares acima mencionadas para explorar novos empreendimentos neste domínio, e o futuro desta tecnologia reside na formação de células solares de junção múltipla que são compostas por diferentes camadas destes materiais favoráveis. A combinação das células solares discutidas pode também levar à formação de células solares de heterojunção que apresentem propriedades ou caraterísticas fotovoltaicas melhoradas em comparação com as suas contrapartes individuais. Uma demonstração de uma célula solar de heterojunção 2D/3D que consiste numa perovskite inorgânica 2D/3D foi apresentada por Kang et al.212 Do mesmo modo, foi relatada na literatura uma célula solar de heterojunção de PSCs e OSCs baseadas em materiais 2D,213 PSCs baseadas em pontos quânticos,214 DSSCs baseadas em pontos quânticos de grafeno,215 e sensibilizadores orgânicos para DSSCs216 .

7.10. Referências

[1] . F. Saeed e A. Zohaib, Eng. Proc., 2022, 11, 35

[2] . B. H. Hamadani, Appl. Phys. Lett., 2020, 117, 043904

[3] . R. Corkish, em Encyclopedia of Energy, ed. C. J. Cleveland, Elvier, York 2004, pp. 545-557. C. J. Cleveland, Elsevier, Nova Iorque, 2004, pp. 545-557

[4] . L. M. Fraas, Low-cost solar electric power, Springer, 2014

[5] . T. Zhang, M. Wang e H. Yang, Energies, 2018, 11, 3157

[6] . B. Salhi, Materials, 2022, 15, 1908

[7] . W. Shockley e H. J. Queisser, J. Appl. Phys., 1961, 32, 510-519

[8] . J. A. Hogan, J. D. Lakey e J. D. Lakey, Duration and bandwidth limiting: prolate functions, sampling, and applications, Springer, 2012.

[9] . V. Muteri, Cellura, D. Curto, Franzitta, S. Longo, Mistretta e M. L. Parisi, Energies, 2020, 13, 252.

[10] . K. Ahmad, S. Naqvi e S. Bibi Jaffri, Rev. Inorg. Chem., 2020.

[11] . Z. Li, Y. Zhao, X. Wang, Y. Sun, Z. Zhao, Y. Li, H. Zhou e Q. Chen, Joule, 2018, 2, 1559-1572.

[12] . N. S. Kumar e K. C. B. Naidu, J. Materiomics, 2021, 7, 940-956.

[13] . X. Zhao, T. Liu, W. Shi, X. Hou e T. J. S. Dennis, Nanoscale, 2019, 11, 2453-2459.

[14] . D. Wang, H. Liu, Y. Li, G. Zhou, L. Zhan, H. Zhu, X. Lu, H. Chen e C.- Z. Li, Joule, 2021, 5, 945-957.

[15] . M. Riede, D. Spoltore e K. Leo, Adv. Energy Mater, 2021, 11, 2002653 .

[16] . L. X. Chen, ACS Energy Lett., 2019, 4(10), 2537-2539.

[17] . S. A. Gevorgyan, N. Espinosa, L. Ciammaruchi, B. Roth, F. Livi, S. Tsopanidis, S. Zufle, S. Queiros, A. Gregori e G. A. D. R. Benatto, et al. , Adv. Energy Mater., 2016, 6, 1600910.

[18] . F.-A. Kauffer, C. Merlin, L. Balan e R. Schneider, J. Hazard. Mater., 2014, 268, 246-255.

[19] . T.-I. Razika, Handbook of Nanoelectrochemistry, 2015, pp. 1-18.

[20] . M. A. Iqbal, M. Malik, W. Shahid, S. Z. U. Din, N. Anwar, M. Ikram e F. Idrees, Materials for Photovoltaics: Overview, Generations, Recent Advancements and Future Prospects, in Thin Films Photovoltaics, IntechOpen, London, 2022, vol. 5.

[21] . J. Pastuszak e P. Wegierek, Materials, 2022, 15, 5542.

[22] . N. Nrel, Laboratório Nacional de Energias Renováveis, Golden, Colorado, 2019.

[23] . S. Das, D. Pandey, J. Thomas e T. Roy, Adv. Mater., 2019, 31,

1802722.

[24]   . M. K. Singh, P. V. Shinde, P. Singh e P. K. Tyagi, Solar Cells-Theory, Materials and Recent Advances, IntechOpen, 2021.

[25]   . E. Muchuweni, B. S. Martincigh e V. O. Nyamori, Int. J. Energy Res., 2021, 45, 6518-6549.

[26]   . Z. Pan, H. Gu, M.-T. Wu, Y. Li e Y. Chen, Opt. Mater. Express, 2012, 2, 814-824.

[27]   . W. Wu, H. Wu, M. Zhong e S. Guo, ACS Omega, 2019, 4, 16159-16165.

[28]   . Y. Xiang, L. Xin, J. Hu, C. Li, J. Qi, Y. Hou e X. Wei, Crystals, 2021, 11, 47.

[29]   . S. F. Adil, M. Khan e D. Kalpana, Multifunctional Photocatalytic Materials for Energy, Elsevier, 2018, pp. 127-152.

[30]   . S. Paulo, E. Palomares e E. Martinez-Ferrero, Nanomaterials, 2016, 6, 157.

[31]   . C. Chung, Y.-K. Kim, D. Shin, S.-R. Ryoo, B. H. Hong e D.-H. Min, Acc. Chem. Res., 2013, 46, 2211-2224.

[32]   . H. Shen, L. Zhang, M. Liu e Z. Zhang, Theranostics, 2012, 2, 283.

[33]   . M. Sang, J. Shin, K. Kim e K. J. Yu, Nanomaterials, 2019, 9, 374.

[34]   . Avouris e F. Xia, MRS Bull, 2012, 37, 1225-1234.

[35]   . X. Leng, S. Chen, K. Yang, M. Chen, M. Shaker, E. E. Vdovin, Q. Ge, K. S. Novoselov e D. V. Andreeva, Surf. Rev. Lett., 2021, 28, 2140004.

[36]   . T. ReiB, K. Hjelt e A. C. Ferrari, Nat. Nanotechnol, 2019, 14, 907-910.

[37]   . E. Inshakova, A. Inshakova e A. Goncharov, IOP Conf. Ser.: Mater. Sci. Eng., 2020, 032031.

[38]   . Q. He, S. Wu, Z. Yin e H. Zhang, Chem. Sci., 2012, 3, 1764-1772.

[39]   . K. P. Loh, S. W. Tong e J. Wu, J. Am. Chem. Soc., 2016, 138, 10951102.

[40]   . A. T. Smith, A. M. LaChance, S. Zeng, B. Liu e L. Sun, Nano Mater. Sci., 2019, 1, 31-47.

[41]   . T. Mahmoudi, Y. Wang e Y.-B. Hahn, Nano Energy, 2018, 47, 51-65.

[42]   . M. Bernardi, M. Palummo c J. C. Grossman, Nano Lett., 2013, 13, 36643670.

[43]   . M.-L. Tsai, S.-H. Su, J.-K. Chang, D.-S. Tsai, C.-H. Chen, C.-I. Wu, L.-J. Li, L.-J. Chen e J.-H. He, ACS Nano, 2014, 8, 8317-8322.

[44]   . D. Vikraman, A. A. Arbab, S. Hussain, N. K. Shrestha, S. H. Jeong, J. Jung, S. A. Patil e H.-S. Kim, ACS Sustainable Chem. Eng., 2019, 7, 1319513205.

[45] . P. Gao, K. Ding, Y. Wang, K. Ruan, S. Diao, Q. Zhang, B. Sun e J. Jie, J. Phys. Chem. C, 2014, 118, 5164-5171.

[46] . K.-T. Lee, D. H. Park, H. W. Baac e S. Han, Materials, 2018, 11, 1503.

[47] . C. Chakravarty, B. Mandal e P. Sarkar, J. Phys. Chem. C, 2018, 122, 15835-15842.

[48] . Z. Yang, M. Liu, C. Zhang, W. W. Tjiu, T. Liu e H. Peng, Angew. Chem., 2013, 125, 4088-4091.

[49] . X. Miao, S. Tongay, M. K. Petterson, K. Berke, A. G. Rinzler, B. R. Appleton e A. F. Hebard, Nano Lett., 2012, 12, 2745-2750.

[50] . S. Das, P. Sudhagar, Y. S. Kang e W. Choi, J. Mater. Res., 2014, 29, 299319.

[51] . O. Samy, S. Zeng, M. D. Birowosuto e A. El Moutaouakil, Crystals, 2021, 11, 355.

[52] . K. M. Islam, T. Ismael, C. Luthy, O. Kizilkaya e M. D. Escarra, ACS Appl. Mater. Interfaces, 2022, 14, 24281-24289.

[53] . A. Stanford e J. Tanner, Phys. Stud. Sci. Eng., 1985, 691-716.

[54] . H. Yu, C. Xin, Q. Zhang, M. Utama, L. Tong e Q. Xiong, Semiconductor Nanowires, Elsevier, 2015, pp. 29-69.

[55] . T. Soga, Nanostructured Materials for Solar Energy Conversion, Elsevier, 2006, pp. 3-43.

[56] . O. Simya, P. Radhakrishnan, A. Ashok, K. Kavitha e R. Althf, Handbook of nanomaterials for industrial applications, 2018, pp. 751-767.

[57] . H. Li, J. Wu, Z. Yin e H. Zhang, Acc. Chem. Res., 2014, 47, 1067-1075.

[58] . Y. Zhang, L. Zhang e C. Zhou, Acc. Chem. Res., 2013, 46, 2329-2339.

[59] . Z. Cai, B. Liu, X. Zou e H.-M. Cheng, Chem. Rev., 2018, 118, 60916133.

[60] . A. Iwan e A. Chuchmala, Progress in Polymer Science, 2012, 37, 18051828.

[61] . N. Liu, P. Kim, J. H. Kim, J. H. Ye, S. Kim e C. J. Lee, ACS Nano, 2014, 8, 6902-6910.

[62] . X. Cai, Y. Luo, B. Liu e H.-M. Cheng, Chem. Soc. Rev., 2018, 47, 62246266.

[63] . K. S. Novoselov, A. K. Geim, S. V. Morozov, D.-E. Jiang, Y. Zhang, S. V. Dubonos, I. V. Grigorieva e A. A. Firsov, Science, 2004, 306, 666-669.

[64] . A. K. Geim, Phys. Scr., 2012, 2012, 014003.

[65] . B. Sigma-Aldrich e P. S.-A. Região, Sigma, 2018, 302, H331.

[66] . Y. Zhu, T. Cao, C. Cao, X. Ma, X. Xu e Y. Li, Nano Res., 2018, 11, 3088-3095.

[67] . M. B. Tahir, M. Rafique, M. S. Rafique, T. Nawaz, M. Rizwan e M. Tanveer, Nanotechnology and Photocatalysis for Environmental Applications, Elsevier, 2020, pp. 119-138.

[68] . M M. Saeed, Y. Alshammari, S. A. Majeed e E. Al-Nasrallah, Molecules, 2020, 25, 3856.

[69] . L. Sun, G. Yuan, L. Gao, J. Yang, M. Chhowalla, M. H. Gharahcheshmeh, K. K. Gleason, Y. S. Choi, B. H. Hong e Z. Liu, Nat. Rev. Methods Primers, 2021, 1, 1-20.

[70] . X. Li, W. Cai, J. An, S. Kim, J. Nah, D. Yang, R. Piner, A. Velamakanni, I. Jung e E. Tutuc, et al. , Science, 2009, 324, 1312-1314.

[71] . E. T. Bjerglund, M. E. P. Kristensen, S. Stambula, G. A. Botton, S. U. Pedersen e K. Daasbjerg, ACS Omega, 2017, 2, 6492-6499.

[72] . S. Park e R. S. Ruoff, Nat. Nanotechnol, 2009, 4, 217-224.

[73] . S. Stankovich, R. D. Piner, X. Chen, N. Wu, S. T. Nguyen e R. S. Ruoff, J. Mater. Chem., 2006, 16, 155-158.

[74] . Y. Si e E. T. Samulski, Nano Lett., 2008, 8, 1679-1682.

[75] . X. Li, G. Zhang, X. Bai, X. Sun, X. Wang, E. Wang e H. Dai, Nat. Nanotechnol, 2008, 3, 538-542.

[76] . J. Kenney e G. Hwang, MATERIALS | Etching, em Encyclopedia of Electrochemical Power Sources, Elsevier, 2009.

[77] . H. Mehmood, H. Nasser, E. Ozkol, T. Tauqeer, S. Hussain e R. Turan, 2017 Conferência Internacional de Engenharia e Tecnologia (ICET), 2017, pp. 1-6.

[78] . H. Mehmood, H. Nasser, S. M. H. Zaidi, T. Tauqeer e R. Turan, Renewable Energy, 2022, 183, 188-201.

[79] . P. Sarker, Md. M. Rana e A. Sarkar, Modelação da condutividade do grafeno utilizando FDTD na frequência do infravermelho próximo, 2016, pp. 1-4.

[80] . S. Zandi, P. Saxena e N. E. Gorji, Sol. Energy, 2020, 197, 105-110.

[81] . M. Yu, Y. Li, Q. Cheng e S. Li, Sol. Energy, 2019, 182, 453-461.

[82] . S. H. Raad e Z. Atlasbaf, Sci. Rep., 2021, 11, 1-8.

[83] . C. Kaouther, Study of graphene-based solar cells by simulation, tese de mestrado, Universidade de Mohamed Khider Biskra, 2021.

[84] . M. Dadashbeik, D. Fathi e M. Eskandari, Sol. Energy, 2020, 207, 917924.

[85] . S. Hungyo, R. S. Dhar, K. Kumar, K. J. Singh, R. Dey e S. Bhattacharya, Microsyst. Technol., 2021, 27, 3693-3701.

[86] . R. R. Nair, P. Blake, A. N. Grigorenko, K. S. Novoselov, T. J. Booth, T. Stauber, N. M. Peres e A. K. Geim, Science, 2008, 320, 1308.

[87] . L. Isaenko e A. Yelisseyev, Semicond. Sci. Technol., 2016, 31, 123001.

[88] . M. A. Cotta, ACS Appl. Nano Mater, 2020, 3, 4920-4924.

[89] . S. Emin, S. P. Singh, L. Han, N. Satoh e A. Islam, Sol. Energy, 2011, 85, 1264-1282.

[90] . M. Zia-ur Rehman, M. F. Qayyum, F. Akmal, M. A. Maqsood, M. Rizwan, M. Waqar e M. Azhar, Nanomaterials in Plants, Algae, and Micro-Organisms, 2018, pp. 143-174.

[91] . V. T. Chebrolu e H.-J. Kim, J. Mater. Chem. C, 2019, 7, 4911-4933.

[92] . J. Duan, H. Zhang, Q. Tang, B. He e L. Yu, J. Mater. Chem. A, 2015, 3, 17497-17510.

[93] . S. Kargozar, S. J. Hoseini, P. B. Milan, S. Hooshmand, H.-W. Kim e M. Mozafari, Biotechnol. J., 2020, 15, 2000117.

[94] . X. Zhang, P. K. Santra, L. Tian, M. B. Johansson, H. Rensmo e E. M. Johansson, ACS Nano, 2017, 11, 8478-8487.

[95] . X. Song, Z. Ma, L. Li, T. Tian, Y. Yan, J. Su, J. Deng e C. Xia, Sol. Energy, 2020, 196, 513-520.

[96] . R. Pandey, A. Khanna, K. Singh, S. K. Patel, H. Singh e J. Madan, Sol.
Energia, 2020, 207, 893-902.

[97] . S. Ruhle, M. Shalom e A. Zaban, Chem. Chem. Phys. Chem., 2010, 11, 22902304.

[98] . H. Zhao, J. Liu, F. Vidal, A. Vomiero e F. Rosei, Nanoscale, 2018, 10, 17189-17197.

[99] . G. S. Selopal, H. Zhao, Z. M. Wang e F. Rosei, Adv. Funct. Mater., 2020, 30, 1908762.

[100] . Z. Pan, H. Rao, I. Mora-Sero, J. Bisquert e X. Zhong, Chem. Soc. Rev., 2018, 47, 7659-7702.

[101] . I. Mora-Sero e J. Bisquert, J. Phys. Chem. Lett., 2010, 1, 3046-3052.

[102] . R. Vogel, K. Pohl e H. Weller, Chem. Phys. Lett., 1990, 174(3-4), 241246.

[103] . P. V. Kamat, J. Phys. Chem. Lett., 2013, 4, 908-918.

[104] . S. Mahalingam, A. Manap, A. Omar, F. W. Low, N. Afandi, C. H. Chia e N. Abd Rahim, Renewable Sustainable Energy Rev., 2021, 144, 110999.

[105] . W. Wang, L. Zhao, Y. Wang, W. Xue, F. He, Y. Xie e Y. Li, J. Am. Chem. Soc., 2019, 141, 4300-4307.

[106] . S. W. Tabernig, L. Yuan, A. Cordaro, Z. L. Teh, Y. Gao, R. J. Patterson, A. Pusch, S. Huang e A. Polman, ACS Nano, 2022, 16, 13750-13760.

[107] . Y. Arakawa, Solid-State Electron., 1994, 37, 523-528.

[108] . V. M. Ustinov, A. E. Zhukov, A. E. Zhokov, N. A. Maleev e A. Y. Egorov, Quantum dot lasers, Oxford University Press on Demand, 2003, vol. 11.

[109] . B. D. Chernomordik, A. R. Marshall, G. F. Pach, J. M. Luther e M. C. Beard, Chem. Mater., 2017, 29, 189-198.

[110] . H. Mehmood, H. Nasser, T. Tauqeer e R. Turan, Renewable Energy, 2019, 143, 359-367.

[111] . H. Mehmood, H. Nasser, T. Tauqeer, S. Hussain, E. Ozkol e R. Turan, Int. J. Energy Res., 2018, 42, 1563-1579.

[112] . W. M. Lin, N. Yazdani, O. Yarema, M. Yarema, M. Liu, E. H. Sargent, T. Kirchartz e V. Wood, ACS Appl. Electron. Mater., 2021, 3, 4977-4989.

[113] . K. P. Bhandari, P. J. Roland, H. Mahabaduge, N. O. Haugen, C. R. Grice, S. Jeong, T. Dykstra, J. Gao e R. J. Ellingson, Sol. Energy Mater. Sol. Cells, 2013, 117, 476-482.

[114] . N. Jankovic, S. Aleksic e D. Pantic, Actas do Simpósio de Simulação de Pequenos Sistemas, 2012, pp. 85-92.

[115] . M. Mehrabian, S. Dalir e H. Shokrvash, Optik, 2016, 127, 10096-10101.

[116] . M. Verschuuren, M. Knight, M. Megens e A. Polman, Nanotecnologia, 2019, 30, 345301.

[117] . C.-H. M. Chuang, P. R. Brown, V. Bulovic e M. G. Bawendi, Nat. Mater,
2014,13, 796-801.

[118] . V. Wood e V. Bulovic, Nano Rev., 2010, 1, 5202.

[119] . E. A. Katz, Helv. Chim. Ata, 2020, 103, e2000061.

[120] . G. Li, Advanced Nanomaterials for Solar Cells and Light Emitting Diodes (Nanomateriais avançados para células solares e díodos emissores de luz), Elsevier, 2019, pp. 305-341.

[121] . A. Nande, S. Raut e S. Dhoble, Energy Materials, Elsevier, 2021, pp. 249-281.

[122] . W. Arpavate, K. Roongraung e S. Chuangchote, Green Sustainable Process for Chemical and Environmental Engineering and Science, Elsevier, 2021, pp. 189-203.

[123] . T. T. Dang, T. L. A. Nguyen, K. B. Ansari, V. H. Nguyen, N. T.

Binh, T. T. N. Phan, T. H. Pham, D. T. T. Hang, P. N. Amaniampong e E. Kwao-Boateng, et al., Nanostructured Photocatalysts, 2021, pp. 169-216.

[124] . D. Alderton, S. A. Elias, S. G. Lucas, T. M. Kusky e L. Wang, Enciclopédia de geologia, 2021.

[125] . N.-G. Park, Mater. Today, 2015, 18, 65-72.

[126] . S. K. Sahoo, B. Manoharan e N. Sivakumar, Perovskite Photovoltaics, Elsevier, 2018, pp. 1-24.

[127] . A. W. Faridi, M. Imran, G. H. Tariq, S. Ullah, S. F. Noor, S. Ansar e F. Sher, Ind. Eng. Chem. Res., 2023, 62(11), 4494-4502.

[128] . S. Bello, A. Urwick, F. Bastianini, A. J. Nedoma e A. Dunbar, Energy Rep., 2022, 8, 89-106.

[129] . H. Rohm, T. Leonhard, A. D. Schulz, S. Wagner, M. J. Hoffmann e A. Colsmann, Adv. Mater., 2019, 31, 1806661.

[130] . H. Li, F. Li, Z. Shen, S.-T. Han, J. Chen, C. Dong, C. Chen, Y. Zhou e M. Wang, Nano Today, 2021, 37, 101062.

[131] . P. R. Varma, Perovskite Photovoltaics, Elsevier, 2018, pp. 197-229.

[132] . Z.-H. Zheng, H.-B. Lan, Z.-H. Su, H.-X. Peng, J.-T. Luo, G.-X. Liang e P. Fan, Sci. Rep., 2019, 9, 17422 .

[133] . Y. Zhou, L. M. Herz, A. K. Jen e M. Saliba, Nat. Energy, 2022, 7, 794807.

[134] . J.-P. Correa-Baena, M. Saliba, T. Buonassisi, M. Gratzel, A. Abate, W. Tress e A. Hagfeldt, Science, 2017, 358, 739-744.

[135] . Z. Li, T. R. Klein, D. H. Kim, M. Yang, J. J. Berry, M. F. Van Hest e K. Zhu, Nat. Rev. Mater., 2018, 3, 1-20.

[136] . J.-W. Lee, D.-K. Lee, D.-N. Jeong e N.-G. Park, Adv. Funct. Mater., 2019, 29, 1807047.

[137] . X. Liu, X. Tan, Z. Liu, H. Ye, B. Sun, T. Shi, Z. Tang e G. Liao, Nano Energy, 2019, 56, 184-195.

[138] . S. Casaluci, L. Cina, A. Pockett, P. S. Kubiak, R. G. Niemann, A. Reale, A. Di Carlo e P. Cameron, J. Power Sources, 2015, 297, 504-510.

[139] . Y. Lei, Y. Chen, R. Zhang, Y. Li, Q. Yan, S. Lee, Y. Yu, H. Tsai, W. Choi e K. Wang, et al. , Nature, 2020, 583, 790-795.

[140] . K. Zhang, Z. Wang, G. Wang, J. Wang, Y. Li, W. Qian, S. Zheng, S. Xiao e S. Yang, Nat. Commun., 2020, 11, 1006.

[141] . J. Zhang, L. Wang, C. Jiang, B. Cheng, T. Chen e J. Yu, Adv. Sci, 2021, 8, 2102648.

[142] . L. Lin, L. Jiang, P. Li, B. Fan e Y. Qiu, J. Phys. Chem. Solids, 2019, 124, 205-211.

[143] . M. Lazemi, S. Asgharizadeh e S. Bellucci, Phys. Chem. Chem. Phys., 2018, 20, 25683-25692.

[144] . L. Ma, F. Hao, C. C. Stoumpos, B. T. Phelan, M. R. Wasielewski e M. G. Kanatzidis, J. Am. Chem. Soc., 2016, 138, 14750-14755.

[145] . H.-J. Du, W.-C. Wang e J.-Z. Zhu, Chin. Phys. B, 2016, 25, 108802.

[146] . S. Ijaz, E. Raza, Z. Ahmad, M. Zubair, M. Q. Mehmood, H. Mehmood, Y. Massoud e M. M. Rehman, Sol. Energy, 2023, 250, 108-118.

[147] . A. Ahmed, K. Riaz, H. Mehmood, T. Tauqeer e Z. Ahmad, Opt. Mater., 2020, 105, 109897.

[148] . P. K. Patel, Sci. Rep., 2021, 11, 1-11.

[149] . F. Baig, Y. H. Khattak, B. Mar, S. Beg, S. R. Gillani e A. Ahmed, Optik, 2018, 170, 463-474.

[150] . Y. Wang, Z. Xia, Y. Liu e H. Zhou, 2015 IEEE 42nd Photovoltaic Specialist Conference (PVSC), 2015, pp. 1-4.

[151] . M. Hosel, D. Angmo e F. Krebs, Handbook of Organic Materials for Optical and (Opto) electronic Devices, 2013, pp. 473-507.

[152] . C. Dyer-Smith, J. Nelson e Y. Li, em McEvoy's Handbook of Photovoltaics, ed., S. A. Kalogirou, Academic Press, 3ª ed., 2018, pp. 56797. S. A. Kalogirou, Academic Press, 3rd edn, 2018, pp. 567597.

[153] . A. Uddin, Comprehensive Guide on Organic and Inorganic Solar Cells, Elsevier, 2022, pp. 25-55.

[154] . C. Liu, C. Xiao, C. Xie e W. Li, Nano Energy, 2021, 89, 106399.

[155] . Y. Li, W. Huang, D. Zhao, L. Wang, Z. Jiao, Q. Huang, P. Wang, M. Sun e G. Yuan, Molecules, 2022, 27, 1800.

[156] . S. Rafique, S. M. Abdullah, K. Sulaiman e M. Iwamoto, Renewable Sustainable Energy Rev., 2018, 84, 43-53.

[157] . M. D. Faure e B. H. Lessard, J. Mater. Chem. C, 2021, 9, 14-40.

[158] . S.-C. Shin, Y.-J. You, J. S. Goo e J. W. Shim, Appl. Surf. Sci., 2019, 495, 143556.

[159] . S. Kim, M. A. Saeed, S. H. Kim e J. W. Shim, Appl. Surf. Sci, 2020, 527, 146840.

[160] . H. Y. Hafeez, Z. S. Iro, B. I. Adam e J. Mohammed, J. Phys: Conf. Scr., 2018, 012124.

[161] . H. Hoppe e N. S. Sariciftci, J. Mater. Res., 2004, 19, 1924-1945.

[162] . M. V. Dambhare, B. Butey e S. Moharil, J. Phys: Conf. Ser., 2021, 012053.

[163] . S. Rasool, J. Yeop, H. W. Cho, W. Lee, J. W. Kim, D. H. Yuk e J. Y. Kim, Mater. Futures, 2023.

[164] . H. Tang, J. Lv, K. Liu, Z. Ren, H. T. Chandran, J. Huang, Y. Zhang,

H. Xia, J. I. Khan e D. Hu, et al. , Mater. Today, 2022, 55, 46-55.

[165] . M. Li, Q. Wang, J. Liu, Y. Geng e L. Ye, Mater. Chem. Front., 2021, 5, 4851-4873.

[166] . O. Wodo e B. Ganapathysubramanian, Comput. Mater. Sci., 2012, 55, 113-126.

[167] . I. Hwang, C. R. McNeill e N. C. Greenham, J. Appl. Phys., 2009, 106, 094506.

[168] . P. K. Watkins, A. B. Walker e G. L. Verschoor, Nano Lett., 2005, 5, 1814-1818.

[169] . T. Goudon, V. Miljanovic e C. Schmeiser, SIAM J. Appl. Math., 2007, 67, 1183-1201.

[170] . D. Macdonald e A. Cuevas, Phys. Rev. B: Condens. Matter Mater. Phys., 2003, 67, 075203.

[171] . E. Baath e K. Arnebrant, Soil Biol. Biochem, 1994, 26, 995-1001.

[172] . Z. Li, Y. Liang, Z. Zhong, J. Qian, G. Liang, K. Zhao, H. Shi, S. Zhong, Y. Yin e W. Tian, Synth. Met., 2015, 210, 363-366.

[173] . J. Gilot, I. Barbu, M. M. Wienk e R. A. Janssen, Appl. Phys. Lett., 2007, 91, 113520.

[174] . P. Vincent, S.-C. Shin, J. S. Goo, Y.-J. You, B. Cho, S. Lee, D.-W. Lee, S. R. Kwon, K.-B. Chung e J.-J. Lee, et al. , Dyes Pigm., 2018, 159, 306313.

[175] . A. Roy, A. Ghosh, S. Bhandari, P. Selvaraj, S. Sundaram e T. K. Mallick, J. Phys. Chem. C, 2019, 123, 23834-23837.

[176] . M. Mehrabian e S. Dalir, Optik, 2018, 169, 214-223.

[177] . B. O'regan e M. Gratzel, Nature, 1991, 353, 737-740.

[178] . K. Sharma, V. Sharma e S. Sharma, Nanoscale Res. Lett., 2018, 13, 1-46.

[179] . D. Devadiga, M. Selvakumar, P. Shetty e M. Santosh, J. Electron. Mater., 2021, 50, 3187-3206.

[180] . S. S.-Y. Juang, P.-Y. Lin, Y.-C. Lin, Y.-S. Chen, P.-S. Shen, Y.-L. Guo, Y.- C. Wu e P. Chen, Front. Chem., 2019, 7, 209.

[181] . H. M. Upadhyaya, S. Senthilarasu, M.-H. Hsu e D. K. Kumar, Sol. Energy Mater. Sol. Cells, 2013, 119, 291-295.

[182] . F. Sauvage, Adv. Chem., 2014, 2014, 1-23.

[183] . S. Venkatesan, I.-P. Liu, C.-W. Li, C.-M. Tseng-Shan e Y.-L. Lee, ACS Sustainable Chem. Eng., 2019, 7, 7403-7411.

[184] . M. Y. Song, Y. R. Ahn, S. M. Jo, D. Y. Kim e J.-P. Ahn, Appl. Phys. Lett., 2005, 87, 113113.

[185] . S.-C. Lin, Y.-L. Lee, C.-H. Chang, Y.-J. Shen e Y.-M. Yang, Appl.

Phys. Lett., 2007, 90, 143517.

[186] . H. C. Weerasinghe, F. Huang e Y.-B. Cheng, Nano Energy, 2013, 2, 174189.

[187] . D. Wei, Int. J. Mol. Sci., 2010, 11, 1103-1113.

[188] . B. Sandhia, A. Amirruddin, A. Pandey, M. Samykano, S. Muhammad, S. Kamal e V. Tyagi, Energy Eng., 2021, 118, 737-759.

[189] . S. Lu e X. Qu, J. Semicond., 2011, 32, 112003.

[190] . A. Hagfeldt e M. Gratzel, Acc. Chem. Res., 2000, 33, 269-277.

[191] . J. Gong, J. Liang e K. Sumathy, Renewable Sustainable Energy Rev., 2012, 16, 5848-5860.

[192] . A.-J. Cheng, Y. Tzeng, Y. Zhou, M. Park, T.-H. Wu, C. Shannon, D. Wang e W. Lee, Appl. Phys. Lett., 2008, 92, 092113.

[193] . B. O'Regan, D. T. Schwartz, S. M. Zakeeruddin e M. Gratzel, Adv. Mater., 2000, 12, 1263-1267.

[194] . G. Kumara, A. Konno, G. Senadeera, P. Jayaweera, D. De Silva e K. Tennakone, Sol. Energy Mater. Sol. Cells, 2001, 69, 195-199.

[195] . E. S. Esakki, P. Vivek e S. M. Sundar, Inorg. Chem. Commun., 2023, 147, 110213.

[196] . K. B. Bhojanaa, J. J. Mohammed, M. Manishvarun e A. Pandikumar, J. Power Sources, 2023, 558, 232593.

[197] . T. Y. Lee, P. S. Alegaonkar e J.-B. Yoo, Thin Solid Films, 2007, 515, 5131-5135.

[198] . G. Garcia-Belmonte, A. Munar, E. M. Barea, J. Bisquert, I. Ugarte e R. Pacios, Org. Electron, 2008, 9, 847-851.

[199] . G. Kakavelakis, A. E. Del Rio Castillo, V. Pellegrini, A. Ansaldo, P. Tzourmpakis, R. Brescia, M. Prato, E. Stratakis, E. Kymakis e F. Bonaccorso, ACS Nano, 2017, 11, 3517-3531.

[200] . X. Hu, L. Chen, L. Tan, Y. Zhang, L. Hu, B. Xie e Y. Chen, Sci. Rep., 2015, 5, 12161.

[201] . A. R. bin Mohd Yusoff, D. Kim, F. K. Schneider, W. J. da Silva e J. Jang, Energy Environ. Sci., 2015, 8(5), 1523-1537.

[202] . P. K. Santra e P. V. Kamat, J. Am. Chem. Soc., 2012, 134, 2508-2511.

[203] . H. Zhang, K. Cheng, Y. Hou, Z. Fang, Z. Pan, W. Wu, J. Hua e X. Zhong, Chem. Commun., 2012, 48, 11235-11237.

[204] . Z. Pan, K. Zhao, J. Wang, H. Zhang, Y. Feng e X. Zhong, ACS Nano, 2013, 7, 5215-5222.

[205] . W. Chen, Y. Wu, B. Tu, F. Liu, A. B. Djurisic e Z. He, Appl. Surf. Sci., 2018, 451, 325-332.

[206] . Q. Xi, G. Gao, H. Zhou, Y. Zhao, C. Wu, L. Wang, Y. Lei e J. Xu, Appl. Surf. Sci., 2019, 463, 1107-1116.

[207] . J. W. Jung, C.-C. Chueh e A. K.-Y. Jen, Adv. Mater., 2015, 27, 78747880.

[208] . P. Bi, J. Ren, S. Zhang, T. Zhang, Y. Xu, Y. Cui, J. Qin e J. Hou, Front. Chem., 2021, 9, 684241.

[209] . Y. Chiba, A. Islam, Y. Watanabe, R. Komiya, N. Koide e L. Han, Jpn. J. Appl. Phys., 2006, 45, L638.

[210] . M. Saito e S. Fujihara, Energy Environ. Sci., 2008, 1, 280-283.

[211] . M. Senevirathna, P. Pitigala, E. Premalal, K. Tennakone, G. Kumara e A. Konno, Sol. Energy Mater. Sol. Cells, 2007, 91, 544-547.

[212] . C. Kang, S. Xu, H. Rao, Z. Pan e X. Zhong, ACS Energy Lett., 2023, 8, 909-916.

[213] . U. K. Aryal, M. Ahmadpour, V. Turkovic, H.-G. Rubahn, A. Di Carlo e M. Madsen, Nano Energy, 2022, 94, 106833.

[214] . F. Agada, Z. Abbas, K. Bakht, A. M. Khan, U. Farooq, M. Bilal, M. Arshad, A. F. Khan, A. H. Kamboh e A. J. Shaikh, Opt. Mater., 2022, 129, 112538.

[215] . S. Mahalingam, A. Manap, R. Rabeya, K. S. Lau, C. H. Chia, H. Abdullah, N. Amin e P. Chelvanathan, Electrochim. Ata, 2023, 439, 141667

[216] . G. Yashwantrao e S. Saha, Dyes Pigm., 2022, 199, 110093.

Capítulo 8

Realizações futuras

8.1.Prefcae

Nas últimas décadas, a tecnologia dos painéis solares evoluiu significativamente, permitindo uma inovação notável. Os avanços incluem uma maior eficiência das células solares, a introdução de materiais novos e mais abundantes, avanços nas técnicas de fabrico e designs flexíveis. Nesta preocupação, atualmente, a investigação científica está na vanguarda da indústria da energia solar, testemunhando estas mudanças em primeira mão. Estes avanços na tecnologia dos painéis solares estão a tornar a energia solar fotovoltaica mais acessível e eficiente do que nunca. Mergulhe para descobrir as últimas tendências que estão a moldar a indústria fotovoltaica.

8.2.As taxas de eficiência dos painéis solares dispararam

Nas últimas duas a três décadas, a eficiência dos painéis solares registou avanços notáveis. Nos primeiros tempos, os painéis solares tinham uma eficiência de conversão de cerca de 10%, o que significa que só conseguiam converter cerca de um décimo da luz solar captada em eletricidade utilizável. No entanto, graças à investigação, desenvolvimento e avanços tecnológicos contínuos, as taxas de eficiência dos painéis solares aumentaram drasticamente.

Atualmente, a tecnologia dos painéis solares avançou ao ponto de os painéis atingirem eficiências de conversão superiores a 20% ou mesmo 25%. Isto significa que os sistemas solares fotovoltaicos (PV) podem converter quase um quarto da luz solar que recebem em energia limpa e renovável.

As eficiências mais elevadas tornam a energia solar uma opção mais viável e atractiva para os proprietários de casas, empresas e cidades inteiras e reduzem o espaço necessário para os painéis solares, permitindo uma maior produção de eletricidade a partir da mesma quantidade de luz solar. Este aumento da eficiência fez baixar o custo da energia solar, tornando-a mais acessível a um público mais vasto e contribuindo para a adoção generalizada da energia solar em todo o mundo.

8.3.Avanços no fabrico de células solares de perovskite

Como o custo dos painéis solares diminuiu significativamente nas últimas décadas, encontrar formas de reduzir ainda mais os custos de fabrico dos painéis solares tornou-se um desafio cada vez maior. No entanto, a acessibilidade dos preços dos módulos solares é crucial para a sua adoção generalizada. Atualmente, quase todos os painéis solares são feitos de silício. Assim, as células solares de perovskite surgiram como uma solução promissora devido aos seus baixos custos de produção e elevada eficiência.

A perovskite é um material semicondutor conhecido pela sua estrutura cristalina que se assemelha aos minerais de perovskite. Os semicondutores de perovskite podem converter eficazmente a luz solar em eletricidade devido à sua capacidade de absorver uma vasta gama de comprimentos de onda, incluindo os espectros visível e infravermelho próximo. O seu baixo custo e o processo de fabrico relativamente simples, juntamente com a investigação em curso para melhorar a sua eficiência e estabilidade solares, posicionam-no como um potencial fator de mudança na indústria das energias renováveis, juntamente com os semicondutores tradicionais à base de silício.

As células solares em tandem de perovskite-silício são um tipo específico de variação de perovskite que combina silício cristalino com uma camada de perovskite. Nesta conceção, o substrato de silício cristalino capta eficazmente os comprimentos de onda longos, enquanto a perovskite se destaca no aproveitamento dos comprimentos de onda curtos. A arquitetura de células em tandem das células de perovskite apresenta um grande intervalo de banda, resultando em caraterísticas de elevado desempenho.

8.4. Anúncios recentes na investigação sobre células solares de perovskite

- A LONGi, uma empresa chinesa, alcançou uma eficiência energética recorde com as suas células solares em tandem. Em novembro de 2023, as suas células solares em tandem atingiram uma eficiência de 26,81%, o que foi considerado um recorde na altura.

- Cientistas da Universidade de Colorado Boulder revelaram um novo método de fabrico de células de perovskite, um desenvolvimento potencialmente crítico para a comercialização da tecnologia solar da próxima geração. Esta inovação nas técnicas de fabrico poderá desempenhar um papel crucial no progresso e na adoção mais generalizada das células solares de perovskite.

Apesar dos potenciais benefícios da tecnologia dos painéis solares de perovskite, subsistem alguns desafios que têm de ser resolvidos para a sua utilização comercial generalizada. Os investigadores e cientistas estão a trabalhar ativamente para melhorar a estabilidade e a escalabilidade destas células. Ao resolver estas questões, as células solares de perovskite poderão tornar-se um fator de mudança no sector das energias renováveis, oferecendo uma alternativa rentável e eficiente aos painéis solares tradicionais à base de silício.

1.1.1. Painéis solares bifaciais aproveitam mais luz solar

Os painéis solares bifaciais oferecem uma vantagem única na produção de energia solar, captando a luz solar tanto da parte frontal como da parte posterior do módulo. Este design inovador permite-lhes utilizar a luz solar reflectida de várias superfícies, como o solo, a água ou estruturas próximas, resultando num aumento da produção de eletricidade.

Os recentes avanços na tecnologia dos painéis solares bifaciais contribuíram para a sua crescente quota de mercado no sector das energias renováveis. O mercado global de painéis solares bifaciais registou um crescimento notável devido a factores como o aumento da procura de energia limpa, a melhoria da eficiência, a redução dos custos e os benefícios ambientais.

A versatilidade e a eficiência dos painéis solares bifaciais tornam-nos particularmente valiosos em aplicações que vão desde instalações fotovoltaicas comerciais a parques solares de grande escala, melhorando, em última análise, a viabilidade económica da energia solar. É interessante notar que os investigadores do Laboratório Nacional de Energias Renováveis (NREL) estão atualmente a explorar o desenvolvimento de células solares bifaciais de perovskite, aumentando ainda mais o potencial desta tecnologia de ponta e de próxima geração.

1.1.1.1. Tecnologia de painéis solares Bificial

Embora existam certamente vantagens na utilização de painéis solares bifaciais, existem também alguns inconvenientes.

Vantagens dos painéis solares bifaciais	Desvantagens dos painéis solares bifaciais
Maior rendimento energético: Os painéis bifaciais captam a luz solar de ambos os lados, resultando numa maior produção de energia em comparação com os painéis fotovoltaicos tradicionais.	Custo mais elevado: Os painéis bifaciais são normalmente mais caros do que os painéis tradicionais, o que os torna um investimento significativo.
Durabilidade e longevidade: Os painéis bifaciais são construídos para resistir às	Montagem especializada: Os painéis bifaciais requerem um sistema de

condições ambientais, e muitos modelos tiveram um desempenho de topo no Cartão de Pontuação de Fiabilidade do Módulo PV PVEL 2024.	montagem diferente que permita que a luz chegue a ambos os lados, o que pode aumentar a complexidade e o custo da instalação.
Melhor desempenho com luz difusa: Os painéis bifaciais têm a capacidade de gerar energia a partir de luz difusa ou reflectida, tornando-os adequados para áreas com condições de nebulosidade ou pouca luz.	**Considerações estéticas:** A transparência dos painéis bifaciais pode não ser visualmente apelativa para alguns proprietários de casas ou de imóveis comerciais.
Maior produção de energia em alguns ambientes: Os painéis bifaciais têm um desempenho excecional em determinados ambientes, como regiões cobertas de neve ou áreas com superfícies altamente reflectoras.	**Potencial acumulação de pó e sujidade:** Uma vez que a parte de trás dos painéis bifaciais está exposta, existe uma maior probabilidade de acumulação de pó e sujidade na parte de trás, exigindo uma limpeza e manutenção mais frequentes.
Aplicações versáteis: Os painéis bifaciais podem ser utilizados em várias aplicações, incluindo telhados, carports e parques solares flutuantes.	**Efeitos de sombreamento reduzidos:** Devido ao seu design de dupla face, os painéis bifaciais são mais susceptíveis a sombreamento. A instalação e o espaçamento corretos são cruciais para minimizar este efeito.

1.1.2. A tecnologia dos painéis solares torna-se flexível e leve

Os avanços contínuos nos materiais e nas técnicas de fabrico abriram caminho para o aparecimento de painéis solares flexíveis, finos e leves, abrindo um leque de possibilidades para a sua aplicação em diversos contextos. Estes painéis solares inovadores foram concebidos para serem adaptáveis, o que os torna adequados para uma série de utilizações, desde a alimentação de dispositivos portáteis até à sua adaptação perfeita a superfícies curvas.

Os investigadores do MIT desenvolveram células solares em tecido ultraleve, mais finas do que um fio de cabelo humano, que podem ser facilmente fixadas em qualquer superfície, criando um material semelhante às placas solares. Pesando um centésimo dos painéis solares tradicionais, estas células fotovoltaicas produzem 18 vezes mais energia por quilograma e estão na vanguarda dos mais recentes desenvolvimentos tecnológicos em matéria de painéis solares.

O desenvolvimento de painéis solares flexíveis e leves transformou a utilização de energias renováveis e revolucionou a sua integração na nossa vida quotidiana. A sua natureza flexível permite colocações não convencionais, incluindo a integração em roupas e mochilas, enquanto o seu design leve aumenta o seu potencial de instalação em várias estruturas, como veículos, edifícios e até naves espaciais.

A capacidade de transportar e utilizar facilmente painéis solares flexíveis como uma nova tecnologia é uma vantagem significativa em ambientes remotos e difíceis, onde as fontes de energia são limitadas ou inexistentes. Com a sua versatilidade e adaptabilidade, estes painéis solares tornaram-se um fator de mudança na expansão do alcance e acessibilidade da produção de energia sustentável.

1.1.3. Otimização das energias renováveis com armazenamento de energia

Em 2024, espera-se que a integração de sistemas de armazenamento de energia com painéis solares registe avanços e actualizações significativos. Uma das principais áreas de foco é o desenvolvimento de tecnologias de bateria mais avançadas, como as baterias de iões de lítio e de fluxo, especificamente concebidas para o armazenamento de energia solar. Estas baterias oferecem uma maior densidade energética, uma vida útil mais longa e melhores capacidades de carga e descarga, permitindo uma utilização mais eficiente da energia solar armazenada.

Prevêem-se avanços nos sistemas de gestão de baterias, proporcionando um melhor controlo e otimização do armazenamento de energia. Estes sistemas permitirão aos utilizadores maximizar a utilização da energia solar armazenada com base na procura, nas condições da rede ou no preço do tempo de utilização, conduzindo, em última análise, a poupanças de custos e a uma maior eficiência energética.

Para além dos avanços tecnológicos, espera-se que a integração de painéis solares e sistemas de armazenamento de energia também beneficie de melhores políticas e regulamentos governamentais. Os governos e os serviços públicos de todo o mundo estão a reconhecer o valor e o potencial do armazenamento de energia no apoio à integração das energias renováveis e à estabilidade da rede. Portanto, espera-se que em 2024 haja a implementação de incentivos e programas de apoio mais favoráveis para a implantação de sistemas solares com armazenamento, promovendo sua adoção generalizada no setor de energia limpa.

1.1.4. Painéis solares transparentes aproveitam a energia sem comprometer a estética

O advento dos painéis solares transparentes deu início a uma nova era de infra-estruturas sustentáveis, em que as janelas e as fachadas dos edifícios podem agora gerar eletricidade, preservando a transmissão de luz e a visibilidade. Estes painéis inovadores utilizam tecnologia fotovoltaica (PV), permitindo uma integração perfeita em elementos arquitectónicos, como janelas e exteriores de edifícios. Ao utilizar vidro fotovoltaico que mantém a transparência, estes painéis servem um duplo objetivo - criar estruturas visualmente apelativas e, simultaneamente, gerar energia renovável.

A integração da tecnologia de painéis solares transparentes oferece uma solução única que combina funcionalidade e estética. Ao aproveitar a energia do sol sem obstruir a luz natural ou impedir a vista, estes painéis inovadores permitem que as estruturas sejam simultaneamente produtoras de energia e visualmente apelativas. Quer sejam incorporados em arranha-céus ou em edifícios residenciais, os painéis solares transparentes combinam forma e função, abrindo caminho para um futuro mais verde e sustentável.

1.1.5. A ascensão dos painéis solares inteligentes revela eficiência e desempenho

A crescente integração de tecnologias de painéis solares inteligentes, incluindo sensores e capacidades da Internet das Coisas, está a revolucionar a indústria dos painéis solares. Esta integração permite uma monitorização, manutenção e otimização superiores do desempenho do painel solar, conduzindo a uma maior eficiência e eficácia.

Ao incorporar tecnologias inteligentes nos painéis solares, a eficiência e a vida útil das matrizes solares fotovoltaicas são significativamente aumentadas. Este avanço promove um método mais proactivo e reativo de produção de eletricidade solar, lançando as bases para uma infraestrutura energética mais inteligente e interligada, com melhor desempenho e sustentabilidade.

Ao tirar partido da análise de dados e da automatização, os painéis solares inteligentes podem ajustar a sua orientação, seguir a luz solar e resolver problemas de produção de energia solar de forma proactiva, garantindo a produção máxima de eletricidade e a fiabilidade do sistema solar fotovoltaico. Esta integração de tecnologias inteligentes não só aumenta a eficácia global dos painéis solares, como também abre caminho a um ecossistema energético mais interligado e inteligente. Com os avanços em curso, a implantação de painéis solares inteligentes tem um grande potencial para impulsionar a adoção generalizada de energias renováveis e acelerar a utilização da tecnologia solar fotovoltaica.

8.5. Perguntas frequentes sobre as últimas tendências tecnológicas do painel solar 2

O NREL é uma importante organização nacional de investigação em energias renováveis, na vanguarda da mais recente investigação em tecnologia de painéis solares. O NREL realiza estudos em várias áreas, como materiais fotovoltaicos avançados, conceção e teste de dispositivos e inovações no fabrico de painéis solares fotovoltaicos. A sua investigação visa melhorar as eficiências de conversão das células solares e reduzir o custo das tecnologias fotovoltaicas, de modo a tornar a energia solar mais acessível e rentável. Outras organizações nacionais envolvidas na investigação da tecnologia de painéis solares incluem os Laboratórios Nacionais Sandia, uma instalação de investigação centrada no desenvolvimento de materiais, dispositivos e sistemas fotovoltaicos avançados para um futuro energético sustentável.

Muitas universidades também realizam investigação sobre novas tecnologias de painéis solares. Por exemplo, o Projeto de Energia e Clima Global da Universidade de Stanford financia a investigação de novas tecnologias para energias limpas e recursos renováveis, incluindo a energia solar. A Universidade da Califórnia, em Berkeley, também tem um grupo de investigação dedicado à energia solar e o seu trabalho conduziu a novas tecnologias de células solares com maior eficiência. Além disso, o Instituto de Tecnologia de Massachusetts (MIT) tem um laboratório de energia solar que investiga vários aspectos da energia solar, como novos materiais, dispositivos e concepções de sistemas, para melhorar a eficiência e o custo das células solares. Além disso, algumas empresas estão a realizar uma investigação aprofundada sobre o desenvolvimento e a comercialização de novas tecnologias de painéis solares. Por exemplo, a Oxford PV é uma empresa sediada no Reino Unido, especializada no desenvolvimento e comercialização de células solares de perovskite de película fina.

8.6.Novas tendências tecnológicas dos painéis solares para 2024

Algumas das últimas tendências tecnológicas de painéis solares para 2024 incluem melhorias na eficiência das células solares, avanços na tecnologia de armazenamento, maior adoção de painéis solares bifaciais e a incorporação de inteligência artificial e tecnologia blockchain para agilizar o gerenciamento do sistema. Os avanços tecnológicos dos painéis solares terão um impacto positivo na indústria solar, melhorando a eficiência e a relação custo-benefício dos painéis solares, expandindo suas aplicações e aumentando sua adoção geral.

8.7. Tecnologia Blockchain utilizada na indústria solar

A tecnologia Blockchain é um sistema de registo digital distribuído que permite o comércio de energia seguro, transparente e descentralizado na indústria solar com centrais eléctricas virtuais (VPPs). Permite o comércio de energia peer-to-peer entre consumidores, produtores e operadores de sistemas sem intermediários, facilitando transacções de energia mais eficientes e fiáveis.

A tecnologia Blockchain pode aumentar a transparência e a rastreabilidade das transacções de energia solar, promover a utilização de fontes de energia renováveis e permitir a integração de recursos energéticos distribuídos. Pode também facilitar as microrredes, melhorar as operações e a manutenção e reduzir os custos de transação.

8.8. Potencial da nova tecnologia de painéis solares

À medida que a tecnologia dos módulos solares fotovoltaicos continua a evoluir, a viabilidade das energias renováveis está a aumentar rapidamente. Através de uma maior eficiência, da integração de tecnologias inteligentes e dos avanços nos materiais e na conceção, a energia solar está a tornar-se uma fonte de energia cada vez mais acessível e versátil.

Os mais recentes avanços tecnológicos em matéria de painéis solares estão a remodelar a forma como pensamos a energia e o seu papel na vida moderna, posicionando a energia solar como uma parte essencial do futuro da energia sustentável. Ao simplificar o processo de licenciamento e de engenharia, os Estados Unidos podem acelerar a transição para as fontes de energia renováveis e desbloquear um mundo de benefícios tanto para o ambiente como para a economia.

O GreenLancer foi criado para capacitar os contratantes de energia solar com a experiência necessária para superar os obstáculos de permissão e interconexão solar, acelerando a implantação de infraestrutura de energia limpa. Crie uma conta GreenLancer para começar a comprar serviços de design e engenharia solar.

8.9. Referências

[1] . Nohira T, Yasuda K, Ito Y (2003). "Redução eletroquímica pontual e em massa de dióxido de silício isolante para scon".
Nat Mater. 2 (6): 397-401.

[2] . Jin X, Gao P, Wang D, Hu X, Chen GZ (2004). "Preparação eletroquímica de silício e suas ligas a partir de óxidos sólidos em cloreto de cálcio fundido". Angew. Chem. Int. Ed. Engl. 43 (6): 733-6.

[3] . "Pesquisa de tecnologia Sliver na Universidade Nacional Australiana". 17 de novembro de 2014.

[4] . Green, Martin A. (2006). "Consolidação da energia fotovoltaica de película fina: a oportunidade da próxima década". Progresso em Fotovoltaica: Investigação e Aplicações. 14 (5). Wiley: 383392.

[5] . Basore, Paul (2006). CSG-1: Fabrico de uma nova tecnologia fotovoltaica de silício policristalino. 4ª Conferência Mundial sobre Conversão de Energia Fotovoltaica. Hawaii: IEEE. pp. 2089-2093.

[6] . Green, M.A.; Basore, P.A.; Chang, N.; Clugston, D.; Egan, R.; et al. (2004). "Módulos de células solares de película fina de silício cristalino sobre vidro (CSG)". Solar Energy. 77 (6). Elsevier BV: 857-863.

[7] . V. Terrazzoni-Daudrix, F.-J. Haug, C. Ballif, et al., "The European Project Flexcellence Roll to Roll Technology for the Production of High Efficiency Low Cost Thin Film Solar Cells," in Proc. of the 21st European Photovoltaic Solar Energy Conference, 4-8 Sept. 2006, pp. 1669-1672.

[8] . "Novo recorde mundial de eficiência de células solares a 46% franco-alemão". Fraunhofer ISE. Recuperado em 2016-03-24.

[9] . NREL: Reportagem - Inovações fotovoltaicas ganham 2 prémios R&D 100 [10]. Emcore Corporation|Fibras ópticas - Energia solar

[11] . Peter Weiss. "Salto Quantum-Dot". Science News Online. Recuperado em 200506-17.

[12] . R. M. Swanson, "A Vision for Crystalline Silicon Photovoltaics," Progress in Photovoltaics: Research and Applications, vol. 14, pp. 443-453, agosto de 2006.

[13] . Sala de imprensa da IBM - 2007 Pioneiros da IBM transformam resíduos em energia solar - EUA.

[14] . Lightwave Power, Inc

[15] . V. Elia, R. Germano; C. Hison, E. Del Giudice (2013). "Efcito Oxhidroeléctrico em água bi destilada". Key Engineering Materials. 543: 455-459.

[16] . Patente europeia ITRM20120223A1, Vittorio Elia & Roberto Germano, "Procedure and apparatus for the extraction of electricity from water", publicada em 2013-11-18, emitida em 2012-05-17

[17] . J. Yamaura; et al. (2003). "Fotodíodo seletivo de luz ultravioleta baseado numa heteroestrutura orgânica-inorgânica". Appl. Phys. Lett. 83

(11): 2097. Bibcode:2003ApPhL..83.2097Y. doi:10.1063/1.1610793.

[18]   . "Turbo-Solar". Sun Innovations, Inc. Recuperado em 27 de maio de 2011.

[19]   . "Nova célula fotovoltaica gera eletricidade a partir de luz UV e IR". Gizmag. 14 de abril de 2010. Recuperado em 27 de maio de 2011.

[20]   . "Painéis solares flexíveis: Impressão de células fotovoltaicas em papel". green- buildings.com. Recuperado em 09/09/2011.

[21]   . "Células solares 3D aumentam a eficiência e reduzem as matrizes fotovoltaicas de Si". Instituto de Tecnologia da Geórgia. 2007-04-11. Recuperado em 2010-11-26.

[22]   . "Passado e futuro ensolarados: Georgia Tech avança na pesquisa sobre energia solar". Instituto de Investigação da Georgia Tech. Recuperado em 2010-11-26.

[23]   . "Aí vem o sol". Instituto de Pesquisa da Georgia Tech. Recuperado em 2010-1126.

Capítulo 9

Conclusões

As células fotovoltaicas, vulgarmente conhecidas como células PV, são camadas finas de silício puro impregnadas com pequenas quantidades de outros elementos, como o boro e o fósforo. Quando expostas à luz solar, produzem pequenas quantidades de eletricidade. Existem desde os anos 50 e foram inicialmente utilizadas como fonte de energia para satélites no espaço. Desde então, os seus preços têm vindo a baixar de forma constante, passando de 40 000 dólares por watt no início dos anos 60 para apenas 1 dólar por watt ou menos atualmente. As células fotovoltaicas são uma fonte de energia eficiente e de longa duração, sendo uma óptima alternativa às fontes de energia tradicionais, como o carvão e o gás.

Existem muitos tipos diferentes de células solares - monocristalinas, policristalinas e amorfas, para citar alguns. As células solares monocristalinas são fabricadas a partir de cristais de silício simples e oferecem excelentes níveis de eficiência. As células solares policristalinas são fabricadas a partir de vários cristais mais pequenos e tendem a ser mais económicas do que as células monocristalinas. As células solares amorfas, por outro lado, utilizam camadas de material semicondutor muito fino em vez de estruturas cristalinas, o que as torna mais baratas mas menos eficientes do que outros tipos de células solares.

Nas últimas décadas, a tecnologia dos painéis solares evoluiu significativamente, permitindo uma inovação notável. Os avanços incluem uma maior eficiência das células solares, a introdução de materiais novos e mais abundantes, avanços nas técnicas de fabrico e designs flexíveis. Nesta preocupação, atualmente, a investigação científica está na vanguarda da indústria da energia solar, testemunhando estas mudanças em primeira mão. Estes avanços na tecnologia dos painéis solares estão a tornar a energia solar fotovoltaica mais acessível e eficiente do que nunca. Mergulhe para descobrir as últimas tendências que estão a moldar a indústria fotovoltaica.

Nas últimas duas a três décadas, a eficiência dos painéis solares registou avanços notáveis. Nos primeiros tempos, os painéis solares tinham uma eficiência de conversão de cerca de 10%, o que significa que só conseguiam converter cerca de um décimo da luz solar captada em eletricidade utilizável. No entanto, graças à investigação, desenvolvimento e avanços tecnológicos contínuos, as taxas de eficiência dos painéis solares aumentaram drasticamente.

Atualmente, a tecnologia dos painéis solares avançou ao ponto de os painéis atingirem eficiências de conversão superiores a 20% ou mesmo 25%. Isto significa que os sistemas solares fotovoltaicos (PV) podem converter quase um quarto da luz solar que recebem em energia limpa e renovável.

As eficiências mais elevadas tornam a energia solar uma opção mais viável e atractiva para os proprietários de casas, empresas e cidades inteiras e reduzem o espaço necessário para os painéis solares, permitindo uma maior produção de eletricidade a partir da mesma quantidade de luz solar. Este aumento da eficiência fez baixar o custo da energia solar, tornando-a mais acessível a um público mais vasto e contribuindo para a adoção generalizada da energia solar em todo o mundo.

More
Books!

Printed by Books on Demand GmbH, Norderstedt / Germany